砌体结构工程现场检测技术

吴 体 主编

中国建筑工业出版社

图书在版编目(CIP)数据

砌体结构工程现场检测技术/吴体主编. —北京：中国
建筑工业出版社，2012.7
ISBN 978-7-112-14235-4

Ⅰ.①砌… Ⅱ.①吴… Ⅲ.①砌体结构-结构工程-检测
Ⅳ.①TU36

中国版本图书馆 CIP 数据核字(2012)第 066143 号

本书对各种砌体工程的现场检测方法进行了较为系统的总结，全书共分十四章，分别对砌体工程现场检测基本规定、各种方法的基本原理、检测设备、检测步骤、强度推定等进行了详细阐述。为便于读者对砌体工程现场检测技术中各种检测方法的研究过程及背景有一个较为全面的了解，本书在《砌体工程现场检测技术标准》GB/T 50315—2000 以及《砌体工程现场检测技术标准》GB/T 50315—2011 的背景材料中选取了部分研究文章列入附录中。

本书可作为《砌体工程现场检测技术标准》的宣贯辅导教材；可供建筑工程质量管理、检测、监督、施工、设计人员及高等院校有关专业师生参考。

* * *

责任编辑：张伯熙
责任设计：董建平
责任校对：王誉欣　王雪竹

砌体结构工程现场检测技术
吴　体　主编

*

中国建筑工业出版社出版、发行（北京西郊百万庄）
各地新华书店、建筑书店经销
北京科地亚盟排版公司制版
北京圣夫亚美印刷有限公司印刷

*

开本：787×1092毫米　1/16　印张：12¾　字数：315千字
2012 年 7 月第一版　2012 年 7 月第一次印刷
定价：**40.00** 元
ISBN 978-7-112-14235-4
(22297)

编写委员会

主　　编：吴　体

编写人员：王永维　侯汝欣　王庆霖　施楚贤

　　　　　林文修　陈大川　周国民　雷　波

　　　　　甘立刚　张　涛　周　燕　谢新明

　　　　　张　静　李　峰

前　言

　　砌体结构在我国有悠久的历史且应用范围很广,近几年,我国的块材产量已达到世界上各国块材产量的总和。在全国仍以砌体材料作为主要材料,用以建造的各类房屋仍约在90%左右。20 世纪 50 年代建造的砌体房屋一般为 3～4 层,现已大量建造到 5～6 层,有的城市建到了 7～8 层。砌体结构的优点非常明显,其具有材料来源广泛、易于取材,有较好的耐火性和耐久性,使用年限长;保温、隔热性能好,节能效果明显;不需要模板和特殊的施工技术和设备等优点。目前在大多数中小城市及广大农村,砌体结构仍然是最重要的结构形式之一。

　　由于砌体结构本身固有的一些特性,且多数为就地取材,大量使用地方材料,因此其质量参差不齐;砌体结构在建造过程中主要采用手工操作,工人的技术水平高低不一,操作过程中常出现不规范行为,从而导致质量问题。国家标准《砌体结构工程施工质量验收规范》GB 50203—2011 中明确提出,当施工中或验收时出现工程事故、不满足设计或施工要求以及对试验结果有怀疑或争议时应进行现场检测;对于既有砌体结构房屋,在进行可靠性鉴定或抗震鉴定时,也需要对结构或材料性能进行现场检测。1976 年唐山大地震发生后,我国尤其是京津唐地区开展了大规模的抗震鉴定工作,在当时提出了鉴定过程中对砌体砂浆强度的手捏经验判断法,而真正对砌体工程现场检测技术进行系统的研究始于20 世纪 90 年代初,四川省建筑科学研究院、湖南大学、西安建筑科技大学、陕西省建筑科学研究院、重庆市建筑科学研究院、河南省建筑科学研究院等多家单位对各种砌体工程现场检测方法开展了系统研究,并于 1993 年在四川省建筑科学研究院进行了大规模的系统验证考核,在此基础上编制了主要用于烧结普通砖砌体现场检测的国家标准《砌体工程现场检测技术标准》GB/T 50315—2000。随着墙改政策的深入实施,烧结多孔砖的使用日益广泛,在实际工程中提出了对多孔砖砌体进行现场检测的需求。在部分高校、研究单位进行的关于多孔砖砌体部分单项检测技术研究的基础上,2010 年再次在四川省建筑科学研究院开展了各种方法用于多孔砖砌体现场检测的验证性考核,同时对 GB/T 50315—2000 进行修订,新版的《砌体工程现场检测技术标准》GB/T 50315—2011 已于 2011 年 7 月 29 日批准发布,于 2012 年 3 月 1 日正式实施。

　　本书对各种砌体工程的现场检测方法进行了较为系统的总结,全书共分十四章,分别对砌体工程现场检测的基本规定、各种方法的基本原理、检测设备、检测步骤、强度推定等进行了详细阐述。本书由吴体主编,编写分工如下:第 1 章、第 14 章王永维、张静,第 2章吴体,第 3 章王庆霖、林文修,第 4 章施楚贤、陈大川,第 5 章侯汝欣、顾瑞南,第 6 章侯汝欣,第 7 章雷波、王庆霖,第 8 章周国民,第 9 章林文修、李峰、张涛,第 10 章顾瑞南，第 11 章甘立刚，第 12 章周燕、谢新明，第 13 章陈大川。为便于读者对砌体工程现场检测技术中各种检测方法的研究过程及背景有一个较为全面的了解，本书在《砌体工程现场检测技术标准》GB/T 50315—2000 以及《砌体工程现场检测技术标准》GB/T 50315—2011 的背景材料中选取了部分研究文章列入附录中。

　　本书可作为《砌体工程现场检测技术标准》的宣贯辅导教材；可供建筑工程质量管理、检测、监督、施工、设计人员及高等院校有关专业师生参考。

　　限于编者水平，本书内容有不妥之处，望请予以指正。

编　者

目　录

第1章　概述 ··· 1

1.1　砌体结构的特点及应用状况 ····································· 1

1.2　砌体工程现场检测的目的和意义 ····························· 2

1.3　砌体工程现场检测技术的发展 ································· 3

1.4　砌体工程现场检测技术适用范围和特点 ·················· 5

第2章　砌体工程现场检测基本规定 ································· 7

2.1　现场检测基本要求 ··· 7

2.2　检测方法分类、选用原则及适用范围 ····················· 9

2.3　检测程序及工作内容 ··· 13

2.4　检测单元、测区及测点 ·· 14

第3章　原位轴压法 ·· 23

3.1　基本原理 ··· 23

3.2　检测设备 ··· 24

3.3　砌体原位轴压强度影响因素研究 ····························· 26

3.4　原位轴压法试验研究 ··· 31

3.5　检测方法 ··· 40

第4章　扁顶法 ·· 44

4.1　基本原理 ··· 44

4.2　检测设备 ··· 46

4.3　检测步骤 ··· 47

4.4　检测基本计算 ··· 49

4.5　工程实例 ··· 51

第5章　切制抗压试件法 ·· 57

5.1　基本原理 ··· 57

5.2　检测设备 ··· 57

5.3　检测步骤 ··· 58

5.4　检测基本计算及应用示例 ······································ 61

第6章 原位单剪法 ·· 64

6.1 基本原理 ·· 64

6.2 检测设备 ·· 66

6.3 检测步骤 ·· 66

6.4 检测基本计算 ·· 67

第7章 原位双剪法 ·· 68

7.1 基本原理 ·· 68

7.2 检测设备 ·· 73

7.3 检测步骤 ·· 74

7.4 检测基本计算及应用示例 ······································ 76

第8章 推出法检测砌筑砂浆抗压强度 ································ 80

8.1 推出法测试砂浆强度的基本原理 ································ 80

8.2 推出法测试设备 ·· 80

8.3 测试步骤 ·· 81

8.4 检测数据计算分析 ·· 82

8.5 工程实例 ·· 82

第9章 筒压法 ·· 87

9.1 筒压法概述 ·· 87

9.2 试验方法 ·· 88

9.3 数据计算 ·· 93

9.4 工程实例 ·· 97

第10章 砂浆片局压法 ·· 99

10.1 概述 ··· 99

10.2 检测设备 ··· 99

10.3 检测步骤 ··· 100

10.4 检测基本计算及应用实例 ····································· 101

第11章 砂浆回弹法 ·· 103

11.1 基本原理 ··· 103

11.2 检测设备 ··· 105

11.3 检测步骤 ··· 108

11.4 检测基本计算及应用示例 ····································· 109

第12章 点荷法 ·· 112

12.1 基本原理 ··· 112

12.2 检测设备 ……………………………………………………… 112

12.3 检测步骤 ……………………………………………………… 114

12.4 检测基本计算及应用示例 …………………………………… 115

第 13 章 烧结砖回弹法 ……………………………………………… 118

13.1 基本原理 ……………………………………………………… 118

13.2 检测设备 ……………………………………………………… 124

13.3 检测步骤 ……………………………………………………… 125

13.4 检测基本计算 ………………………………………………… 125

13.5 工程实例 ……………………………………………………… 126

第 14 章 强度推定 ………………………………………………… 128

14.1 基本概念 ……………………………………………………… 128

14.2 离群值的判断和处理 ………………………………………… 129

14.3 检测单元数据统计 …………………………………………… 130

14.4 砌筑砂浆抗压强度推定 ……………………………………… 131

14.5 烧结砖抗压强度等级推定 …………………………………… 133

14.6 砌体抗压强度和抗剪强度标准值的推定 …………………… 134

附录:《砌体工程现场检测技术标准》GB/T 50315 部分背景材料摘编 …… 135

附录 1 国家标准《砌体工程现场检测技术标准》修订工作中几个主要技术
问题的研究 …………………………………………………… 135

附录 2 烧结普通砖、烧结多孔砖的砌体抗压和抗剪试验 …………… 144

附录 3 原位轴压法现场推断砌体抗压强度的应用 …………………… 152

附录 4 原位轴压法推断多孔砖砌体抗压强度的试验研究 …………… 156

附录 5 扁顶法实测砌体抗压强度的试验研究 ………………………… 162

附录 6 原位单砖双剪法测定砌体通缝抗剪强度的试验研究 ………… 165

附录 7 筒压法检测评定砌筑砂浆强度的研究和应用 ………………… 169

附录 8 筒压法检测特细砂砌筑砂浆强度试验的综合分析 …………… 178

附录 9 回弹法检测砌筑砂浆强度试验研究 …………………………… 186

第1章 概述

1.1 砌体结构的特点及应用状况

将砖、石块、混凝土砌块及土坯等各种块体，用砂浆、黏土浆等通过人工砌筑而组成的一种组合体，称为砌体，也称砌体构件，如砌块墙、砖柱等。以砌体（或砌体构件）为主制作的各种结构叫作砌体结构。根据主要使用的块材类别，砌体结构可分为砖结构、石结构和砌块结构等；根据是否使用钢筋，砌体构件还可分为无筋砌体结构和配筋砌体结构等，一般亦将以砌体结构为主的工程称为砌体工程。相对于混凝土结构和钢结构，砌体结构材料强度较低，特别是抗拉和抗剪强度很低，因此通常只适合制作以受压为主的构件，如柱子、墙体、基础、拱壳等。

我国在公元前2000年就已建造土筑墙结构，东周在建筑中采用的块材，已类似于近代的砖；秦、汉时代的一些石、砖砌体结构至今仍有不少保存完好的；因此，以砖、石、土作为块材的砌体结构在我国已有2000多年的历史。例如：古老的万里长城、造型优美的河北赵县的安济桥（隋代）、历史最悠久的北魏时建造的嵩岳寺塔等砌体结构，都是我国土木建筑史上光辉的实例。

石结构在国外，特别是在有悠久文化历史的地区也早有应用。例如，保存至今的古埃及的金字塔、古罗马的废墟（大量石结构）、被维苏威火山吞没的庞贝城、伊斯坦布尔拜占庭时代的宫廷和庙宇等都是宏伟和历史悠久的砌体结构。

尽管我国砌体结构历史十分悠久，但直到新中国成立前，除用于城墙、佛塔、桥梁以及地下工程外，在房屋方面也多数仅为2~3层的结构。4层以上往往采用钢筋混凝土骨架填充墙，或外墙承重、内加钢筋混凝土梁柱的结构。

新中国成立以后，砌体结构的潜力得到发挥。在非地震区墙体厚度为240mm的砌体房屋造到了6层，加厚以后可以造到了7层或8层；在地震区用砖建造的房屋也达6层或7层。砌体结构不仅用于各类民用房屋，在工业建筑中也大量采用，其不仅作为承重结构，也用作围护结构。砌体结构一度占我国墙体工程的90%，占民用建筑主体工程的80%以上。

特种砌体结构，诸如水池、烟囱、坝、水槽、料仓等，新中国成立后都在广泛地建造。

20世纪80年代以后，由于砌筑劳动强度大、不利于工业化施工、黏土砖存在与农业争地等问题，砌体的使用受到政策性限制。随着墙体材料改革的深入开展，其他墙材（如各种墙板、组合墙体……）结构逐渐增多。但砌体结构仍然是主要结构类型之一。

砌体结构在我国获得了如此广泛的应用，与这种建筑材料所具有的下列优点分不开：

（1）可以就地取材：从块材而言，土坯、天然石、蒸养灰砂砖块的砂、焙烧黏土砖块的黏土等在自然界都大量存在；至于粉煤灰砖等还具有利用工业废料的优点。对砂浆而言，石灰、水泥、黄砂、黏土都可以就近或就地取得。因此，不仅在大中小城市可以生产块材，在农村也能自行制造多种块材。

（2）具有良好的性能：耐火、保温、隔声、抗腐蚀性能均较佳，有较好的大气稳定性。

（3）与其他结构相比：砌体结构具有承重和围护的双重功能；施工也比较简便；节约木材、钢材和水泥。

同时，砌体结构也存在着以下的弱点：

（1）由于砌体强度较低，作为承重结构势必截面尺寸较大，这样自重也大。自重大既造成运输量大，而且在地震动作用下惯性力也大，即对抗震不利。

（2）块材和灰浆间的黏结力较小，因而砌体的抗拉、抗弯和抗剪强度也比较低。因而，在地震动作用下，砌体抗震能力较差。

1.2 砌体工程现场检测的目的和意义

我国是一个多自然灾害的国家。地震、火灾等自然灾害，对建筑物均造成不同程度的损坏，尤其是地震曾对砌体工程造成过大面积的严重损坏。唐山、海城、汶川地震造成的损失均相当惨重。

地震是一种不分国界的全球性自然灾害，它是迄今具有巨大潜能和最大危险性的灾害。近百年来，全世界各国因地震灾害死亡的人数达 300 万左右，占全部自然灾害死亡总数的 58%。我国现在 46% 的城市和许多重大工程设施分布在地震带上，有 2/3 的大城市处于地震区，200 余个大城市位于 M7 级以上地区，20 个百万以上人口的特大城市甚至位于地震烈度为 8 度的高强地震区（北京、天津、兰州、太原等）。

地震发生前，需要对建筑物抗震性能鉴定评估；地震发生后，需要对建筑物损坏情况进行评估；地震灾后，需要对受损建筑物进行加固修复。这些均是涉及人们生命财产安全的非常重要的工作。这些鉴定评估、加固修复设计工作均离不开对砌体工程进行现场检测。

我国 20 世纪五六十年代修建的大批工业厂房、公用建筑和民用建筑，已有数十亿平方米进入中老年期。其鉴定维修加固，也已大量提到议事日程上。

随着经济建设的发展，在新建企业的同时还强调对已有企业的技术改造。当前国内外发展生产、提高生产力的重心，部分已从新建企业转移到对已有企业的技术改造，以取得更大的投资效益。技术改造中，往往要求增加房屋高度、增加荷载、增加跨度、增加层数等。据资料统计，改建比新建可节约投资约 40%，缩短工期约 50%，收回投资比新建厂房快 3～4 倍。当然有些要求更高，例如有些改造要求在不停产情况下进行。由于工业生产的高度自动化、高效率、高产值，对结构进行的维修改造，除坚固、适用、耐久外，还有就是较低施工时间、空间的耗费，否则就可能给工业生产带来巨大经济损失，更不要说拆除重建了。同样民用建筑、公共建筑的改造亦日益受到人们的重视，抓好旧房的增层改造，向现有房屋要面积，是一条重要的出路。我国城市现有的房屋中，有 20%～30% 具备增层改造条件，增层改造不仅可节省投资，还可不再征用土地。对缓解日趋紧张的城市用地矛盾也有重要的现实意义。

另外，我国建筑物以每年 20 亿 ㎡ 以上的速度在增加，设计和施工中存在的一些问题，也会给建筑物留下隐患。

设计人员在设计建筑物或构筑物时，必须面对不定性进行分析，影响建筑结构安全和正常使用的各种因素——材料强度、缺陷、构件的尺寸、安装的偏差、施工的质量和各种作用等，均是随机的，从而风险、不利事件或破坏的概率事实上是不可能避免的，完全正常的设计、施工和使用，在基准使用期内亦可能产生破坏，当然这是按比较小的、人们能接受的概率发生。然而，设计人员的失误——计算错误、数学力学模型选择考虑不周、荷载估计失误、基础不均匀沉降考虑不周、构造不当等，使失效概率大大增加，而更多的是尽管没有发生垮塌但是给使用留下大量隐患，造成结构的先天不足。

结构的先天不足还来源于施工：不严格执行施工规范、不按图施工、偷工减料、使用劣质材料、配合比混乱等。造成上述状况的原因甚多：违章建筑（无规划、无正规设计、无监督…）不断出现，建筑市场的混乱、尤其管理方面存在的种种混乱和违纪、施工队伍的低素质等，正在施工或刚竣工就出现严重质量事故的现象在全国屡见不鲜（约60%的事故就出现在施工阶段或建成尚未使用阶段）。

建筑物的缺陷还来自恶劣的使用环境，如高温、腐蚀（氯离子侵蚀），违章地在结构上任意开孔、挖洞、超载，温湿度变化、环境水冲刷、冻融、风化、碳化……以及由于缺乏建筑物正确的管理、检查、鉴定、维修、保护和加固的常识所造成的对建筑物管理和使用不当，致使不少建筑物出现不应有的早衰。

综上所述，不论是建筑物先天不足，还是对建筑物后天管理不善、使用不当；不论是为抗御灾害所需进行的加固，还是灾后所需进行的修补；不论是为适应新的使用要求而对建筑物实施的改造，还是为建筑物进入中老年期进行正常诊断处理，都需要对建筑物进行鉴定评估，以期对建筑物的可靠性作出科学的评估，都需要对建筑物实施正确的管理维护和改造、加固。然而鉴定的最基础的数据，均需要来自工程现场检查、检测，而现场的检测应有统一的方法和标准。这就是研究现场检测的最终目的和重要的现实意义。

1.3　砌体工程现场检测技术的发展

现场结构检测一直以为生产服务为目的，经常用来验证和鉴定结构的设计与施工质量，为处理工程质量事故和受灾结构提供技术依据，为既有建筑物普查、鉴定以及为其加固或改建提供合理的方案。

现场结构检验由于试验对象明确，大多数都在实际建筑物现场进行试验。这些结构经过试验检测后多数均希望能继续使用，所以这类试验一般都应是非破坏性的，这是结构现场检测的主要特点。

现场试验检测的手段和方法很多，各自的特点和使用条件也不相同。到目前为止，还没有一种统一的方法能针对不同的结构类型和不同的检测目的而提供准确、可靠的数据。所以在选择检测方法、仪表和设备时，应根据建筑物的历史情况和试验目的的要求，按国家有关技术和检测标准，从经济、速度、试验结果的可靠程度和对原有结构可能造成的损坏程度等诸多方面综合比较后确定。

目前，结构的现场试验检测方法主要有现场荷载试验和非破损或微破损或局部可修复破损等几种，而砌体工程的检测主要分为微破损或局部破损，且局部破损是可以修复的检测两大类，主要用于结构或构件的受力性能测定、结构材料性能和结构缺陷的检测等。非破损和微破损检测是在不破坏整体结构或构件的使用性能的情况下，检测结构的材料力学性能、缺陷损伤和耐久性等参数，以对结构及构件的性能和质量状况作出定量评估。

结构的现场荷载试验能直接提供结构的性能指标与承载力数据，而且准确、可靠。荷载试验分为两类：第一类是结构原位荷载试验，布置荷载和试验结果计算分析时，应符合计算简图并考虑相邻构件的影响；第二类是原型结构分离构件试验即结构解体试验，取样时应注意安全，对结构造成的损伤应尽快修复。构件在试验时的支撑条件与计算简图应一致。现场荷载试验的缺点是费工、费时、费用高。

砌体现场非破损检测技术具有快速、耗资少、对结构和美观的损伤小等优点。十多年来，欧、美国家重新认识并重视砌体结构发展的同时，对其检测技术的研究应用越来越关注且其发展也较为迅速，特别是在古建筑保护和监测方面应用较多。

意大利创造了"扁顶法"测试石建筑砌体的工作应力、强度和弹性模量。至 1990 年，意大利已用该技术对 50 余座古建筑进行了检测。目前意大利、法国、英国、美国等国家都在研究这一技术。在我国，湖南大学首先引进并研究了这一方法，将应用范围扩宽至普通砌体结构的抗压强度检测。西安建筑科技大学在此基础上，将施力的扁顶改为自平衡式现场小型压力试验机，机器的耐用性和适用性大为提高，研究了适用条件、测试方法，提出了强度换算的经验公式。

借助于混凝土取芯法测试技术，比利时、法国、意大利、德国将其用于测试砌体强度。

关于强度之外的砌体内部缺陷检测方法，法、意、德、英等国开展了芯孔摄像观测等方法的研究。

在国内，除上述原位轴压法测定砌体抗压强度、扁顶法测定砌体工作应力、抗压强度和弹性模量外，尚有：冲击法检测硬化砂浆抗压强度；回弹法评定砌筑砂浆抗压强度和砖的抗压强度；筒压法评定砌筑砂浆抗压强度；推出法评定砌筑砂浆抗压强度；拉拔法评定砌筑砂浆抗压强度（本项目为四川省建筑科学研究院与英国建筑科学研究院合作项目）；砂浆片剪切法评定砌筑砂浆抗压强度；点荷法评定砌筑砂浆抗压强度；射钉法评定砌筑砂浆抗压强度；拔出法评定砌筑砂浆抗压强度；弯曲抗拉法评定砌筑砂浆抗压强度；原位单砖双剪法测定砌体沿通缝截面抗剪强度；原位砌体通缝单剪法测定砌体沿通缝截面抗剪强度；取芯法测定砌体沿通缝截面抗剪强度；切制法测定砌体抗压强度；择压法测定砂浆抗压强度……这些成果，大多数通过科研成果鉴定，部分方法还编制了行业标准或地方标准。

我国砌体强度现场检测技术经历了 20 世纪 50 年代的启蒙阶段和 60～80 年代的发展阶段，现在已处于第三个阶段——发展和完善相结合的阶段。一方面要继续研究发展现代的检测和测试新技术，不少单位还在为之努力；另一方面，要着重完善已有的检测方法及对这些方法评估认证。因为：①目前各地使用的砌体强度非破损、局部破损检测方法有 10多种，尽管不少成果通过了科研成果鉴定，有的还列入了地方标准，但由于缺乏对其检测精度的统一规定，各种方法的检测精度相距甚远。有的方法精度甚差，根本不能用于可靠性鉴定和事故仲裁。②我国建筑结构的试验方法大多数未进行再现性试验，再现性研究不足，这必然给推广应用带来不利影响。③各种方法均有其一定的适用范围、使用条件，也有其局限性，需要横向比较各种方法的特点，根据检测的目的、对象和条件，推荐不同的方法。

1993 年和 2010 年，结合国家标准《砌体工程现场检测技术标准》GB/T 50315 的编制和修订，由编制组组织相关 10 多家研究单位，对各种检测方法进行统一的考核、验证、研究，取得了以下几项成果。

（1）通过两次大型的验证性考核，说明组织全国统一考核是非常必要的，考核的试验设计和考核全过程是成功的。尽管全国各有关单位选送的这些方法大多数都通过了各种成果鉴定，多数还是省、部级鉴定，但考核中还是发现了诸多问题，如有的设备不过关，不能满足测试要求；有的方法，在研究过程中遗漏了重要影响因素，造成数据反常；有的方法，无法区分砂浆强度等级的高低而造成误判；有的方法，可操作性差，有的对构件损伤过大等。更为重要的是，通过考核，在同一条件下，比较了各种方法的测试结果与标准试件试验值的误差。结果表明，各种方法的误差相差甚远，一些方法目前还不能用于砌体强度的现场检测。

（2）在分析过程中，结合各种方法存在的问题，分别与各研究单位一道深化了研究工作，提高了这些方法的研究水平和实际检测水平。

（3）在考核和深化研究的基础上确认：轴压法、扁顶法、砌体通缝单剪法、单砖双剪法、推出法、筒压法、砂浆片剪法、回弹法、点荷法、砂浆片局压法（即行业标准《择压法检测砌筑砂浆抗压强度技术规程》JGJ/T 234-2011 中的择压法）、切制抗压试件法、烧结砖回弹法等 10 多种方法，各方面均较符合现场测强要求；对各种方法的优缺点、应用范围、制约条件等均作了解析，并列表概括，可供使用者根据不同的目的和使用的环境条件选择使用。在此基础上，将这些方法列入了《砌体工程现场检测技术标准》GB/T 50315-2011。

（4）推荐的上述方法可以满足我国工程建设对砌体强度现场检测的需要，不论是古建筑还是现代建筑，不论是已有建筑还是正在施工的建筑，均可从中选到一种或数种适宜的检测方法。

1.4 砌体工程现场检测技术适用范围和特点

砌体工程的现场检测主要应用于以下几个阶段。

1）建筑物施工验收阶段。

一般来讲，对新建工程在施工验收阶段检测、评定砂浆和块体的强度，应按现行国家标准《砌体结构工程施工质量验收规范》GB 50203、《建筑工程施工质量验收统一标准》GB 50300、《砌体基本力学性能试验方法标准》GB/T 50129 等执行；当遇到下列情况之一时，才按本节的方法检测和推定砂浆、块体或砌体的强度：

（1）砂浆试块缺乏代表性或试件数量不足；

（2）对砂浆试块的试验结果有怀疑或争议，需要确定实际的砌体抗压、抗剪强度；

（3）发生工程事故，或对施工质量有怀疑和争议，需要进一步分析砖、砂浆和砌体的强度。

2）砌体工程使用阶段。

已建砌体工程，在进行下列可靠性鉴定时，应按本标准检测和推定砂浆和砖的强度或砖砌体的工作应力、弹性模量和强度：

　　(1) 静力安全鉴定及危房鉴定或其他应急鉴定；

　　(2) 抗震鉴定；

　　(3) 大修前的可靠性鉴定；

　　(4) 房屋改变用途、改建、加层或扩建前的专门鉴定。

　　本书介绍的 10 余种方法，它仅适用于推定现场砂浆强度、砌体的工作应力、弹性模量和抗压和抗剪强度等物理力学指标。这些参数基本上能满足砌体工程上述阶段的各种需要，每种检测方法的特点、用途和限制条件将在第 2 章中详细论述。

第2章 砌体工程现场检测基本规定

2.1 现场检测基本要求

2.1.1 砌体工程现场检测技术适用范围分类

由于砌体结构本身固有的一些特性，它大量使用地方建筑材料，其质量参差不齐，鱼目混杂；建造过程中主要由手工操作，工人技术水平高低不一，操作常出现不规范行为，从而导致砌体结构建筑物的质量问题，甚至是质量事故。在《建筑工程施工质量验收统一标准》GB 50300-2001 中对于建筑工程质量不符合要求时，有如下规定：①经返工重做或更换器具、设备的检验批，应重新进行验收；②经有资质的检测单位检测鉴定能够达到设计要求的检验批，应予以验收；③经有资质的检测单位检测鉴定达不到设计要求、但经原设计单位核算认可能够满足结构安全和使用功能的检验批，可予以验收；④经返修或加固处理的分项、分部工程，虽然改变外形尺寸但仍能满足安全使用要求，可按技术处理方案和协商文件进行验收。本条规定中的第②和第③款内容均涉及对实体结构的现场检测。在《砌体结构工程施工质量验收规范》GB 50203-2011 关于砂浆的验收中规定，当施工中或验收时出现下列情况，可采用现场检验方法对砂浆或砌体强度进行实体检测，并判定其强度：①砂浆试块缺乏代表性或试块数量不足；②对砂浆试块的试验结果有怀疑或有争议；③砂浆试块的试验结果，不能满足设计要求；④发生工程事故，需要进一步分析事故原因。因此，关于新建砌体结构工程验收的标准规范中均涉及砌体工程现场检测的内容和要求。

新中国成立之后，经过 3 年的经济恢复，从 1953 年开始进行大规模的城市建设、住宅建设和公共建筑建设，建造了大量的砌体结构房屋。近几年来，随着城市化进程的加快，房屋建设规模不断扩大，其中也有大量的砌体结构工程。随着时间的推移，大量的砌体结构房屋进入老龄化，需要对其进行可靠性鉴定，鉴定中必不可少的一项工作则是对相关的参数进行检测。同时，在一些砌体结构古建筑和历史建筑的保护工作中，也有对其进行检测以得到相关参数供保护研究使用的要求。因此，对既有砌体结构也存在需要进行检测的需求。

基于以上描述的具体情况，对于新建砌体工程和既有砌体工程的检测，在《砌体工程现场检测技术标准》GB/T 50315-2011 中分别作出规定：

对新建砌体工程，检验和评定砌筑砂浆或砖、砖砌体的强度，应按现行国家标准《砌体结构设计规范》GB 50003、《砌体结构工程施工质量验收规范》GB 50203、《建筑工程施工质量验收统一标准》GB 50300、《砌体基本力学性能试验方法标准》GB/T 50129 等的有关规定执行；当遇到下列情况之一时，应按本标准检测和推定砌筑砂浆或砖、砖砌体的强度：①砂浆试块缺乏代表性或试块数量不足；②对砖强度或砂浆试块的检验结果有怀疑或争议，需要确定实际的砌体抗压、抗剪强度；③发生工程事故或对施工质量有怀疑和争议，需要进一步分析砖、砂浆和砌体的强度。

对既有砌体工程，在进行下列鉴定时，应按本标准检测和推定砂浆强度、砖的强度或砌体的工作应力、弹性模量和强度：①安全鉴定、危房鉴定及其他应急鉴定；②抗震鉴定；③大修前的可靠性鉴定；④房屋改变用途、改建、加层或扩建前的专门鉴定。

为保证砌体工程现场检测的数据科学、公正、准确、可靠，主要从人员、设备、方法、环境等几方面进行控制。

2.1.2　检测机构

对于房屋建筑与市政工程质量检测机构的资质，国务院行政法规《建设工程质量管理条例》作了原则规定。不少省级人民代表大会或其常务委员会制定的地方法规或省级人民政府规章，对本省的建设工程质量检测机构的资质管理作了具体规定，如《重庆市建筑管理条例》第四十三条规定："从事建筑工质量检测工作的建筑工程质量检测机构，应经市人民政府建设行政主管部门审查批准，并经市技术监督行政主管部门计量认证合格。"又如上海市人民政府发布的《上海市建设工程质量监督管理办法》第十三条规定："建设工程质量检测单位（以下简称检测单位）应当经建设部、市建委、市技术监督局或者建设部、市建委、市技术监督局授权的机构进行资质审核合格后，方可承担建设工程的质量检测任务。"在《四川省建设工程质量检测管理规定》第二条也作出规定："凡在四川省行政区域内从事建设工程质量检测活动、从事建设工程质量检测的机构，必须取得省级以上建设行政主管部门颁发的工程质量检测资质证书并通过省级以上质量技术监督部门计量认证，在资质许可范围内从事检测工作。"为了规范房屋建筑和市政基础设施工程质量检测技术管理工作，在 2011 年 4 月 2 日由国家住房和城乡建设部与国家质量监督检验检疫总局联合发布了国家标准《房屋建筑和市政基础设施工程质量检测技术管理规范》GB 50618-2011。在这本规范中，对检测机构应具备的资质、应承担的责任、应配备的人员、设备以及应建立的技术管理体系等都作了明确的规定。关于检测机构的基本规定主要包括：建设工程质量检测机构（以下简称检测机构）应取得建设主管部门颁发的相应资质证书；检测机构必须在技术能力和资质规定范围内开展检测工作（强制性条文）；检测机构应对出具的检测报告的真实性、准确性负责（强制性条文）；检测机构应建立完善的管理体系，并增强纠错能力和持续改进能力；检测机构应配备能满足所开展检测项目要求的检测人员（强制性条文）；检测机构应配备能满足所开展检测项目要求的检测设备（强制性条文）；检测机构应建立检测档案及日常检测资料管理制度等。在住房和城乡建设部科研课题《房屋建筑和市政基础设施工程质量检测机构资质标准》（征求意见稿）中，对检测机构的等级标准（注册资本金、人员、检测用房、成立年限、科研能力、检测对象、检测项目、仪器设备等）、资质审核程序、资质的使用等均作了较为详细的规定。

2.1.3　检测人员

检测机构水平的高低很大程度上取决于人员素质，因此检测机构的各个岗位应配备合适的人员，应根据各个岗位的任职条件，从人员的专业知识、从事所在岗位的工作经验、学历、技术职称、道德品质和身体状况等方面进行考虑。检测机构的人员要形成科学合理的结构，即：老、中、青结合的年龄结构；高、中、初级技术职称合理配置的结构；不同学历组合的学历结构；不同专业配合的专业结构。以合理的人员结构实现检测机构人员的最佳组合，发挥人员的最佳潜能。检测人员应通过有计划地持续不断的培训，确保检测机构人员持续胜任相应岗位的工作。关于检测人员的资格管理，各地建设行政主管部门有其地方的规定，如在《四川省建设工程质量检测管理规定》第十条就规定："工程质量检测机构的检测人员应经统一考核合格，取得四川省建设工程质量检测人员资格证书，方可从事工程质量检测工作。检测人员资格考核和注册工作由四川省建设工程质量安全监督总站具体办理。"在住房和城乡建设部科研课题《房屋建筑和市政基础设施工程质量检测机构资质标准》（征求意见稿）中，对不同资质等级的检测机构的人员也有相应要求，如对综合甲级检测机构人员的总体要求就有："持证上岗的检测人员不少于100人，其中：相关专业中级及以上技术职称人员不少于40人，高级及以上技术职称人员不少于20人且每个专业类别均至少具有1名高级及以上技术人员。"，同时，对机构负责人、技术负责人、质量负责人、注册人员等均提出了相关要求。

2.1.4　检测设备

检测机构的检测工作是依靠仪器设备来完成的，因此仪器设备的配备与管理对检测机构而言至关重要。检测机构应根据其开展的检测项目和参数，考虑到检测工作发展、科研、检测新技术和新方法研究、安全等方面的需要，对仪器设备的类型、准确度/不确定度、量程、数量、安装环境等作出选择和布置。同时，检测机构应建立完善的仪器设备购置、管理、使用、维护、鉴定等制度。为了保证仪器设备量值的准确一致，应采用检定、校准等方式来完成量值溯源工作。

2.1.5　检测方法与条件

一般而言，检测的环境和条件应根据各检测项目和参数的检测方法标准的规定或检测仪器设备使用说明和检测样品管理要求而确定。在《砌体工程现场检测技术标准》GB/T 50315-2011中，不同的检测方法对检测环境和条件有不同的要求，如第3.2.10条："现场检测和抽样检测，环境温度和试件（试样）温度均应高于0℃"，第12.1.1条："砂浆回弹法适用于推定烧结普通砖或烧结多孔砖砌体中砌筑砂浆的强度，不适用于推定高温、长期浸水、遭受火灾、环境侵蚀等砌筑砂浆的强度"等。因此，在进行砌体工程现场检测时，应监测、控制和记录检测时的各种检测条件，确保其条件满足《砌体工程现场检测技术标准》GB/T 50315-2011对检测条件的要求。

2.2　检测方法分类、选用原则及适用范围

2.2.1　砌体工程现场检测方法的分类

砌体工程的现场检测方法，可按对砌体结构的损伤程度进行分类，也可按照检测方法的测试内容进行分类。

砌体工程的现场检测方法，按对砌体结构的损伤程度进行分类时，分为非破损检测方法和局部破损检测方法两类。非破损检测方法是指在检测过程中，对被检测砌体结构的既有力学性能没有影响，如：砂浆回弹法、烧结砖回弹法等。局部破损检测方法是指在检测过程中，对被检测砌体结构的既有力学性能有局部的、暂时的影响，但可修复，如：原位轴压法、扁顶法、切制抗压试件法、原位单剪法、原位双剪法、推出法、筒压法、砂浆片剪切法、砂浆片局压法、点荷法等。在局部破损检测方法中，尚可进一步分为较大局部破损检测方法和较小局部破损检测方法，如原位轴压法、扁顶法（检测砌体抗压强度时）、切制抗压试件法等均属于较大局部破损检测方法，点荷法、砂浆片局压法、砂浆片剪切法等则可通过在取样时注意加以控制，减小对被检测墙体的损伤，属于较小局部破损检测方法。

砌体工程的现场检测方法，可按照其测试内容进行分类，包括检测砌体抗压强度、检测砌体工作应力和弹性模量、检测砌体抗剪强度、检测砌体砌筑砂浆强度、检测砌筑块体抗压强度等。其中，检测砌体抗压强度的检测方法主要有原位轴压法、扁顶法、切制抗压试件法；检测砌体工作应力和弹性模量的方法为扁顶法；检测砌体抗剪强度的方法有原位单剪法、原位双剪法；检测砌筑砂浆强度的方法有推出法、筒压法、砂浆片剪切法、砂浆回弹法、点荷法、砂浆片局压法；检测砌筑块体抗压强度的方法有烧结砖回弹法、取样法。

2.2.2 砌体工程现场检测方法的选用原则

现场检测一般都是在建筑物建设过程中或建成后，根据本书 2.1.1 中所述原因进行检测，大量的检测是在建筑物使用过程中的检测，此时的砌体均进入了工作状态。一个好的现场检测方法是既能取得所需的信息，又能在检测过程中和检测后对砌体的既有性能不造成负影响。但这两者有一定矛盾，有时一些局部破损方法能提供更多更准确的信息，提高检测精度。鉴于砌体结构的特点，一般情况下局部的破损易于修复，修复后对砌体的既有性能无影响或影响甚微。因此，对于砌体工程的现场检测方法的研究，既纳入了非破损检测方法，又纳入了局部破损检测法，使用者在选用时应根据检测目的、检测条件以及构件允许的破损程度进行选择。

砌体工程的现场检测，主要是根据不同目的获得砌体抗压强度、砌体抗剪强度、砌筑砂浆强度、砌筑块材强度，在《砌体工程现场检测技术标准》GB/T 50315-2011 中分别推荐了几种方法。对同一目的，《砌体工程现场检测技术标准》GB/T 50315-2011 中推荐了多种检测方法，这里存在一个选择的问题。首先，这些方法均通过了标准编制组的统一考核评估，误差均在可接受的范围，方法之间的误差亦在可接受范围。方法的选择除充分考虑各种方法的特点、用途和限制条件外，使用者应优先选择本地区常用方法，尤其是本地区检测人员熟悉的方法。因为方法之间的误差与检测人员对其熟悉掌握的程度密切相关。同时，《砌体工程现场检测技术标准》GB/T 50315-2011 为推荐性国家标准，方法的选择还宜与委托方共同确定，并在合同中加以确认，以避免不同检测方法由于诸多影响因素造成结果差异可能引起的争议。

《砌体工程现场检测技术标准》GB/T 50315-2011 所列的检测方法均进行过专门的研究，研究成果通过鉴定并取得试用经验，有的还制订了地方标准。在《砌体工程现场检技术标准》GB/T 50315-2000 编制过程中，曾于 1993 年专门进行了较大规模的验证性考核试验，编制组全体成员参加和监督了考核全过程。

在对《砌体工程现场检测技术标准》GB/T 50315-2000 进行修订的过程中，为扩大应用范围和纳入新的检测方法，于 2010 年再次进行较大规模考核性试验，并汲取了自 GB/T 50315-2000 颁布实施以来各研究单位和高校及检测单位等的砌体工程现场检测技术科研成果，并决定将各种检测方法的应用范围扩充至烧结多孔砖砌体及其块体、砂浆的强度检测，增加了切制抗压试件法、原位双砖双剪法、特细砂浆筒压法、砂浆片局压法、烧结砖回弹法。通过对砌体工程现场检测技术的研究材料、考核材料和实践经验的认真分析，将各种方法的特点、适用范围和应用的局限性，汇总于表 2.2-1 中。

砌体工程现场检测方法的特点、用途及限制条件　　　　　表 2.2-1

序号	检测方法	特　点	用　途	限制条件
1	原位轴压法	（1）属原位检测，直接在墙体上测试，检测结果综合反映了材料质量和施工质量； （2）直观性、可比性较强； （3）设备较重； （4）检测部位有较大局部破损	（1）检测普通砖和多孔砖砌体的抗压强度； （2）火灾、环境侵蚀后的砌体剩余抗压强度	（1）槽间砌体每侧的墙体宽度不应小于 1.5m；测点宜选在墙体长度方向的中部； （2）限用于 240mm 厚砖墙
2	扁顶法	（1）属原位检测，直接在墙体上测试，检测结果综合反映了材料质量和施工质量； （2）直观性、可比性较强； （3）扁顶重复使用率较低； （4）砌体强度较高或轴向变形较大时，难以测出抗压强度； （5）设备较轻； （6）检测部位有较大局部破损	（1）检测普通砖和多孔砖砌体的抗压强度； （2）检测古建筑和重要建筑的受压工作应力； （3）检测砌体弹性模量； （4）火灾、环境侵蚀后的砌体剩余抗压强度	（1）槽间砌体每侧的墙体宽度不应小于 1.5m；测点宜选在墙体长度方向的中部； （2）不适用于测试墙体破坏荷载大于 400kN 的墙体
3	切制抗压试件法	（1）属取样检测，检测结果综合反映了材料质量和施工质量； （2）试件尺寸与标准抗压试件相同；直观性、可比性较强； （3）设备较重，现场取样时有水污染； （4）取样部位有较大局部破损；需切割、搬运试件； （5）检测结果不需换算	（1）检测普通砖和多孔砖砌体的抗压强度； （2）火灾、环境侵蚀后的砌体剩余抗压强度	取样部位每侧的墙体宽度不应小于 1.5m，且应为墙体长度方向的中部或受力较小处
4	原位单剪法	（1）属原位检测，直接在墙体上测试，检测结果综合反映了材料质量和施工质量； （2）直观性强； （3）检测部位有较大局部破损	检测各种砖砌体的抗剪强度	测点选在窗下墙部位，且承受反作用力的墙体应有足够长度
5	原位双剪法	（1）属原位检测，直接在墙体上测试，检测结果综合反映了材料质量和施工质量； （2）直观性较强； （3）设备较轻便； （4）检测部位局部破损	检测烧结普通砖和烧结多孔砖砌体的抗剪强度	—

续表

序号	检测方法	特　点	用　途	限制条件
6	推出法	(1) 属原位检测，直接在墙体上测试，检测结果综合反映了材料质量和施工质量； (2) 设备较轻便； (3) 检测部位局部破损	检测烧结普通砖、烧结多孔砖、蒸压灰砂砖或蒸压粉煤灰砖墙体的砂浆强度	当水平灰缝的砂浆饱满度低于 65% 时，不宜选用
7	筒压法	(1) 属取样检测； (2) 仅需利用一般混凝土试验室的常用设备； (3) 取样部位局部损伤	检测烧结普通砖和烧结多孔砖墙体中的砂浆强度	—
8	砂浆片剪切法	(1) 属取样检测； (2) 专用的砂浆测强仪和其标定仪，较为轻便； (3) 测试工作较简便； (4) 取样部位局部损伤	检测烧结普通砖和烧结多孔砖墙体中的砂浆强度	—
9	砂浆回弹法	(1) 属原位无损检测，测区选择不受限制； (2) 回弹仪有定型产品，性能较稳定，操作简便； (3) 检测部位的装修面层仅局部损伤	(1) 检测烧结普通砖和烧结多孔砖墙体中的砂浆强度； (2) 主要用于砂浆强度均质性检查	(1) 不适用于砂浆强度小于 2MPa 的墙体； (2) 水平灰缝表面粗糙且难以磨平时，不得采用
10	点荷法	(1) 属取样检测； (2) 测试工作较简便； (3) 取样部位局部损伤	检测烧结普通砖和烧结多孔砖墙体中的砂浆强度	不适用于砂浆强度小于 2MPa 的墙体
11	砂浆片局压法	(1) 属取样检测； (2) 局压仪有定型产品，性能较稳定，操作简便； (3) 取样部位局部损伤	检测烧结普通砖和烧结多孔砖墙体中的砂浆强度	适用范围限于： (1) 水泥石灰砂浆强度：1~10MPa； (2) 水泥砂浆强度：1~20MPa
12	烧结砖回弹法	(1) 属原位无损检测，测区选择不受限制； (2) 回弹仪有定型产品，性能较稳定，操作简便； (3) 检测部位的装修面层仅局部损伤	检测烧结普通砖和烧结多孔砖墙体中的砖强度	适用范围限于：6~30MPa

　　在选用检测方法和在墙体上选定测点时，尚应符合下列要求：①除原位单剪法外，测点不应位于门窗洞口处；②所有方法的测点不应位于补砌的临时施工洞口附近；③应力集中部位的墙体以及墙梁的墙体计算高度范围内，不应选用有较大局部破损的检测方法；④砖柱和宽度小于 3.6m 的承重墙，不应选用有较大局部破损的检测方法。其中第①、②项主要是考虑检测部位应有代表性；第③、④项是从安全考虑，对局部破损方法的一个限制，这些墙体最好用非破损方法检测，或在宏观检查和经验判断基础上，在相邻部位具体检测，综合推定其强度。《砌体工程现场检测技术标准》GB/T 50315-2000 中规定："小于 2.5m 的墙体，不宜选用有局部破损的检测方法"。在《砌体工程现场检测技术标准》GB/T 50315-2011 中修改为"小于 3.6m 的承重墙体，不应选用有较大局部破损的检测方法"。主要是考虑原位轴压法、扁顶法、切制抗压试件法的试件两侧墙体宽度不应小于 1.5m，测点宽度为 0.24m 或 0.37m，综合考虑后要求墙体的宽度不应小于 3.6m。此外，承重墙的局部破损对其

承载力的影响大于自承重墙体，故《砌体工程现场检测技术标准》GB/T 50315-2011 特别强调的是对承重墙体的限制条件，对自承重墙体长度，检测人员可根据墙体在砌体结构中的重要性，适当予以放宽。

2.3　检测程序及工作内容

2.3.1　检测程序

一般而言，砌体工程的现场检测工作应按照规定的程序进行。如图 2.3-1 所示为一般检测程序的框图，当有特殊需要时，亦可按鉴定需要进行检测。有些方法的复合使用，图 2.3-1 未作详细规定（如有的先用一种非破损方法大面积普查，根据普查结果再用其他方法在重点部位和发现问题处重点检测），由检测人员综合各方法特点调整检测程序。在实际的砌体工程现场检测过程中，常常出现由于没有检测方案，在进行检测时取样部位或取样数量不规范或临时随意调整检测方法的情况。因此，在《砌体工程现场检测技术标准》GB/T 50315-2011 中，增加了制定检测方案、确定检测方法的内容。

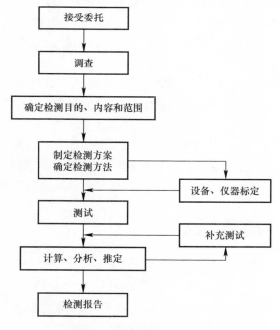

图 2.3-1　现场检测工作程序

2.3.2　工作内容

一项完整的砌体工程现场检测应包含接受委托、调查、确定检测目的和内容及范围、制定检测方案并确定检测方法、测试（含补充测试）、计算、分析和推定、出具检测报告几部分工作内容。

调查阶段是很重要的阶段，应尽可能了解和搜集有关资料，不少情况下，委托方提不出足够的原始资料，还需要检测人员到现场收集；对重要的检测，可先行初检，根据初检结果进行分析，进一步收集资料。调查阶段一般应包括下列工作内容：①收集被检测工程的图纸、施工验收资料、砖与砂浆的品种及有关原材料的测试资料；②现场调查工程的结构形式、环境条件、砌体质量及其存在问题，对既有砌体工程，尚应调查使用期间的变更情况；③工程建设时间；④进一步明确检测原因和委托方的具体要求；⑤以往工程质量检测情况。

对于砌体工程的砌筑质量，因为砌体工程系工人手工操作，即使同一栋工程也可能存在较大差异；材料质量如块材、砌筑砂浆强度，也可能存在较大差异。在编制检测方案和确定测区、测点时，均应考虑这些重要因素。因此，应在检测工作开始前，根据委托要求、检测目的、检测内容和范围等制定检测方案（包括抽样方案、部位等），选择一种或数种检测方法，必要时应征求委托方意见并认可。对被检测工程应划分检测单元，并应确定测区和测点数。测试（含补充测试）、计算、分析和推定均应按照《砌体工程现场检测技术标准》GB/T 50315-2011 中的规定进行。

设备仪器的校验非常重要，有的方法还有特殊的规定。每次试验时，试验人员应对设备的可用性作出判定并记录在案。对一些重要或特殊工程（如重大事故检测鉴定），宜在检测工作开始前和检测工作结束后对检测设备进行检定，以对设备性能进行确认。因此，《砌体工程现场检测技术标准》GB/T 50315-2011 中要求测试设备、仪器应按相应标准和产品说明书规定进行保养和校准，必要时尚应按使用频率、检测对象的重要性适当增加校准次数。

在计算、分析和强度推定过程中，出现异常情况或测试数据不足时，应及时补充测试。检测工作结束后，应及时出具符合检测目的的检测报告。

在现有的现场检测方法中，有部分方法为局部破损的检测方法。在现场测试结束时，砌体如因检测造成局部损伤，应及时修补砌体局部损伤部位。修补后的砌体，应满足原构件承载能力和正常使用的要求。同时，现场检测时，应根据不同检测方法的特点，采取确保人身安全和防止仪器损坏的安全措施，并应采取避免或减小污染环境的措施。

2.4　检测单元、测区及测点

2.4.1　概述

建筑工程质量检测作为一种工程质量控制的手段，在工程建设中具有举足轻重的地位。检测数据和结论是对工程质量的一种直接反映，是对工程质量进行评判的最有力的依据，其科学性、准确性、客观性、有效性显得尤为重要。建筑工程质量检测工作绝大多数情况下是以数据来说话的，作为建筑工程检测的一个分支的砌体工程现场检测也不例外。相关技术标准和规程中对砌体工程的有关参数的技术要求进行了规定，这就要求检测人员能够采用科学、准确、有效的检测手段和数据分析处理手段对检测结果进行记录、统计、分析和处理，确保检测数据的准确性和检测结果的正确性。而要做到这一点，就必须掌握工程质量检测的相关数理统计知识。考虑到读者在实际砌体工程现场检测工作中的需要和使用《砌体工程现场检测技术标准》GB/T 50315 时能准确把握相关技术内容，本节把一些在检测行业广泛应用的统计技术基础知识和抽样技术基础知识作了简要介绍。

2.4.2 数理统计基础知识

1. 基本概念

1）随机试验。

我们遇到过各种试验，如：掷一枚骰子，观察出现的点数；在一批钢筋中任意抽取一根，测试它的物理力学性能；在一批混凝土结构构件中任意抽取一个，测试它的各项技术参数；这些试验有如下共同特点：①可以在相同条件下重复进行；②每次试验的可能结果不止一个，并且能事先明确试验的所有可能结果；③进行一次试验之前不能确定哪一个结果会出现。在概率统计理论中，将具有上述三个特征的试验称为随机试验，简称试验。

2）随机事件。

在一定的条件下，对随机现象进行观察或试验将会出现多种结果。随机现象的每一个可能出现的结果称为一个随机事件，简称事件，通常用字母 A、B、C 等表示。例如，从一批含有不合格品的混凝土空心楼板中，任意抽取 3 块进行质量检查，则"3 块全为合格品"是一个事件，"只有一块为不合格品"是一个事件，"不合格品不多于两块"是一个事件等，记为：$A=$"3 块全为合格品"、$B=$"只有 1 块为不合格品"、$C=$"不合格品不多于两块"。

随机事件有两个特殊情况，即必然事件和不可能事件。必然事件是指在一定的条件下，每次观察或试验都必定要发生的事件，记为 S，如距离测量的结果为正是一个必然事件。不可能事件是指在一定的条件下，每次观察或试验都一定不发生的事件，记为 ϕ，在掷一枚骰子试验中"点数大于 6"是不可能事件。

3）频率与概率。

随机事件的发生带有偶然性，但发生的可能性还是有大小之别，是可以设法度量的。人们在生产、生活和经济活动中，关心的正是随机事件发生的可能性大小。

随机事件的特点是：在一次观测或试验中，它可能出现，也可能不出现，但是在大量重复的观测或试验中呈现统计规律性。

频率：在一定的条件下进行 n 次重复试验，如事件 A 出现了 m 次（m 称为频数），则称 $f_n(A)=\dfrac{m}{n}$ 为事件 A 在 n 次试验中出现的频率。

由事件 A 在 n 次试验中出现的频率 $f_n(A)$ 的变化，可以看出其发生的规律性。如抽检某砖厂生产的一批砖的质量，观察事件 $A=$"砖合格"发生的规律性，抽检结果见表 2.4-1。

某砖厂一批砖的质量抽检结果　　　　表 2.4-1

n（抽检块数）	5	60	150	600	900	1200	1800	2000
m（合格块数）	5	53	131	543	820	1091	1631	1812
$f_n(A)$	1	0.883	0.873	0.905	0.911	0.909	0.906	0.906

从表 2.4-1 中看出，随着抽检次数的增加，事件 A 出现的频率在常数 0.9 附近摆动，而且逐渐稳定于这个常数值。常数 0.9 反映了事件 A 发生的规律性。

用来描述事件发生可能性大小的数量指标称为概率。概率的定义方式通常有以下两种。

概率的统计定义：在一定的条件下进行 n 次重复试验，并且事件 A 出现了 m 次。如果 n 充分大时，事件 A 出现的频率总是稳定的在某个常数 p 附近摆动，则称此常数 p 为事件 A 的概率，记为 $p=P(A)$。如上例中事件 $A=$"砖合格"出现的频率稳定的在 0.9 附近摆动，故事件 A 的概率为 $p=0.9$。

在一般情况下，由概率的统计定义求事件概率的精确值是困难的，因为要得到事件出现的频率的稳定值，必须对事件的发生进行大量的观察或试验，而这在实际上是无法实现的。应用中常以事件在 n 次重复试验中出现的频率值作为该事件概率的近似值。

概率的古典定义：当随机现象具有以下三个特征：①所有可能出现的试验结果只有有限个 n；②每次试验中必有一个，并且只有一个结果出现；③每一试验结果出现的可能性都相同。并且事件 A 是由其中的 m（$m \leqslant n$）个试验结果组成时，则事件 A 的概率为 $P(A)=\dfrac{m}{n}$。

由上述概率的定义，可以得到概率的以下几个性质：①对任何事件 A，有 $0 \leqslant P(A) \leqslant 1$；②必然事件的概率等于 1，即 $P(S)=1$；③不可能事件的概率等于零，即 $P(\phi)=0$。

【例】 有 20 块混凝土预制板，其中有 3 块是不合格品。从中任意抽取 4 块进行检查，求 4 块中恰有一块（记此事件为 A）不合格的概率是多少？

解： 预制板有 20 块，每次抽取 4 块共有 C_{20}^4 种不同的抽取方式，而抽取的 4 块中恰有 1 块不合格品的抽取方式有 $C_3^1 C_{17}^3$ 种，故 $P(A)=\dfrac{C_3^1 C_{17}^3}{C_{20}^4}=\dfrac{2040}{4845}=0.421=42.1\%$。

2. 抽样技术

1）全数检查和抽样检查。

检查批量生产的产品质量一般有两种方法：全数检查和抽样检查。全数检查是对全部产品逐个进行检查，以区分合格品和不合格品；检查的对象是每个单位产品，因此也称为全检或 100% 检查，目的是剔除不合格品，进行返修或报废。抽样检查则是利用所抽取的样本对产品或过程进行的检查，其对象可以是静态的批或检查批（有一定的产品范围）或动态的过程（没有一定的产品范围），因此也简称为抽检。大多数情况是对批进行抽检，即从批中抽取规定数量的单位产品作为样品，对由样品构成的样本进行检查，再根据所得到的质量数据和预先规定的判定规则来判断该批是否合格。抽样检查是为了对批作出判断并作出相应的处理，例如：在验收检查时，对判为合格的批予以接收，对判为不合格的批则拒收。由于合格批允许含有不超过规定限量的不合格品，因此在顾客或需方（即第二方）接收的合格批中，可能含有少量不合格品；而被拒收的不合格批，只是不合格品超过限量，其中大部分可能仍然是合格品。被拒收的批一般要退返给供方（即第一方），经 100% 检查并剔除其中的不合格品（报废、返修）或用合格品替换后再提供检查。

鉴于批内单位产品质量的波动性和样本抽取的偶然性，抽检的错判往往是不可避免的，既有可能把合格批错判为不合格，也可能把不合格批错判为合格。因此供方和顾客都要承担风险，这是抽样检查的一个缺点。但是当检查带有破坏性时，显然不可能进行全检；同时，当单位产品检查费用很高或批量很大时，以抽检代替全检就能取得显著的经济效益。这是因为抽检仅需从批中抽取少量产品，只要合理设计抽样方案，就可以将抽样检查固有的错判风险控制在可接受的范围内。而且在批量很大的情况下，如果全检的人员长时操作，就难免会感到疲劳，从而增加差错出现的机会。

对于不带破坏性的检查，且批量不大，或者批量产品十分重要，或者检查是在低成本、高效率（例如全自动的在线检查）情况下进行时，当然可以采用全数检查的方法。

现代抽样检查方法建立在概率统计基础上，主要以假设检验为其理论依据。抽样检查所研究的问题包括三个方面：①如何从批中抽取样品，即采用什么样的抽样方式；②从批中抽取多少个单位产品，即取多大规模的样本大小；③如何根据样本的质量数据来判断批是否合格，即怎样预先确定判定规则。

实际上，样本大小和判定规则即构成了抽样方案。因此，抽样检查可以归纳为：采用什么样的抽样方式才能保证抽样的代表性，如何设计抽样方案才是合理的。抽样方案的设计以简单随机抽样为前提，为适应于不同的使用目的，抽样方案的类型可以是多种多样的。至于样品的检查方法、检测数据的处理等，则不属于其研究的对象。

2）抽样检查的基本概念。

（1）单位产品、批和样本。

为实施抽样检查的需要而划分的基本单位，称为单位产品，它们是构成总体的基本单位。为实施抽样检查而汇集起来的单位产品，称为检查批或批，它是抽样检查和判定的对象。一个批通常是由在基本稳定的生产条件下，在同一生产周期内生产出来的同形式、同等级、同尺寸以及同成分的单位产品构成的。即一个批应由基本相同的制造条件、一定时间内制造出来的同种单位产品构成。该批包含的单位产品数目，称为批量，通常用符号 N 表示。从批中抽取用于检查的单位产品，称为样本单位，有时也称为样品。样本单位的全体，称为样本。样本中所包含的样本单位数目，称为样本大小或样本量，通常用符号 n 表示。

（2）单位产品的质量及其特性。

单位产品的质量是以其质量特性表示的，简单产品可能只有一项特性，大多数产品具有多项特性。质量特性可分为计量值和计数值两类，计数值又可分为计点值和计件值。计量值在数轴上是连续分布的，用连续的量值来表示产品的质量特性。当单位产品的质量特性是用某类缺陷的个数度量时，即称为计点的表示方法。某些质量特性不能定量地度量，而只能简单地分成合格和不合格，或者分成若干等级，这时就称为计件的表示方法。

在产品的技术标准或技术合同中，通常都要规定质量特性的判定标准。对于用计量值表示的质量特性，可以用明确的量值作为判定标准，例如：规定上限或下限，也可以同时规定上、下限。对于用计点值表示的质量特性，也可以对缺陷数规定一个界限。至于缺陷本身的判定，除了靠经验外，也可以规定判定标准。

在产品质量检验中，通常先按技术标准对有关项目分别进行检查，然后对各项质量特性按标准分别进行判定，最后再对单位产品的质量作出判定。这里涉及"不合格"和"不合格品"两个概念：前者是对质量特性的判定，后者是对单位产品的判定。单位产品的质量特性不符合规定，即为不合格。按质量特性表示单位产品质量的重要性，或者按质量特性不符合的严重程度，不合格可分为 A 类、B 类和 C 类。A 类不合格最为严重，B 类不合格次之，C 类不合格最为轻微。在判定质量特性的基础上，对单位产品的质量进行判定。只有全部质量特性符合规定的单位产品才是合格品；有一个或一个以上不合格的单位产品，即为不合格品。不合格品也可分为 A 类、B 类和 C 类。A 类不合格品最为严重，B 类不合格品次之，C类不合格品最为轻微，不合格品的类别是按单位产品中包含的不合格的类别来划分的。

确定单位产品是合格品还是不合格品的检查，称为"计件检查"。只计算不合格数，不必确定单位产品是否为合格品的检查，称为"计点检查"。两者统称为"计数检查"。用计量值表示的质量特性，在不符合规定时也判为不合格，因此也可用"计数检查"的方法。"计量检查"是对质量特性的计量值进行检查和统计，故对所涉及的质量特性应分别检查和统计。

（3）批的质量。

抽样检查的目的是判定批的质量，而批的质量是根据其所含的单位产品的质量统计出来的。根据不同的统计方法，批的质量可以用不同的方式表示。

① 对于计件检查，可以用每百单位产品不合格品数 p 表示，即

$$p = \frac{\text{批中不合格品总数}\, D}{\text{批量}\, N} \times 100$$

在进行概率计算时，可用不合格品率 $p\%$ 或其小数形式表示，例如：不合格品率为 5%，或 0.05。对不同的试验组或不同类型的不合格品应分别统计。由于不合格品是不能重复计算的，即一个单位产品只可能被一次判为不合格品，因此每百单位产品不合格品数必然不会大于 100。

② 对于计点检查，可以用每百单位产品不合格数 p 来表示，即

$$p = \frac{\text{批中不合格总数}\, D}{\text{批量}\, N} \times 100$$

在进行概率计算时，可用单位产品平均不合格率 $p\%$ 或其小数形式表示。对不同试验组或不同类型的不合格，应分别统计。对于具有多项质量特性的产品来说，一个单位产品可能会有一个以上的不合格，即批中不合格总数有时会超过批量，因此每百单位产品不合格数有时会超过 100。

③ 对于计量检查，可以用批的平均值 μ 和标准（偏）差 σ 表示，即：

$$\mu = \frac{\sum\limits_{i=1}^{N} x_i}{N}$$

$$\sigma = \sqrt{\frac{\sum\limits_{i=1}^{N} (x_i - \mu)^2}{N-1}}$$

式中：x_i——表示第 i 个单位产品质量特性的数值。对每个质量特性值应分别计算。

（4）样本的质量。

样本的质量是根据各样本单位的质量统计出来的，而样本单位是从批中抽取的用于检查的单位产品，因此表示和判定样本的质量的方法，与单位产品是相似的。

① 对于计件检查，当样本大小 n 一定时，可用样本的不合格品数即样本中所含的不合格品数 d 表示。对不同类的不合格品应分别计算。

② 对于计点检查，当样本大小 n 一定时，可用样本的不合格数即样本中所含的不合

格数 d 表示。对不同类的不合格应分别计算。

③ 对于计量检查，则可以用样本的平均值 $\bar{x}$ 和标准（偏）差 s 表示，即

$$\bar{x} = \frac{\sum\limits_{i=1}^{n} x_i}{n}$$

$$s = \sqrt{\frac{\sum\limits_{i=1}^{n} (x_i - \bar{x})^2}{n-1}}$$

对每个质量特性值应分别计算。

3）抽样方法简介。

从检查批中抽取样本的方法称为抽样方法。抽样方法的正确性是指抽样的代表性和随机性，代表性反映样本与批质量的接近程度，而随机性反映检查批中单位产品被抽样本纯属偶然，即由随机因素所决定。在对总体质量状况一无所知的情况下，显然不能以主观的限制条件去提高抽样的代表性，抽样应当是完全随机的，这时采用简单随机抽样最为合理。在对总体质量构成有所了解的情况下，可以采用分层随机或系统随机抽样来提高抽样的代表性。在采用简单随机抽样有困难的情况下，可以采用代表性和随机性较差的分段随机抽样或整群随机抽样。这些抽样方法除简单随机抽样外，都是带有主观限制条件的随机抽样法。通常只要不是有意识地抽取质量好或坏的产品，尽量从批的各部分抽样，都可以近似地认为是随机抽样。

（1）简单随机抽样。

根据《随机数的产生及其在产品质量抽样检验中的应用程序》GB/T 10111-2008 规定，简单随机抽样是指"从总体中抽取 n 个抽样单元构成样本，使 n 个抽样单元所有的可能组合都有相等被抽到概率的抽样"。显然，采用简单随机抽样法时，批中的每一个单位产品被抽入样本的机会均等，它是完全不带主观限制条件的随机抽样法。操作时可将批内的每一个单位产品按 1 到 n 的顺序编号，根据获得的随机数抽取相应编号的单位产品，随机数可按国标用掷骰子，或者抽签、查随机数表等方法获得。

（2）分层随机抽样。

如果一个批是由质量明显差异的几个部分所组成，则可将其分为若干层，使层内的质量较为均匀，而层间的差异较为明显。从各层中按一定的比例随机抽样，即称为分层按比例抽样。在正确分层的前提下，分层抽样的代表性比简单随机抽样好；但是，如果对批质量的分布不了解或者分层不正确，则分层抽样的效果可能会适得其反。

（3）系统随机抽样。

如果一个批的产品可按一定的顺序排列，并可将其分为数量相当的 n 个部分，此时，从每个部分按简单随机抽样方法确定的相同位置，各抽取一个单位产品构成一个样本，这种抽样方法即称为系统随机抽样。它的代表性在一般情况下比简单随机抽样要好些；但在产品质量波动周期与抽样间隔正好相当时，抽到的样本单位可能都是质量好的或都是质量差的产品，显然此时代表性较差。

（4）分段随机抽样。

如果先将一定数量的单位产品包装在一起，再将若干个包装单位（例如若干箱）组成

批时，为了便于抽样，此时可采用分段随机抽样的方法：第一段抽样以箱作为基本单元，先随机抽出 k 箱；第二段再从抽到的 k 个箱中分别抽取 m 个产品，集中在一起构成一个样本，k 与 m 的大小必须满足 $k \cdot m = n$。分段随机抽样的代表性和随机性，都比简单随机抽样要差些。

（5）整群随机抽样。

如果在分段随机抽样的第一段，将抽到的 k 组产品中的所有产品都作为样本单位，此时即称为整群随机抽样。实际上，它可以看作是分段随机抽样的特殊情况，显然这种抽样的随机性和代表性都是较差的。

3. 总体均值和方差的估计

在产品质量控制和材料试验研究中，无论遇到的研究总体的分布类型已知或者未知，都可以通过从总体中随机抽样，用样本对总体中的未知参数如均值、方差进行估计。

1）用样本平均值 $\bar{x}$ 和样本方差 s 估计总体的均值和方差。

设 x_1，x_2，$\cdots$，x_n 是从总体 x 中抽取的样本，由于样本平均值 $\bar{x}$ 和样本方差 s 分别描述总体取值的平均状态和取值的分散程度，所以，以 $\bar{x}$ 和 s 作为总体均值 μ 和方差 σ^2 的估计，即 $\mu \approx \bar{x} = \frac{1}{n}\sum_{i=1}^{n}x_i$、$\sigma^2 \approx s^2 = \frac{1}{n-1}\sum_{i=1}^{n}(x_i - \bar{x})^2$。这里，$\mu$ 和 σ^2 是指正态总体的均值和方差。由于样本的随机性，抽样前 $\bar{x}$ 和 s^2 的值是不确定的，它们是随机变量，一般将它们分别称为总体均值 μ 和方差 σ_2 的估计量。抽样后的样本是一组确定的数值，这时 $\bar{x}$ 和 s^2 也是两个确定的数值，分别称它们为总体均值 μ 和方差 σ^2 的估计值。

样本方差 s^2 还可以写成下面的形式：$s^2 = \frac{1}{n-1}\left[\sum_{i=1}^{n}x_i^2 - \frac{1}{n}\left(\sum_{i=1}^{n}x_i\right)^2\right]$

样本方差 s^2 的算术根 s，即：$s = \sqrt{\frac{1}{n-1}\sum_{i=1}^{n}(x_i - \bar{x})^2}$ 称为样本标准差。用样本标准差 s 对总体的标准差 σ 进行估计时，分以下两种情况：

当样本容量 $n > 10$ 时，直接以 s 作为 σ 的估计，即：$\sigma \approx s = \sqrt{\frac{1}{n-1}\sum_{i=1}^{n}(x_i - \bar{x})^2}$

当样本容量 $n \leqslant 10$ 时，以 s 的修正值作为 σ 的估计，即 $\sigma \approx \frac{s}{c_2^*}$，其中：

$$c_2^* = \frac{\sqrt{2}\Gamma\left(\frac{n}{2}\right)}{\sqrt{n-1}\Gamma\left(\frac{n-1}{2}\right)}$$

c_2^* 的值已制成表，见表 2.4-2。式中，$\Gamma(e)$ 为伽玛函数。

样本容量与 c_2^* 值和 $1/c_2^*$ 对应关系表　　　　　　　　　表 2.4-2

样本容量 n	c_2^*	$1/c_2^*$	样本容量 n	c_2^*	$1/c_2^*$
2	0.7979	1.253	7	0.9594	1.042
3	0.8862	1.128	8	0.9650	1.036
4	0.9213	1.085	9	0.9693	1.032
5	0.9400	1.064	10	0.9727	1.028
6	0.9515	1.051			

【例】 从一批混合砂浆中抽取 10 组试件，测得 28d 抗压强度如下（单位：MPa）：6.5、8.0、7.0、8.5、7.3、7.8、8.2、6.8、7.9、8.1，试估计这批混合砂浆的 28d 抗压强度平均值 μ、方差和标准差 σ。

解： $\mu = \dfrac{1}{10}(6.5+8.0+7.0+8.5+7.3+7.8+8.2+6.8+7.9+8.1) = 7.61\text{MPa}$

$$s^2 = \frac{1}{10-1}\left[(6.5-7.61)^2+(8.0-7.61)^2+\cdots+(7.9-7.61)^2+(8.1-7.61)^2\right]$$

$$= 0.4454$$

$$s = \sqrt{0.4454} = 0.6674\text{MPa}$$

因 $n=10$，查表得 $c_2^* = 0.9727$，故：$\sigma \approx \dfrac{s}{c_2^*} = \dfrac{0.6674}{0.9727} = 0.6861\text{MPa}$

2）样本平均值 $\bar{x}$ 和样本方差 s^2 的性质。

如果总体 X 的某个参数的估计量，虽因样本的随机性而取值不定，但若它取这些不同值的平均值即均值，恰好等于该参数的真值时，称这个估计量为总体参数的无偏估计量。样本平均值 $\bar{x}$ 是总体 X 的均值 μ 的无偏估计量，样本方差 s^2 是总体方差 σ^2 的无偏估计量。

2.4.3 检测单元、测区及测点的划分

1. 检测单元

根据前述抽样方法的基本原理，在国家标准《砌体工程现场检测技术标准》GB/T 50315 中明确提出了检测单元的概念及确定方法。当检测对象为整栋建筑物或建筑物的一部分时，应将其划分为一个或若干个可以独立进行分析的结构单元，每一结构单元应划分为若干个检测单元。检测单元是根据下列几项因素确定的：①检测是为鉴定采集基础数据的，对建筑物进行鉴定时，首先应根据被鉴定建筑物的结构特点和承重体系的种类，将该建筑物划分为一个或若干个可以独立进行分析（鉴定）的结构单元，故检测时应根据鉴定要求，将建筑物划分成独立的结构单元；②在每一个结构单元内，采用对新施工建筑同样的规定，将同一材料品种、同一等级 250m³ 的砌体作为一个母体，进行测区和测点的布置，将此母体称作为"检测单元"；故一个结构单元可以划分为一个或数个检测单元；③当仅仅对单个构件（墙片、柱）或不超过 250m³ 的同一材料、同一等级的砌体进行检测时，亦将此作为一个检测单元。

2. 测区

砌体工程的现场检测不同于混凝土结构的现场检测，其测区的概念也与混凝土结构不同。在砌体工程现场检测中，将单个构件（单片墙体、柱）作为一个测区对待。现场检测时，在每个测区中采集若干数据进行分析，从而得到测区的检测数据。

测区的数量，主要是考虑砌体工程质量检测的需要、检测成本（工作量）、与相关检验与验收标准的衔接、各检测方法的现有科研工作基础，运用数理统计理论，作出的统一规定。国家标准《砌体工程现场检测技术标准》GB/T 50315 规定，每一检测单元的测区数不宜少于 6 个，当一个检测单元不足 6 个构件时，应将每个构件作为一个测区。被测工程情况复杂时，测区数尚应根据具体情况适当增加。测区数量的确定不是一成不变的，应结合检测的目的、检测成本、现场的可操作性、检测现场的影响范围、修复的难易程度、

工程的复杂程度等综合确定。采用原位轴压法、扁顶法、切制抗压试件法检测，当选择 6 个测区确有困难时，可选取不少于 3 个测区测试，但宜结合其他非破损检测方法进行综合强度推定。对既有建筑物或应委托方要求仅对建筑物的部分或个别部位检测时，测区和测点数可减少，但一个检测单元的测区数不宜少于 3 个。测区布置时，应综合考虑被测砌体工程的设计、施工情况，采用简单随机抽样或分层随机抽样的方式布置测区，从而确保测试结果全面、合理反映检测单元的施工质量或其受力性能。

3. 测点

测点的数量，主要是在各检测方法的现有科研工作基础上，运用数理统计理论，结合各检测方法的特点（有的方法对原结构破损较大，有的方法对原结构基本不破损）综合考虑确定的。每一测区均应随机布置若干测点。各种检测方法的测点数，应符合下列要求：①原位轴压法、扁顶法、切制抗压试件法、原位单剪法、筒压法，测点数不应少于 1 个；②原位双剪法、推出法，测点数不应少于 3 个；③砂浆片剪切法、砂浆回弹法、点荷法、砂浆片局压法、烧结砖回弹法，测点数不应少于 5 个。需要说明的是，砂浆回弹法的测位，相当于其他检测方法的测点，砂浆回弹法的一个测位中有若干回弹"测点"。在布置测点时，应在同一测区内采用简单随机抽样的方式进行测点布置，使测试结果全面、合理反映被测区的施工质量或其受力性能。

本章参考文献：

[1] 《砌体工程现场检测技术标准》GB/T 50315-2011. [S]. 北京：中国建筑工业出版社，2011.

[2] 吴体，侯汝欣. 国家标准《砌体工程现场检测技术标准》修订工作中几个主要技术问题的研究. 工程建设标准化，2011，155（10），5-11.

[3] 张昌叙，张鸿勋，吴体，侯汝欣等. 砌体结构工程施工质量验收规范 GB 50203-2011 实施手册 [M]. 北京：中国建筑工业出版社，2011.

[4] 陈继东. 建设工程质量检测人员培训教材 [M]. 北京：中国建筑工业出版社，2006.

[5] 卢铁鹰. 建设工程质量检测工作指南 [M]. 北京：中国计量出版社，2006.

第 3 章　原位轴压法

3.1　基本原理

3.1.1　方法概述

砌体抗压强度是决定砌体结构工程质量和既有砌体结构安全性鉴定最关键的性能指标之一，也是砌体房屋加固、加层改造中必不可少的数据。砌体抗压强度检测可分为间接检测评定与直接检测评定两大类。采用回弹、筒压等方法评定砂浆强度等级，采用取样试验或回弹法检测块体强度等级，然后按国家规范给出的经验公式计算砌体抗压强度可称为间接评定法。回弹法为非破损检验方法，应用简便，但在检测砂浆尤其是低强度砂浆时，检测数据离散较大，可靠性较差，使其应用范围受到限制。筒压法、点荷法等方法需取样检测，为微破损检测方法。这种采用公式计算的推断方法不能考虑砌体实际施工质量对砌体抗压强度的影响。试验研究表明，砌体的砌筑质量对砌体强度有极大的影响，由同一强度等级砖及砂浆砌筑的砌体，因砌筑人员操作技能的差异，抗压强度可相差一倍。在实际工程中，这种砌筑水平的好坏程度又难以掌握，故而间接检测评定并不能确切地检测砌体实际的抗压强度。

在现场直接测定砌体抗压强度的方法有切制抗压试件法、扁顶法、原位轴压法。切制抗压试件法是直接从墙体上截取与抗压标准试件尺寸相当的试验样本，运至试验室进行抗压强度试验。采用该方法要特别注意的是，在截取与搬运过程中应尽量避免扰动试件。扁顶法与原位轴压法则采用加载设备直接在局部墙体上进行抗压强度试验。显然这三种方法不仅可考虑材料强度变化对砌体抗压强度的影响，同时也可考虑砌体砌筑质量对砌体抗压强度的影响，因而与间接测定相比，具有更为直观、可靠的优点。与砂浆取样一样，直接测定法均会造成砌体一定程度的损伤，切制抗压试件法对墙体的破坏要更大一些。

3.1.2　原位轴压法

最早意大利的 Rossi 使用一种合金薄板焊成的盒式扁顶，将其置于砖砌体的灰缝中，为古建筑的修复用以测定砌体的工作应力。我国湖南大学也进行了同样的工作，并且将其应用于测试砌体的抗压强度。这种盒式扁顶的主要缺点是允许的极限变形较小，不能在压缩变形较大的砌体中使用，同时使用时扁顶出力后鼓起，再次使用须将其压平，焊缝也易疲劳破坏，扁顶的使用次数受到一定的限制。

西安建筑科技大学受到这一方法的启示，设计了一种液压扁式千斤顶（原位压力机）取代盒式扁顶，克服了盒式扁顶的上述缺点。但由于扁式千斤顶高度较高，测试时开槽不仅需剔除灰缝，尚需凿除一块砖，增加了测试工作量，同时扁式千斤顶自重较大，使用相对费力，这是原位轴压法的缺点。从另一方面考虑，由于液压扁式千斤顶出力大，能压碎砌体，可直接测得砌体的抗压强度，因此，为了保证砌体受压部位明确，破损仅在局部范围内，而不影响墙体的安全，设计时在扁顶四角设置了 4 根可拆卸的钢拉杆，并增装了一块压板，从图 3.1-1 可以看到，实际上砌体原位压力机是一个小型自平衡压力机。其检测方法是在准备测定抗压强度的墙体上，沿垂直方向上下相隔一定距离处各开凿一个长×宽×高为 240mm×240mm×70mm 的水平槽（对 240 墙而言）。两槽间是受压砌体，称为"槽间砌体"。在上下两个槽内分别放入液压式扁式千斤顶和自平衡式反力板，调整就位后，逐级对槽间砌体施加荷载，直至槽间砌体受压破坏，测得槽间砌体的极限破坏荷载值。因槽间砌体与标准砌体试件之间在尺寸和边界条件上的差异，最后通过换算公式求得相应的标准砌体的抗压强度，也即原位轴压法的核心在于建立槽间砌体与标准砌体试件强度之间的关系。

图 3.1-1　砌体原位轴压试验

3.2　检测设备

3.2.1　原位压力机

原位压力机是原位轴压法的主要设备，它是使砌体承受轴向压力的装置，整个系统如图 3.2-1 所示。

3.2.2　液压系统工作原理

原位压力机的液压系统由扁式千斤顶 1、压力表 2、高压溢流阀 3、高压单向阀 4、高压油泵 5、滤网 6、油箱 7、低压油泵 8、低压溢流阀 9、低压单向阀 10、回油阀 11、高压软管 12 以及外荷载 13 等部分组成。示意装置如图 3.2-2 所示。

系统工作时，低压油泵 8 开始工作，泵出低压油，经低压单向阀 10、高压软管 12 进入扁式千斤顶 1，推动活塞克服外阻力（荷载）P 向上运动。当活塞上外荷载增大，系统

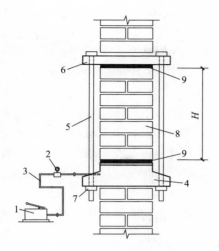

图 3.2-1 原位轴压法测试装置

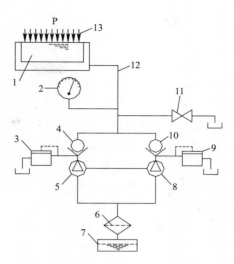

图 3.2-2 液压系统图

1—手动油泵；2—压力表；3—高压油管；

4—扁式千斤顶；5—钢拉杆（共 4 根）；6—反力板；

7—螺母；8—槽间砌体；9—砂垫层

注：图中 H 为槽间砌体高度。

油压超过 1MPa 时，液压系统自动切换到高压油泵 5 工作，泵出高压油经高压软管 12 进入扁式千斤顶 1，继续推动活塞克服外阻力产生向上运动趋势，扁式千斤顶结束工作后，可打开回油阀 11，油液回流至油箱中。

3.2.3 扁式千斤顶

扁式千斤顶为检测砌体强度的关键设备，在使用前必须对原位压力机结构构造、技术性能有正确的了解。扁式千斤顶构造如图 3.2-3 所示，由顶盖 1、活塞 2、防尘圈 3、密封圈 4、进排油口 5、排气螺钉 6、缸体 7 等部分组成。

目前市面上的原位压力机是以扁顶的设计极限压力确定规格型号的。扁式千斤顶主要技术指标，见表 3.2-1。在试验前，检测人员应对砌体的极限强度有一个大概的估计，以便选择合适的扁顶进行测试。

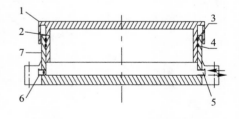

图 3.2-3 扁式千斤顶构造

扁式千斤顶主要技术指标　　　　　　　　　　表 3.2-1

项　目	指　标		
	450 型	600 型	800 型
额定压力/kN	400	550	750
极限压力/kN	450	600	800
额定行程/mm	15	15	15
极限行程/mm	20	20	20
示值相对误差/（%）	±3	±3	±3

3.2.4　操作注意事项

（1）测试时，应排净高压软管及扁式千斤顶内空气，使活塞平稳伸出，若测试过程中活塞伸出不平稳，出现跳动现象，说明未排尽油缸内空气，此时必须将空气排尽，方可继续测试。

（2）测试结束后，因活塞无自动回缩功能，应打开回油阀泄压至零，拧紧拉杆上的螺母，将活塞压至原位后，才能将原位压力机从墙体上拆卸下来。

（3）在对砌体加载时，由于扁顶活塞极限行程只有 20mm，因此应注意避免超过额定行程。当受压的槽间砌体变形较大，超过了扁顶的额定行程时，应将扁顶卸载后，重新调紧钢拉杆，将活塞压至原位，再继续加载。

（4）油泵为双级手动油泵，可实现由低压大流量启动，随着负荷的增加，实现高压小流量的切换，可以达到测试时省时省力的目的。

3.3　砌体原位轴压强度影响因素研究

3.3.1　槽间砌体受压影响因素

不同品种的砌体抗压强度和弹性模量的取值是采用"标准砌体"进行抗压试验确定的。对于外形尺寸为 240mm×115mm×53mm 的普通砖和外形尺寸为 240mm×115mm×90mm 的各类多孔砖，其砌体抗压试件［图 3.3-1（a）、（b）］的截面尺寸 tb（厚度×宽度）采用 240mm×370mm 或 240mm×490mm。其他外形尺寸砖的砌体抗压试件，其截面尺寸可稍作调整。试件高度 H 应按高厚比 β 确定，β 值宜为 3～5。试件厚度和宽度的制作允许误差，应为±5mm。而原位轴压法测试的是槽间砌体的抗压强度，从图 3.1-1 和图 3.3-1 两者试验情况的比较不难看出，槽间砌体的抗压强度受诸多因素的影响。也就是说，槽间砌体得到的抗压强度，不能代表标准砌体的抗压强度。原位轴压法测试的槽间砌体抗压强度，由于受两侧墙肢约束，使其处于双向受压受力状态，极限强度高于标准试件的抗压强度。因此，原位轴压法的核心是建立砌体原位测试强度和标准试件强度之间的关系，采用强度换算系数 ξ 考虑两侧墙体对测试槽间砌体约束的有利作用。

$$\xi = f_u / f_m \tag{3.3-1}$$

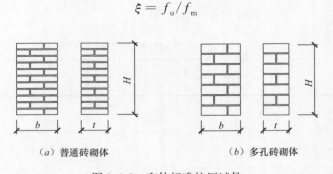

（a）普通砖砌体　　　　　　　　　　（b）多孔砖砌体

图 3.3-1　砌体标准抗压试件

式中：ξ——强度换算系数；

　　　f_u——槽间砌体极限抗压强度；

　　　f_m——标准砌体抗压强度。

测试时，标准砌体抗压强度则由槽间砌体极限强度除以强度换算系数得到。

通过对槽间砌体承压时周边条件的分析，其强度与标准砌体相比受到如下因素的影响：①槽间砌体高度对槽间砌体强度的影响；②槽间砌体两侧约束墙肢宽度对槽间砌体破坏的影响；③墙体上部荷载对槽间砌体强度的影响；④槽间砌体两侧边界约束对槽间砌体强度的影响；⑤材料种类与砖类型不同对槽间砌体强度的影响等。为此对这些问题开展了系列试验研究与理论分析工作。

3.3.2　槽间砌体高度

槽间砌体高度（两水平槽间净间距）对其抗压强度有明显的影响。随着高度的增大，上下槽所施加的局部荷载相互影响减小，而趋近于砌体的局部抗压强度，使抗压强度得以提高。反之，当槽间间距减小时，加载面的摩擦约束作用增大，并且随着受压砌体水平灰缝数量的减少，使砌体的抗压强度趋于砖的抗压强度，其抗压强度亦将提高。可见，在砌体抗压强度与槽间间距的相关曲线中存在一下限值，在该槽间间距检测时，槽间砌体的抗压强度最小，因而是槽间砌体高度合理的取值范围。如图 3.3-2 所示是在其他条件完全相同的情况下，不同槽间砌体高度的对比试验值。从

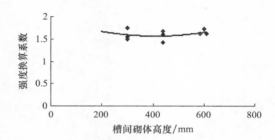

图 3.3-2　槽间砌体高度与强度换算系数

图中可以看出，合理的槽间砌体高度大致为 440mm。为此，在试验时对普通砖可取 7 皮砖，约 420mm；对多孔砖可取 5 皮砖，约 500mm 是适当的。

3.3.3　槽间砌体两侧约束墙肢宽度

采用原位轴压法在被测墙体上进行原位测试时，槽间受压砌体两侧应保证均有一定宽度的墙体，使槽间砌体受压产生的横向变形受到两侧墙肢的约束。此时槽间砌体受压荷载有相当一部分将逐渐通过剪应力传递到两侧墙肢上，同时两侧墙肢还将约束槽间受压砌体的横向变形，使测得的极限抗压强度高于相同标准砌体试件的抗压强度。当有一侧约束墙肢宽度不足时，就会因墙肢不能有效承受受压槽间砌体的横向变形，而自槽口边缘在墙肢上产生斜裂缝，墙肢首先发生剪切破坏［图 3.3-3（a）］，进而槽间砌体因失去约束而受压破坏，此时显然已不能真实反映有约束砌体实际的抗压强度。

为确定两侧墙肢必须保证的最小宽度，进行了必要的试验研究与有限元分析，探讨槽间砌体受荷后，两侧墙肢的竖向应力的分布规律。如图 3.3-3（b）所示为试验墙片之一的测点布置及截面示意，试验墙片厚 240mm，高 1400mm，长 1750mm（槽宽 250mm、两侧墙肢宽度 750mm），上下槽间净距 500mm。利用试件的对称性，测点布置于墙体一侧，有限元也按此尺寸划分，以便分析对比。当墙片上部均布压应力为 0.4MPa 时，如图 3.3-3（c）所示为沿墙体中部水平截面 B［图 3.3-3（b）］在槽间砌体施加各级荷载时，试验测得

的竖向压应变分布；如图 3.3-3（d）所示为与试验墙片对应的有限元分析的竖向压应力分布图。

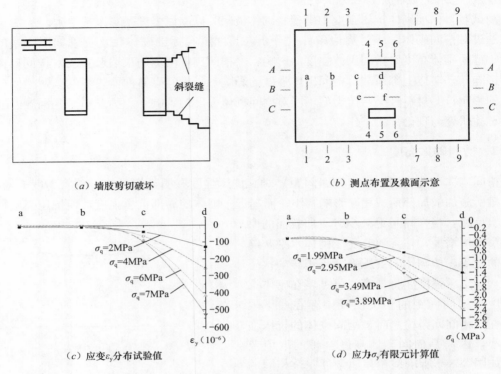

（a）墙肢剪切破坏　　　　　　　　　　　　　（b）测点布置及截面示意

（c）应变ε_y分布试验值　　　　　　　　　　　（d）应力σ_y有限元计算值

图 3.3-3　约束墙肢应力分析

　　从图 3.3-3（c）、（d）可以看出，在测点 b 以外墙肢竖向压应力已经很小。测点 b 距槽间砌体边界约 550mm，与槽间砌体高度大致相当。试验及有限元分析均表明，每边的墙肢宽度大于槽间砌体的高度之后，传递给墙肢的荷载增量以及增强的约束作用已经很小。这一宽度也是防止墙肢剪切破坏的最小宽度。当墙体受上部荷载作用存在压应力 σ_0 时，由于 σ_0 可以有效提高砌体的抗剪强度，将有助于防止墙肢的剪切破坏。但在实际工程中，在布点测试时，为防止因两侧墙肢宽度不足发生剪切破坏，宜留有余地，应保证测点两侧的墙肢宽度不小于 1.5m。

3.3.4　槽间砌体截面尺寸

　　槽间砌体受压截面尺寸为 240mm×240mm，小于标准试件的截面尺寸。为确定槽间砌体受压破坏是否存在尺寸效应，同时砌筑了标准砌体试件（240mm×370mm×720mm）和槽间砌体试件（240mm×240mm×420mm）各 12 个。砌筑采用同盘砂浆各砌一个的方法。而试验顺序与砌筑顺序相同。试验结果为 240mm×240mm 砌体试件抗压强度是标准砌体试件抗压强度的 1.035 倍。根据《在成对观测值情况下两个均值得比较》GBJ3361-82 结果判断：在显著水平 0.05 条件下，240mm×240mm 砌体试件抗压强度与标准砌体试件的抗压强度相等，即没有显著性差异，见表 3.3-1。

240mm×240mm 砌体试件强度与标准砌体试件强度　　　　表 3.3-1

序号	砌体抗压强度/MPa		差值 $d_i = X_i - Y_i$	两个均值的比较	
	标准砌体 X_i	240 砌体 Y_i		技术特征	计算
1	2.97	3.89	−0.92	样本大小 $n=12$ 观察值的和 $\sum X_i = 47.63$ $\sum Y_i = 43.12$ 差的和 $\sum d_i = -1.44$ 差的平方和 $\sum d_i^2 = 5.071$ 给定值 $d_0 = 0$ 自由度 $\upsilon = 11$ 显著性水平 $\alpha = 0.05$	$\bar{d} = \dfrac{1}{n}\sum d_i^2 = 0.12$ $S_d^2 = \dfrac{1}{n-1}\Big[\sum d_i^2 - \dfrac{1}{n}\big(\sum d_i\big)^2\Big]$ $= 0.445$ $\hat{\sigma}_d = \sqrt{S_d^2} = 0.667$ $t_{0.975}/\sqrt{n} = 0.635/\sqrt{12} = 0.183$ $A_2 = (t_{0.975}/\sqrt{n})\hat{\sigma}_d = 0.122$
2	2.88	4.63	−1.75		
3	3.57	3.33	0.24		
4	3.96	3.13	0.86		
5	3.35	3.66	−0.31		
6	3.31	3.37	−0.06		
7	3.43	3.40	0.03		
8	4.00	3.54	0.46		
9	3.90	3.62	0.28		
10	3.26	3.40	−0.14		
11	3.47	3.54	−0.07		
12	3.58	3.61	−0.03		

结论：总体均值 D 与给定值零的比值，双侧情况：$|\bar{d} - d_0| = 0.12 < 0.122$，在显著性水平 5% 情况下，满足两种砌体抗压强度相等的假设。

在进行页岩砖、灰砂砖、煤渣砖 3 种墙体试验时，同时砌筑的 16 组共 96 个 240mm×240mm 砌体试件和标准砌体试件，其抗压强度的平均比值是 1.041 倍，变异系数为 0.176，结论与上述一致。

对比试验表明，槽间砌体的抗压强度不会因尺寸的减小导致"尺寸效应"的作用而较标准砌体试件的抗压强度有所提高。这主要是 240mm×240mm 砌体试件应力调节作用差，小尺寸试件材料或砌筑缺陷对抗压强度的影响比对大尺寸试件的影响要大，导致砌体抗压强度没有增加，而与标准试件的抗压强度相当。

3.3.5　槽间砌体的受力状态

槽间砌体受压时，有相当一部分荷载将逐渐通过剪应力传递到两侧墙肢上，同时两侧墙肢还将约束槽间受压砌体的横向变形，使槽间砌体受压时，其应力状态与标准试件均匀受压时不同。如图 3.3-4、图 3.3-5 所示分别为槽间砌体中心点 f 处［图 3.3-3 (b)］横向应力 σ_x 随槽间砌体施加受压荷载 σ_q 增加的变化情况。如图 3.3-6、图 3.3-7 所示为有限元分析沿槽间砌体边界截面［图 3.3-3 (b) 中 4-4、6-6 截面］及中心截面［图 3.3-3 (b) 中 5-5 截面］横向应力 σ_x 在不同荷载 σ_q 下的分布。

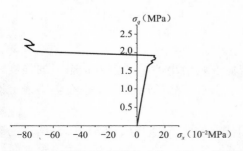

图 3.3-4　有限元分析测点 f 处 σ_x 和 σ_q 关系图

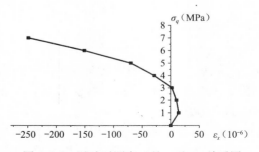

图 3.3-5　试验时测点 f 处 ε_x 和 σ_q 关系图

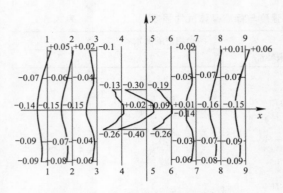

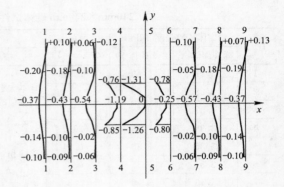

图 3.3-6　$\sigma_q = 2.08\text{Pa}$ 时墙体中 σ_x 的分布　　　　图 3.3-7　$\sigma_q = 4.19\text{MPa}$ 时墙体中 σ_x 的分布

由图 3.3-4～图 3.3-7 可以看出，在槽间砌体加载初期，槽间砌体中心点处水平方向处于受拉状态，随施加荷载 σ_q 增加，转而受压。同时在加载后期，槽间砌体边界截面（4-4、6-6 截面）水平方向应力 σ_x 也均为压应力，槽间砌体受 $\sigma_q = 4.19\text{MPa}$ 压应力作用时，其平均侧向压应力约为槽间受荷面压应力的 20%。墙体上部作用有压应力 σ_0 时，可以提高两侧墙肢的剪切刚度，并产生与槽间砌体反向的横向变形，约束压应力还会随上部压应力 σ_0 的存在而加大，理论分析与试验均表明了在槽间砌体加载时，由于两侧墙肢的约束，限制了槽间砌体的侧向变形，使其整体处于双向受压状态。

3.3.6　双向受压砌体强度

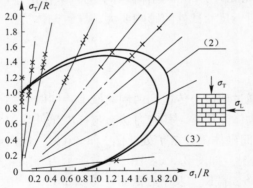

图 3.3-8　双向受压砌体破坏包络图

槽间砌体因承受扁顶的轴向压力和两侧墙肢的横向约束变形，因此处于双向受压受力状态，抗压强度要高于单轴受压强度。

以 K 表示砌体双向受压强度提高系数：

$$K = f_u / f_m \qquad (3.3-2)$$

式中：f_u——砌体双向受压极限抗压强度；

f_m——标准砌体抗压强度。

我国的唐岱新、前苏联的 Гениев.Г.А 等人均进行过砖砌体双向受压强度的试验研究，并给出了相近的研究结果。如图 3.3-8 所示为两人给出的双向受压砌体破坏包络图及与唐岱新试验结果的对比。

$$-13\left(\frac{\sigma_x}{f_m}\right) - 27.7\left(\frac{\sigma_y}{f_m}\right) + 17.86\left(\frac{\sigma_x}{f_m}\right)^2 + 28.57\left(\frac{\sigma_x}{f_m}\right)^2 - 20.68\left(\frac{\sigma_x}{f_m}\right)\left(\frac{\sigma_y}{f_m}\right) = 1.0$$

$$(3.3-3)$$

式（3.3-3）即为唐岱新依据各向异性材料破坏准则给出的平面应力状态下的强度表达式，式中 σ_y、σ_x 分别为垂直于水平灰缝和平行于水平灰缝的压应力，σ_y 在包络线上即为极限强度 f_u。

图 3.3-8 中曲线（2）为式（3.3-3）的理论曲线，曲线（3）为 Гениев.Г.А 给出的理论曲线。由图可见，理论曲线与试验结果吻合较好。图中 σ_T、σ_L 分别为垂直于水平灰缝

和平行于水平灰缝的压应力，R 为标准砌体抗压强度。

按式（3.3-3）计算强度提高系数 K 见表 3.3-2。

					强度提高系数 K			表 3.3-2
σ_x/f_m	0.2	0.4	0.6	0.8	1.0	1.2	1.4	1.6
K	1.194	1.342	1.453	1.543	1.605	1.639	1.641	1.60

式（3.3-2）表明，强度提高系数 K 与极限抗压强度 f_u 呈线性关系，$1/f_m$ 为其斜率。直线斜率随标准抗压强度的增大而减小，表明 f_u 相同时，砌体强度越高，砌体受到的约束力越小，K 值越小。

由表 3.3-2 或图 3.3-8 可见，强度提高系数 K 与相对侧向压应力呈非线性关系，σ_x/f_m 较小时，增加较快，σ_x/f_m 小于 0.3 时，近似呈线性关系，随 σ_x/f_m 增加，K 增长趋于平缓。同时由双向受压强度试验数据及理论分析可见，强度提高系数最大值一般不超过 2.0。

3.4　原位轴压法试验研究

3.4.1　情况综述

1. 试验概况

为了求得原位轴压法测试槽间砌体抗压强度和标准试件抗压强度之间的关系，确定强度换算系数 ξ，西安建筑科技大学、重庆市建筑科学研究院、上海市建筑科学研究院进行了一系列强度对比试验。

对于普通砖砌体，先后做了 5 批砌体的对比试验，包括机制黏土砖、页岩砖、灰砂砖、煤渣砖砌体的对比试验。砖的强度等级 MU30～MU10，砂浆强度 2.5～10.36MPa；上部墙体压应力 σ_0 为 0～0.69MPa。

西安建筑科技大学先后于 1997 年、2004 年、2005 年分 3 批完成多孔砖砌体原位轴压法试验，包括 P 型烧结多孔砖，DS1 型方孔多孔砖（尺寸 180mm×240mm×90mm）砌体试验；上海建筑科学研究院进行了 P 型多孔砖砌体试验。

各批试验墙片长度不等，在每片墙上分别进行一个或多个测点的测试，如图 3.4-1 所示。砌筑墙片时，槽间砌体距墙边以及槽间砌体之间的净距均应有一定的宽度，以提供对

（a）普通砖墙片　　　　　　　　　　　　　（b）多孔砖墙片

图 3.4-1　试验室墙片试验

槽间砌体的约束。在砌筑墙片的同时，采用同批砖和同批砂浆由同一名工人砌筑标准砌体抗压强度试件，以进行极限抗压强度对比。

2. 加载制度

在测试砌体抗压强度时，安装扁顶，接通油路，分级加载，当需要考虑上部压应力 σ_0 作用时，按试验方案通过反力架、千斤顶、分配梁预先对墙体施加压应力 σ_0。试验前进行试加载试验，试加荷载取预估破坏荷载的 10%，用来检测加载系统的灵活性和可靠性，以及上下承压板和砌体受压面接触是否均匀密实。经试加荷载，测试系统正常后卸载，开始正式测试。正式测试时，分级加载，每级荷载取预估破坏荷载的 10%，并在 $1\sim1.5$min 内均匀加完，然后恒载 2min。加载至预估破坏荷载的 80% 后，均匀缓慢连续加载直至槽间砌体破坏。记录砌体的开裂荷载、破坏荷载。

砌体标准试件的抗压强度试验在压力机上进行。

3. 槽间砌体破坏形态

槽间砌体虽然处于两侧有约束的复合受力状态，但试验表明，其破坏特征与单轴受压砌体的破坏特征十分相似，典型的破坏形态如图 3.4-2 所示。破坏与单轴受压的不同之处仅在于有两侧墙肢的约束时，往往可以观察到槽间砌体出平面的横向变形。开裂荷载一般为极限荷载的 $50\%\sim70\%$。

（a）多孔砖砌体　　　　　　　　　　　（b）普通砖砌体

图 3.4-2　砌体的破坏特征

3.4.2　试验结果

试验的 4 种普通砖砌体采用的砖外形尺寸均为 240mm×115mm×53mm，对比试验测点总共 93 个，分别由不同强度等级的砖与砂浆砌筑而成。以相同砖、砂浆强度等级和相同墙体上部压应力 σ_0 的测点为一组，取其平均值，经过整理汇总，普通砖砌体对比试验结果见表 3.4-1。

普通砖砌体对比试验结果　　　　　　　　　　表 3.4-1

	试件编号	σ_0/MPa	MU/MPa	M/MPa	f_u/MPa	f_m/MPa	ξ
黏土烧结砖	NT-1（3）	0	15	10	3.193	2.56	1.25
	NT-2（3）	0.42	15	10	4.49	2.82	1.59
	NT-3（3）	0.42	15	10	4.24	2.82	1.50
	NT-4（2）	0	15	5	2.91	2.11	1.37

续表

	试件编号	σ_0/MPa	MU/MPa	M/MPa	f_u/MPa	f_m/MPa	ξ
黏土烧结砖	NT-5 (4)	0.42	15	5	4.31	2.79	1.54
	NT-6 (3)	0.2	15	5	4.18	2.79	1.50
	NT-7 (3)	0.21	15	5	4.91	3.58	1.37
	NT-8 (3)	0.21	15	5	4.26	3.58	1.19
	NT-9 (3)	0	15	2.5	2.82	1.92	1.47
	NT-10 (3)	0.2	15	2.5	2.8	1.855	1.51
	NT-11 (3)	0.4	10	2.5	4.25	2.6	1.63
	NT-12 (3)	0.4	10	2.5	4.135	2.6	1.59
	NT-13 (3)	0	15	5	2.63	1.877	1.40
	NT-14 (3)	0.2	15	5	2.57	1.63	1.58
	NT-15 (3)	0.35	15	5	2.9	1.98	1.46
	C-2-Ⅲ-2	0	10	5	5.82	5.26	1.106
	C-3-Ⅲ-1	0.69	10	5	6.08	5.26	1.156
	C-3-Ⅲ-2	0.42	10	5	8.47	5.26	1.61
内燃砖	NR-1 (3)	0	30	10	12.43	10.316	1.20
	NR-2 (3)	0.2	30	10	15.47	10.316	1.50
	NR-3 (3)	0.6	30	10	14.95	10.316	1.45
页岩砖	SE-1 (3)	0.298	10	2.56	6.71	4.58	1.47
	SE-2 (3)	0.302	10	3.87	6.57	4.2	1.56
	SE-3 (3)	0.569	10	5.33	8.84	4.86	1.82
	SE-4 (3)	0.874	10	4.59	8.51	4.91	1.73
	SE-5 (3)	0	10	5.13	4.93	3.71	1.33
	SE-6 (3)	1.193	10	7.81	6.99	3.29	2.12
	SE-7 (3)	1.034	10	6.32	9.67	5.28	1.83
	SE-8 (3)	1.39	10	6.76	10.68	4.91	2.18
	SE-9 (3)	0.673	10	7.61	5.96	3.19	1.87
	SE-10 (3)	1.21	10	10.36	7.32	3.8	1.93
	SE-11 (3)	0.448	15	6.46	7.36	4.39	1.68
	SE-12 (3)	0.187	15	4.47	6.84	4.3	1.59
	SE-13 (3)	0.637	15	6.06	8.17	4.17	1.96
	SE-14 (3)	0.1	15	6.18	7.74	5.66	1.37
灰渣砖	HS-1 (3)	0.298	10	9.13	8.41	5.82	1.45
	HS-2 (3)	0.579	10	9.15	12.08	6.41	1.88
煤渣砖	MZ-1 (3)	0.6	10	7.34	8.38	5.44	1.54
	MZ-2 (3)	0.856	10	7.15	6.87	4.05	1.70
	MZ-3 (3)	0.305	10	4.84	7.28	3.98	1.83

注：1. σ_0 为墙体竖向压应力；f_u 为槽间砌体极限抗压强度；f_m 为标准试件抗压强度；ξ 为强度换算系数，以下同；
  2. 试件编号一列的括号内数字为测点数。

西安建筑科技大学的多孔砖砌体对比试验结果分别列于表 3.4-2～表 3.4-4。上海市建筑科学研究院的多孔砖砌体原位轴压试验结果见表 3.4-5。

第一批原位轴压强度试验结果与标准试件抗压强度对比　　　表 3.4-2

墙体编号	σ_0/MPa	f_u/MPa	f_m/MPa	ξ
W_{1-1}	0.15	5.642	2.812	2.006
W_{1-2}	0.15	6.579	2.812	2.340
W_{2-1}	0.3	4.948	2.812	1.760
W_{2-2}	0.3	4.861	2.812	1.729
W_{3-1}	0.45	5.469	2.812	1.945
W_{3-2}	0.45	6.510	2.812	2.315
W_{4-1}	0	4.861	4.037	1.204
W_{4-2}	0	4.420	4.037	1.095
W_{5-1}	0	4.250	4.037	1.053
W_{5-2}	0	4.601	4.037	1.140
W_{6-1}	0	4.420	4.037	1.095
W_{7-1}	0.6	4.514	3.860	1.169
W_{8-1}	0.4	4.630	3.860	1.199
W_{8-2}	0.4	5.903	3.860	1.529
W_{9-1}	0.2	4.630	3.860	1.199
W_{9-2}	0.2	4.167	3.860	1.080
W_{8-3}	0	4.167	3.860	1.080
W_{10-1}	0	3.472	2.815	1.233
W_{10-2}	0	4.080	2.815	1.449
W_{10-3}	0	3.125	2.815	1.110
W_{11-1}	0	3.385	2.815	1.202
W_{11-2}	0	3.819	2.815	1.357
W_{12-2}	0	6.366	4.660	1.366
W_{12-3}	0	6.181	4.660	1.326
W_{13-1}	0	6.181	4.660	1.326
W_{13-3}	0	8.102	4.660	1.739
W_{13-3}	0	7.407	4.660	1.589

注：已剔除 ξ 小于 1.0 的 W_{3-2}、W_{4-2}、W_{4-3}.、$W2-3$、$W4-1$ 测点数据。

第二批原位轴压强度试验结果与标准试件抗压强度对比　　　表 3.4-3

墙体编号	σ_0/MPa	f_u/MPa	f_m/MPa	ξ
KY1	0	3.816	3.208	1.190
KY2	0	3.37	2.936	1.148
KY3	0	4.767	3.061	1.557
KY4	0.3	4.152	2.795	1.486
KY5	0.3	3.314	3.241	1.023
KY6	0.3	3.286	2.637	1.246
KY7	0.6	5.269	2.782	1.894
KY8	0.6	4.599	2.862	1.607
KY10	0	3.482	3.421	1.018
KY13	0.6	4.041	3.47	1.165
KY14	0.6	3.035	2.708	1.121
KY16	0.3	4.208	3.138	1.341
KY17	0.3	3.143	2.912	1.079

注：已剔除 ξ 小于 1.0 的 KY9、KY11、KY12、KY15、KY18 测点数据。

第三批原位抗压强度试验结果与标准试件抗压强度对比　　　　表 3.4-4

墙体编号	MU/MPa	M/MPa	σ_0/MPa	f_u/MPa	f_m/MPa	ξ
W-1	15.2	6.9	0	6.75	4.12	1.638
W-2	15.2	6.9	0	4.21	4.12	1.022
W-3	15.2	10.3	0	7.58	5.26	1.441
W-6	15.2	6.9	0.24	6.86	4.12	1.665
W-7	15.2	6.9	0.24	5.85	4.12	1.420
W-8	15.2	6.9	0	5.45	4.12	1.323
W-9	15.2	6.9	0.24	5.85	4.12	1.420
W-10	15.2	6.9	0.4	6.92	4.12	1.680
W-11	15.2	6.9	0.4	6.16	4.12	1.604
W-12	15.2	6.9	0.4	6.16	4.12	1.604
W-13	15.2	10.3	0.4	9.13	5.26	1.736
W-14	15.2	10.3	0.4	7.19	5.26	1.367
W-15	15.2	10.3	0.4	9.57	5.26	1.819
W-16	15.2	10.3	0.24	8.08	5.26	1.536
W-17	15.2	10.3	0.24	7.52	5.26	1.430
W-18	15.2	10.3	0.24	8.66	5.26	1.646

注：1. MU 为砖强度等级；M 为砂浆强度等级；
　　2. 已剔除 ξ 小于 1.0 的 W-4、W-5 测点数据。

上海建科院多孔砖砌体原位轴压对比试验结果　　　　表 3.4-5

墙体编号	MU/MPa	M/MPa	σ_0/MPa	f_u/MPa	f_m/MPa	ξ
D-3-Ⅲ-1	10	5	0.69	5.82	4.04	1.441
D-1-Ⅲ-2	10	5	0	4.4	4.04	1.089
D-2-Ⅲ-2	10	5	0	4.4	4.04	1.089
D-3-Ⅲ-2	10	5	0.42	4.84	4.04	1.198
E-1-Ⅲ-1	7.5	2.5	0	3.51	3.08	1.14
E-1-Ⅲ-2	7.5	2.5	0	3.34	3.08	1.084
F-1-Ⅲ-1	7.5	0.4	0	2.36	2.0	1.18

注：表中已剔除了 ξ 小于 1.0 的数据。

3.4.3　系数 ξ 及计算参数

原位轴压法测试槽间砌体的受压极限强度，由于两侧墙肢约束，使其处于双向受压受力状态，极限强度高于标准试件的抗压强度。定义强度换算系数 ξ 为槽间砌体极限抗压强度与标准砌体抗压强度之比，见式（3.3-1），ξ 恒大于 1.0。

由于槽间砌体受到的是被动侧向约束力，并不能直接应用式（3.3-1）计算强度换算系数，而需要选择某些参数反映侧向约束力对强度换算系数的影响。反映侧向约束力影响的因素主要有极限强度 f_u 和上部荷载产生的压应力 σ_0，强度换算系数与极限强度 f_u 成正比，上部荷载产生的压应力 σ_0 则通过两侧墙体受压产生的横向变形挤压槽间砌体，进一步加大了槽间砌体的侧向约束力，提高约束砌体的极限强度。国标《砌体工程现场检测技术标准》GB/T 50315-2000 以 σ_0 为参数确定强度换算系数 ξ 值，上海地方标准《既有建筑物结构检测与评定标准》DG/TJ 08-804-2005 则以 f_{u} 为参数确定 ξ 值。约束力的强弱实际与砌体的本构关系、泊松比等反映砌体变形性能的参数有关，与砌体强度指标一样，这些变形参数同样受到施工因素较大的影响，有着比强度变异更大的离散性。从这一角度讲，槽间砌体极限强度 f_{u} 更能直接、全面反映被测试砌体受约束作用的大小，而通过 σ_0 确定 ξ 值并不能反映测试槽间砌体实际受约束的情况，σ_0 又往往在实际工程中难以准确估算，使确定 ξ 的可靠性减小。以 f_{u} 为参数无需计算 σ_0，应用十分简便，但式（3.3-1）表明，ξ 值直接与 f_{m} 成反比，当 f_{u} 相同时，不同 f_{m} 会有不同的 ξ 值，这不仅需要极大量的试验，给出一一对应关系，而且难以应用，因为在测试时，f_{m} 是未知的，因此在建立 ξ 公式时，只能采用 f_{m} 某一变化范围内的 ξ 平均值近似估算标准砌体抗压强度，取值范围越宽，误差就会越大（图 3.4-3）。表 3.4-6 列出了多孔砖砌体以 f_{u} 为参数，按全部数据和按 f_{m} 分组的回归公式与相关系数，可以看出，按全部数据回归，数据离

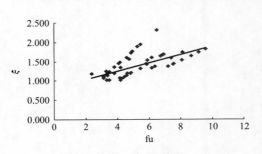

图 3.4-3　多孔砖砌体 ξ 与 f_{u} 关系

散性很大，相关性很差，而按 f_{m} 分组回归有很高的相关系数，但要精确评定既有砌体的抗压强度，需准确预判既有砌体的抗压强度 f_{m} 所在的强度范围，这往往也是不可能的。综上所述，σ_0 的作用使侧向约束力增加，使槽间砌体强度增加，可以看出，当 f_{m} 增加，使 σ_x/f_{m} 比值减小，强度提高系数相应减小，但变化幅度不大，即 σ_0 对其强度提高的影响，受需评定的 f_{m} 影响不大，ξ 值变化远小于以 f_{u} 为参数受 f_{m} 的影响。因此采用国标《砌体工程现场检测技术标准》GB/T 50315-2000 的方案，以 σ_0 为参数确定强度换算系数 ξ 值，更为合理。

多孔砖砌体试验以 f_{u} 为参数 ξ 值回归公式　　　　表 3.4-6

f_{m}/MPa	多孔砖砌体		
	方程	R	n
全部	$\xi=0.834+0.103f_{\mathrm{u}}$	0.68	59
2～3	$\xi=0.198+0.311f_{\mathrm{u}}$	0.96	16
3～4	$\xi=0.367+0.2f_{\mathrm{u}}$	0.89	13
4～5	$\xi=0.265+0.189f_{\mathrm{u}}$	0.96	21
5～6	$\xi=-0.002+0.19f_{\mathrm{u}}$	1.0	9

注：R 为回归方程相关系数，n 为样本数。

砌体由块体与砂浆砌筑而成，是各向异性的非匀质的弹塑性材料，要在理论上确切解析受力后砌体的力学行为还十分困难，因此当前主要依据两者的强度对比试验确定槽间砌体抗压强度和标准砌体抗压强度之间的关系。

3.4.4　ξ 系数的影响因素

1. 砖、砂浆、砌体强度对 ξ 值的影响

将表 3.4-1 中的普通砖砌体 ξ 值相关数据分为两组，第一组数据是同一批页岩砖砌体（表 3.4-7），砂浆强度等级为 M2.5～M5，标准砌体强度值波动小，代表砖、砂浆、砌体

强度基本一致的情况。ξ 与 σ_0 之间的回归方程为：

$$\xi = 1.355 + 0.576\sigma_0 \tag{3.4-1}$$

式（3.4-1）相关系数为 0.948，剩余方差 $S_1^2 = 0.012$，其余计算数据：σ_0 的离差平方和 $L_{x1x1} = 1.236$，σ_0 的离差与 ξ 的离差乘积之和 $L_{y1y1} = 0.712$、ξ 的离差平方和 $L_{y1y1} = 0.46$，$S_1 = 0.108$、$\overline{X}_1 = 0.572$，$a_1 = 1.355$，$b_1 = 0.576$。

第一组试验数据　　　　　　　　　　　　　表 3.4-7

组　别	砖强度等级/MPa	砂浆强度/MPa	f_m/MPa	f_u/MPa	正应力/MPa	ξ
SE-1	10	2.56	4.58	6.71	0.298	1.465
SE-2	10	3.87	4.20	6.57	0.302	1.564
SE-3	10	5.33	4.86	8.94	0.569	1.840
SE-4	10	4.59	4.91	8.51	0.874	1.733
SE-5	10	5.13	4.71	4.93	0	1.329
SE-8	10	6.76	4.91	10.68	1.390	2.175

第二组数据是三批页岩砖和两批粘土砖砌体，砂浆强度等级 M5～M10，标准砌体强度波动大，代表砖、砂浆、砌体强度均存在差异的情况（表 3.4-2）。ξ 与 σ_0 之间的回归方程为：

$$\xi = 1.356 + 0.557\sigma_0 \tag{3.4-2}$$

式（3.4-2）相关系数为 0.928，剩余方差 $S_2^2 = 0.016$，其余计算数据：$L_{x1x1} = 2.087$，$L_{x2y2} = 1.186$、$L_{y2y2} = 0.830$，$S_2 = 0.125$、$\overline{X} = 0.500$，$a_2 = 1.186$，$b_2 = 0.568$。

第二组试验数据　　　　　　　　　　　　　表 3.4-8

组　别	砖强度等级/MU	砂浆强度/MPa	f_m/MPa	f_u/MPa	正应力/MPa	ξ
SE-6	10	7.81	3.298	6.99	1.193	2.125
SE-7	MU10	6.32	5.28	9.67	1.034	1.831
SE-9	MU10	7.61	3.19	5.96	0.673	1.868
SE-10	MU10	10.36	3.8	7.32	1.21	1.926
SE-11	MU15	6.46	4.39	7.36	0.448	1.677
SE-12	MU15	4.47	4.3	6.84	0.187	1.591
NT-1	MU15	M10	2.56	3.19	0	1.25
NT-2	MU15	M10	2.82	4.49	0.42	1.592
NT-4	MU15	M5	2.11	2.91	0	1.374
NT-5	MU15	M5	2.79	4.31	0.42	1.545
NT-6	MU15	M5	2.79	4.18	0.20	1.50
NT-7	MU15	M5	3.58	4.91	0.21	137

比较式（3.4-1）和（3.4-2）的三个特征值，检验其显著水平 $\alpha = 0.05$ 时有无差异。

（1）两个方程的剩余方差检验。

$$t = S_1^2 / S_2^2 = 0.744$$

因 $t < F_{0.95} = 3.20$，两个方程的剩余方差无显著差异。两个方程的共同标准差为：

$$S = \sqrt{[(n_1 - 2)S_1^2 + (n_2 - 2)S_2^2] / (n_1 + n_2 - 4)}$$

$$= 0.0145$$

（2）两个方程的回归系数（$b_1 - b_2$）检验。

$$t = S_1^2/S_2^2 = 0.744$$

$$t = \frac{|b_1 - b_2|}{\sqrt{\dfrac{(n_1 - 2)S_1 + (n_2 - 2)S_2}{(n_1 + n_2 - 4)} \times \left(\dfrac{1}{L_{x1x1}} + \dfrac{1}{L_{x2x2}}\right)}}$$

$$= 0.019$$

因 $t < t_{0.95}(18) = 1.734$，两个方程的回归系数无显著差异。

（3）两个方程的常数项（$a_1 - a_2$）检验。

$$t = \frac{a_1 - a_2}{\sqrt{S\left[\dfrac{1}{n_1} + \dfrac{1}{n_2} + (X_1^2 + X_2^2)/(L_{x1x2} + L_{x2x1})\right]^{1/2}}}$$

$$= 1.140$$

因 $t < t_{0.95}(18) = 1.734$，两个方程的常数项无显著差异。

因此，式（3.4-1）和（3.4-2）的三个特征值没有差异，可以合并为一个方程。这就是说，砖、砂浆、砌体强度之间的差异对 ξ 的影响很小，因此，对砖、砂浆、砌体强度均不同的墙体，ξ 可采用统一的表达式。

2. 不同品种砖对 ξ 值的影响

砌墙砖按其生产方式分为烧结、蒸压、蒸养三大种类。它们三者之间的单砖的折压比、干缩性、与混合砂浆的黏结性能以及砌体的力学性能和变形性能都存在一定的差异。能否采用统一的 ξ 值表达式也需要通过试验来验证。在此选择灰砂砖和煤渣砖两种砌体对比试验结果，它们的试验条件和试验数量完全相同。

把表 3.4-1 中的普通砖砌体试验数据进行统一回归分析，得到砌体抗压强度换算系数 ξ 值与上部正应力 σ_0 的相关方程为：

$$\xi = 1.34 + 0.55\sigma_0 \tag{3.4-3}$$

式（3.4-3）的物理意义在于：常数项 $a = 1.34$ 为槽间砌体受两侧墙肢约束的提高系数；一次项 $b = 0.55\sigma_0$，即为由上部正应力作用引起的提高系数。

按式（3.4-3）分别计算灰砂砖和煤渣砖砌体的强度换算系数 ξ 值，并与试验值比较，比较结果见表 3.4-9。从表 3.4-9 可以看出，两组灰砂砖墙片的试验强度换算系数 ξ 值与按式（3.4-3）计算的 ξ 值的平均比值为 1.046。3 组煤渣砖墙片的试验强度换算系数 ξ 值与按式（3.4-3）计算的 ξ 值的平均比值为 1.023。两种砖砌体平均比值相当，表明不同种类的砖砌体的强度换算系数 ξ 值均可按公式（3.4-3）求得，不同材料的砖对 ξ 值没有显著影响。

灰砂砖和煤渣砖砌体的试验结果　　　　　　　　　　表 3.4-9

砖品种	MU/MPa	M/MPa	f_{ms}/MPa	σ_0/MPa	f_{us}/MPa	$\xi'\left(\dfrac{f_{us}}{f_{mc}}\right)$	ξ	$\dfrac{\xi'}{\xi}$
灰砂砖	10.7	9.13	5.82	0.298	8.41	1.445	1.50	0.963
	10.7	9.15	6.41	0.597	12.08	1.885	1.67	1.129
煤渣砖	10.5	7.34	5.44	0.600	8.38	1.540	1.67	0.922
	10.5	7.15	2.89	0.856	6.87	1.696	1.81	0.937
	10.5	4.84	3.17	0.305	7.28	1.829	1.51	1.211

3.4.5 系数 ξ 与正压力 σ_0 的关系式

槽间砌体因受到侧向约束压应力作用，抗压强度得以提高。在没有 σ_0 作用时，侧向约束压应力由槽间砌体两侧墙体提供，其大小主要取决于砖和砂浆的变形性能。当墙体有 σ_0 作用时，墙体受压产生的横向变形挤压槽间砌体，进一步加大了槽间砌体的侧向约束力，槽间砌体抗压强度进一步得以提高，以下根据对比试验数据进行统计回归分析，建立强度换算系数与上部作用压应力的关系。

1. 普通砖砌体

对表 3.4-1 中的 40 组实心砖砌体原位轴压法试验数据进行分析：

（1）没有 σ_0 作用时，强度换算系数 ξ 值测点数据共 7 组，标准试件砌体抗压强度 1.88～10.36MPa。强度换算系数 ξ 最小值 1.084，最大值 1.47，平均值 1.32。

（2）全部 40 组数据中，标准试件砌体抗压强度 1.88～10.36MPa。σ_0 为 0.10～1.19MPa，鉴于由两侧墙肢约束产生的被动侧向压应力不会过大，强度提高系数接近线性变化（图 3.3-8），可近似采用线性回归，回归方程如式（3.4-3），相关系数 0.78。回归散点图如图 3.4-4（a）所示。

2. 多孔砖砌体

（1）没有 σ_0 作用时，由表 3.4-2～表 3.4-4 可见，强度换算系数 ξ 值 29 个，标准试件砌体抗压强度 2～5.26MPa。ξ 最小值 1.018，最大值 1.739，平均值 1.26。

（2）表 3.4-2～表 3.4-4 中，有 σ_0 作用数据 34 个，无 σ_0 作用数据 29 个，总数据 63 个。标准砌体抗压强度 2.71～5.26MPa；σ_0 为 0.15～0.69MPa。考虑到多孔砖砌体试验数据中两个测点 $\sigma_0=0.15$MPa 的 ξ 值均在 2.0 以上，已不合理，4 个测点 $\sigma_0=0.6～0.69$MPa 的 ξ 值仅为 1.121～1.169，低于多孔砖砌体 $\sigma_0=0$ 时的均值 1.26，使多孔砖砌体出现 σ_0 增加，ξ 值反而减小的不合理情况，分析时均予以剔除，因此总数据为 59 个，同样采用线性回归，方程如式（3.4-4），相关系数 0.6，回归散点图如图 3.4-4（b）所示。

$$\xi = 1.25 + 0.77\sigma_0 \tag{3.4-4}$$

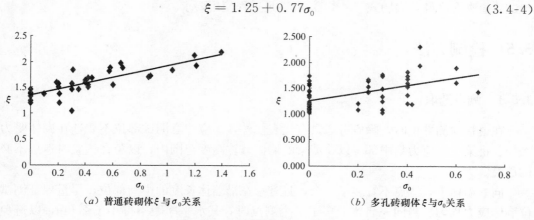

（a）普通砖砌体 ξ 与 σ_0 关系　　　　（b）多孔砖砌体 ξ 与 σ_0 关系

图 3.4-4　砌体的 ξ 与 σ_0 关系

3. 多孔砖砌体与普通砖砌体 ξ 值的比较

将普通砖砌体回归公式（3.4-3）及多孔砖砌体回归公式（3.4-4）计算结果进行比较，比较结果见表 3.4-10。

以 σ_0 为参数的 ξ 值计算公式结果比较　　　　表 3.4-10

σ_0/MPa	0	0.1	0.2	0.3	0.4	0.5	0.6	0.7
实心砖砌体：式（3.4-3）	1.34	1.396	1.451	1.507	1.562	1.618	1.673	1.729
多孔砖砌体：式（3.4-4）	1.25	1.327	1.404	1.481	1.558	1.635	1.712	1.789
差值	0.09	0.069	0.047	0.023	0.004	−0.017	−0.039	−0.06
相对差值/（%）	6.7	4.9	3.2	1.52	0.25	−1	−2.3	−3.5

由表 3.4-10 可见，以 σ_0 为参数的两种砌体的 ξ 计算值吻合良好，仅 σ_0 为零时，两者相差 6.7%，多数情况相差均在 4% 以内。由此可以说明，多孔砖砌体与普通砖砌体墙肢的约束作用对槽间砌体极限强度的影响没有明显差异，因而可采用统一的 ξ 计算公式。

4. 标准统一表达式

通过以上的试验结果与分析，表明对各类砖砌体、不同材料强度均可采用统一 ξ 值计算表达式，在此以全部对比试验数据进行线性回归。参数回归方程见式（3.4-5），回归方程相关系数 0.683（图 3.4-5）。

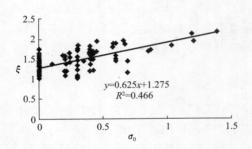

$$\xi = 1.275 + 0.626\sigma_0 \qquad (3.4-5)$$

图 3.4-5　国标 GB/T 50315-2011 公式中 ξ 与 σ_0 的关系图

《砌体工程现场检测技术标准》GB/T 50315-2000 颁布时仅可应用于普通砖砌体，经过近年来的试验研究，表明原位轴压法检测砌体抗压强度亦可应用于多孔砖砌体，因此该标准 2011 年版修订时，扩大了原位轴压法的应用范围，对砖砌体采用统一 ξ 值计算表达式，为简化计算公式并与扁顶法计算公式一致，采用如下公式：

$$\xi = 1.25 + 0.60\sigma_0 \qquad (3.4-6)$$

式（3.4-6）的 ξ 计算值与试验值的平均比值为 1.033，比值标准差为 0.148，计算值与试验值吻合良好，表明式（3.4-6）可满足工程使用要求。

3.5　检测方法

3.5.1　测点选取

在选择检测部位时，除应考虑具有代表性外，还应注意测试部位不要选在砌体受力较大处、挑梁下、应力集中部位以及墙梁的墙体计算高度范围内，以免在试验时造成不必要的危险。

同一墙体上，测点不宜多于 1 个，且宜选在沿墙体长度的中间部位，尽量保证测试部位墙体应力均匀。当同一墙体上多于 1 个测点时，其水平净距不得小于 2.0m，以避免墙体损伤过大和影响测试结果的准确性。

3.5.2　开槽要求

测试部位宜选在距楼、地面 1m 左右的高度处，以便架设压力机和试验过程中的裂缝观察。测点每侧的墙体宽度不应小于 1.5m，以保证墙体对测试部位的约束，使测试时的条件与理论分析时的条件一致。同时，约束墙体宽度小于 1.5m，容易造成墙体开裂严重，影响安全。

测试部位上、下水平槽之间的墙体，称为槽间砌体。对普通砖砌体，槽间砌体应为 7 皮砖；对多孔砖砌体，槽间砌体应为 5 皮砖。开凿的上、下水平槽应对齐，尺寸应符合表 3.5-1 的要求。开槽过程中，应避免扰动四周的砌体，槽间砌体的承压面应修平整。

水平槽尺寸   表 3.5-1

名　称	长度/mm	厚度/mm	高度/mm
上水平槽	250	240	70
下水平槽	250	240	≥110

3.5.3　原位压力机安装

压力机应按下面要求进行安装，以保证试验结果的准确性。

（1）在上槽内的下表面和扁式千斤顶的顶面，应分别均匀铺设湿细砂或石膏等材料的垫层，垫层厚度可取 10mm。

（2）将反力板置于上槽孔，扁式千斤顶置于下槽孔，安放 4 根钢拉杆，使两个承压板上下对齐后，拧紧螺母并调整其平行度；4 根钢拉杆的上下螺母间的净距误差不应大于 2mm。

（3）正式测试前，应进行试加荷载试验，试加荷载值可取预估破坏荷载的 10%。检测测试系统的灵活性和可靠性，以及上下压板和砌体受压面接触是否均匀密实。经试加荷载，测试系统正常后卸荷，并再一次调整螺母的松紧，使压力机的 4 根拉杆受力保持一致。

3.5.4　轴压试验

正式测试时，应分级加荷。每级荷载可取预估破坏荷载的 10%，并应在 1～1.5min 内均匀加完，然后恒载 2min。加荷至预估破坏荷载的 80% 后，应按原定加荷速度连续加荷，直至槽间砌体破坏。当槽间砌体裂缝急剧扩展和增多，油压表的指针明显回退时，槽间砌体达到极限状态。

试验过程中，如发现上下压板与砌体承压面因接触不良，槽间砌体一侧开裂而另一侧开裂时间晚，表明槽间砌体呈局部受压或偏心受压状态，此时应停止试验。在重新调整试验装置后，进行试验。当无法调整时，应更换测点。

试验过程中，应仔细观察槽间砌体初裂裂缝与裂缝开展情况，记录逐级荷载下的油压表读数、测点位置、裂缝随荷载变化情况简图等。

试压完成后拆卸原位压力机前，应打开回油阀，将压力泄压至零，均匀拧紧自平衡拉杆螺母，将伸出的活塞压回原位后，方可取出扁式千斤顶。

3.5.5　检测基本计算

根据槽间砌体初裂和破坏时的油压表读数，分别减去油压表的初始读数，按扁式千斤顶的校验结果，计算槽间砌体的初裂荷载值和破坏荷载值。

槽间砌体的抗压强度，应按下式计算：

$$f_{uij} = \frac{N_{uij}}{A_{ij}} \qquad (3.5-1)$$

式中：f_{uij}——第 i 个测区第 j 个测点槽间砌体的抗压强度（MPa）；

N_{uij}——第 i 个测区第 j 个测点槽间砌体的受压破坏荷载值（N）；

A_{ij}——第 i 个测区第 j 个测点槽间砌体的受压面积（mm²）。

槽间砌体抗压强度换算为标准砌体的抗压强度，应按下列公式计算：

$$f_{mij} = \frac{f_{uij}}{\xi_{1ij}} \qquad (3.5-2)$$

$$\xi_{1ij} = 1.25 + 0.60\sigma_{oij} \qquad (3.5-3)$$

式中：f_{mij}——第 i 个测区第 j 个测点的标准砌体抗压强度换算值（MPa）；

ξ_{1ij}——原位轴压法的无量纲的强度换算系数；

σ_{oij}——该测点上部墙体的压应力（MPa），其值可按墙体实际所承受的荷载标准值计算。

测区的砌体抗压强度平均值，应按下式计算：

$$f_{mi} = \frac{1}{n_1} \sum_{j=1}^{n_1} f_{mij} \qquad (3.5-4)$$

式中：f_{mi}——第 i 个测区的砌体抗压强度平均值（MPa）；

n_1——第 i 个测区的测点数。

3.5.6　工程实例

1. 工程概况

陕西省澄合矿务局王村煤矿 14 号住宅楼原设计为五层砖混结构，始建于 20 世纪 80 年代初，住宅楼地基为重锤夯实地基上做 3：7 灰土垫层，基础为砖砌体条形基础，采用 MU10 砖、M5 号砂浆砌筑。施工至 ±0.000 后因故停建，2005 年重新开工。条形基础施工完停建后一直裸露在室外，经近 20 年风吹雨淋，砖与表层砂浆均有不同程度的风化，使砌体性能退化。为此，需查明原基础现存砌体强度能否满足续建要求，对原基础砌体强度进行检测评定。

2. 检测结果

依据国标《砌体工程现场检测技术标准》GB/T 50315-2000 采用原位轴压法测试砌体抗压强度，鉴于原位轴压法属于微破损方法，取样不宜过多，在 14 号楼基础随机抽取测点 6 个，基础大放脚上部 240mm 厚砌体为 1150mm，上槽口顶部砌体仅留有 5～6 皮砖，上部压应力很小，取 $\sigma_0 = 0$，依据《砌体工程现场检测技术标准》GB/T 50315-2000 4.4.3 条公式（4.3.3-2），强度换算系数为 1.36，由式（3.5-2）求得各测点标准砌体强度 f_i，测试结果见表 3.5-2。

14 号楼墙基础抗压强度

表 3.5-2

测 点	1	2	3	4	5	6
开裂荷载/kN	99.9	275	154.2	275	149.9	178.5
破坏荷载/kN	307.3	449.8	375.2	362.3	335.4	470.6
破坏强度 f_{ui}/MPa	5.335	7.809	6.514	6.29	5.82	8.17
强度换算系数	1.36	1.36	1.36	1.36	1.36	1.36
标准砌体强度 f_i/MPa	3.92	5.74	4.79	4.63	4.28	6.01

3. 强度评定

由式（3.5-4）即《砌体工程现场检测技术标准》GB/T 50315-2000 式（14.0.3-1）求得测点标准砌体强度平均值：$f_m = 4.85$MPa。

由《砌体工程现场检测技术标准》GB/T 50315-2000 式（14.0.3-2）求得测点标准砌体强度标准差：$s = 0.821$。

本检测项目测点 6 个，依据《砌体工程现场检测技术标准》GB/T 50315-2000 14.0.5 条公式（14.05-1）求得

砌体强度推定值：

$$f_k = f_m - ks = 4.895 - 1.947 \times 0.821 = 3.29 \text{MPa}$$

4. 检测结论

依据《砌体结构设计规范》GB 50003-2001 表 B.2.1，砖 MU10、砂浆 M5 砌体强度标准值应为 2.4MPa，检测结果表明，砌体抗压强度推定值大于《砌体结构设计规范》GB 50003-2001 给定值，现有基础砌体抗压强度满足原设计要求。

本章参考文献：

[1] 《砌体工程现场检测技术标准》GB/T 50315-2000 [S]. 北京：中国建筑工业出版社，2000.

[2] 《既有建筑物结构检测与评定标准》DG/TJ 08-19804-2005 [S]. 上海：上海建设和交通委员会，2005.

[3] 单荣民，唐岱新. 双向受压砖砌体强度的试验研究 [J]. 哈尔滨建筑工程学院学报，1988，(2).

[4] 王秀逸等. 砖砌体抗压强度现场原位检测的试验研究 [J]. 西安冶金建筑学院学报，1990，(2).

[5] 林文修. 现场测定砌体承载力的原位轴压法应用研究 [J]. 建筑结构，1996，(6).

[6] 王秀逸等. 原位轴压法测定砌体抗压强度试验研究 [J]. 西安建筑科技大学学报，1997，(12).

[7] 王庆霖，雷波. 多孔砖砌体原位测试抗压抗剪强度试验报告 [R]. 西安：西安建筑科技大学，陕西建筑科学研究院，2005.

[8] 蒋利学. 砌体及砂浆强度检测技术研究 [R]. 上海建筑科学研究院 [R]，2003.

[9] 屈睿. 空心砖墙体抗压强度及抗剪强度现场原位检测的试验研究 [D]. 西安建筑科技大学，2006.

第4章 扁顶法

在砖混结构体系中，对旧建筑物的加层、改造、加固、可靠性鉴定以及工程质量事故分析，都需测定砌体的真实强度。利用扁顶法检测砌体抗压强度具有快速、轻便、直观和准确的特点。工程实践表明，扁顶法测试结果可以综合反映砌体结构的材料质量和施工质量，具有较高的可靠性，适用于推定普通砖砌体和多孔砖砌体的受压弹性模量和抗压强度，亦可用于测定砖墙体的受压工作应力。

扁顶法较早用于测定岩石应力，20世纪80年代意大利模型和结构实验所（ISMES），将该方法用于测量已建房屋石、砖砌体的工作应力和弹性模量，尤其在古建筑砌体的检测中得到较好的应用。湖南大学在我国首先引进并研究了这一方法，成功应用于工程结构中普通砖砌体极限抗压强度的测定[1][2][3][4]。近年来又将该方法拓展在多孔砖砌体中应用。

4.1 基本原理

4.1.1 应力释放与恢复

因墙体所承受的主应力方向已定，且垂直方向的主应力是主要控制应力，当沿水平灰缝开凿一条应力解除槽［图4.1-1（a）］，槽周围的墙体应力得到部分解除，应力重新分布。在槽的上下设置变形测量点，可直接观测到因开槽而带来的相对变形变化，即因应力解除而产生的变形释放。将扁顶装入恢复槽内，向其供油压，当扁顶内压力平衡了预先存在的垂直于灰缝槽口面的静态应力时，即应力状态完全恢复，所求墙体受压工作应力即由扁顶内的压力表显示。分析表明，当扁顶施压面积与开槽面积之比等于或大于0.8时，用变形恢复来控制应力恢复相当准确。

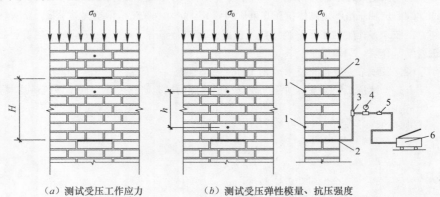

（a）测试受压工作应力　　　　（b）测试受压弹性模量、抗压强度

图4.1-1　扁顶法测试装置与变形测点布置

1—变形测量脚标（两对）；2—扁式液压千斤顶；3—三通接头；4—压力表；5—溢流阀；6—手动油泵

在墙体内开凿两条水平灰缝［图 4.1.1 (b)］并装入扁顶，则扁顶间所限定的砌体（槽间砌体），相当于试验一个原位标准砌体试件。对上下两个扁顶供油压，便可测得砌体的变形特征（如砌体弹性模量）和砌体的极限抗压强度。

4.1.2 槽间砌体的抗压强度

在墙内开凿两条水平灰缝槽，槽内两个扁顶同时供压，直至槽间砌体破坏。该砌体受到墙体工作压应力和两侧墙体约束等因素的影响，它与标准砌体的受力状态有较大的不同，因此必须建立槽间砌体抗压强度与标准砌体抗压强度之间的关系。

将墙体视为无限弹性域的薄板，当墙体上开有扁槽，且受上部荷载 σ_0 和槽中扁顶压力 σ_u 作用下，按弹性理论应力分析，可得槽间砌体的竖向应力分布[1][2]，如图 4.1-2 (a) 所示。此时槽端部的应力集中十分显著。但由于实际的墙体由各向异性的非匀质材料构成，砌体具有一定的塑性变形性能，因而在荷载作用下槽端部的应力集中现象较弹性理论分析的结果小得多，使得槽所在水平截面上的垂直应力分布较均匀。此外，在墙体的实验过程中，当扁顶所施加的压力较大时，槽的两端产生斜裂缝，此时槽口端部的应力迅速减小。因而在分析槽间砌体强度时，可将两槽所在水平截面上的垂直应力分布图由图 4.1-2 (a)简化为图 4.1-2 (b)，以此作为该砌体的计算受力状态[1][2]。

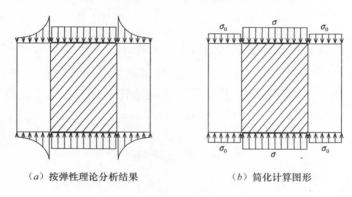

(a) 按弹性理论分析结果　　　(b) 简化计算图形

图 4.1-2 槽间砌体竖向应力分布

按弹性理论推导得垂直于扁顶的岩石应力为 σ_p，按下式计算[1]：

$$\lambda\sigma_r + \mu\sigma_h = \sigma_p \tag{4.1-1}$$

式中：σ_r——平均恢复应力；

σ_h——平行于扁顶的岩石应力；

λ、μ——与扁顶的尺寸、双向应力场和泊松比等有关的系数。

在式 (4.1-1) 中，可认为右边的 σ_p 相当于图 4.1-2 (b) 中被检测砌体（斜线所示部分）的实际应力；左边为 σ 和 σ_0 产生的荷载效应，即 σ_r 相当于扁顶所施加的压应力 σ，σ_h 相当于墙体上部压应力 σ_0 对被测砌体产生的侧向水平应力。因而式 (4.1-1) 中的左边可转换成下式（以系数 a、d 分别代替系数 λ、μ）：

$$a\sigma + d\sigma_h = \left(a + \frac{d\sigma_h}{\sigma}\right)\sigma = (a + k\sigma_0)\sigma_0 \tag{4.1-2}$$

同理，如标准砌体的抗压强度为 f_m，则式 (4.1-1) 中右边，即图 4.1-1 (b) 中斜线所示砌体（槽间砌体）的抗压强度可表示为 $(b+m\sigma_0)f_m$。

由以上分析，当扁顶供压至 $\sigma=\sigma_u$，并使槽间砌体破坏时，其极限状态方程为：

$$(a+k\sigma_0)\sigma_0 = (b+m\sigma_0)f_m \qquad (4.1-3)$$

式（4.1-3）表明，上部荷载 σ_0 一方面使槽间砌体所承受的垂直荷载增大，即产生不利影响。另一方面 σ_0 又对槽间砌体起侧向约束作用，使砌体抗压强度提高，即产生有利影响。在 σ_0 作用下，上述侧向约束作用还与 σ_u 和 f_m 等因素有关。

4.1.3　强度换算系数

为了求得扁顶法测出得墙体抗压强度（f_u）和标准试件抗压强度（f_m）之间的关系，需确定强度换算系数 $\xi_1 = f_u/f_m$。根据［文献 1］的研究结果，在《砌体工程现场检测技术标准》GB/T 50315-2000 中[4]取：

$$\xi_1 = 1.18 + \frac{4\sigma_0}{f_u} - 4.18\left(\frac{\sigma_0}{f_u}\right)^2 \qquad (4.1-4)$$

在本次对 GB/T 50315-2000 的修订中，做了如下两方面的工作：

（1）扁顶法在多孔砖砌体中的应用。

通过 14 片烧结多孔砖墙体测试，只要槽间砌体的高度为 5 皮砖（测砌体抗压强度或受压弹性模量时）或相隔 3 条水平灰缝（测定砌体受压工作应力时），本方法可在烧结多孔砖砌体中应用，并可采用式（4.1-4）。

（2）与轴压法相协调，采用统一的强度换算系数。

对湖南大学 14 片烧结多孔砖墙体的扁顶法测试结果和西安建筑科技大学、重庆市建筑科学研究院、上海市建筑科学研究院轴压法的烧结普通砖、烧结多孔砖墙体共 96 组试验结果[5]进行统计，当 $\sigma_0/f_m < 0.4$ 时（实际工程中，σ_0 一般在 $0.4f_m$ 以下），ξ_1 与 σ_0 基本符合线性关系，得：

$$\xi_1 = 1.27 + 0.61\sigma_0 \qquad (4.1-5)$$

其相关系数为 0.74，相对误差为 0.20。

现为了与轴压法相协调，统一采用下式确定：

$$\xi_1 = 1.25 + 0.60\sigma_0 \qquad (4.1-6)$$

应当指出，当 $\sigma_0 > 0.4f_m$ 时，ξ_1 将不再随 σ_0 线性增长，此时采用式（4.1-4）是合理的。

对于其他种类的砖砌体，其受力性能与上述烧结普通砖和烧结多孔砖砌体没有明显差异，扁顶的工作原理也相同，扁顶法可用于现场检测各种砖砌体的相应指标。

4.2　检测设备

扁顶法适用于推定普通砖砌体和多孔砖砌体的受压弹性模量和抗压强度，亦可用于测定砖墙体的受压工作应力。其主要装置由扁式液压千斤顶、手动油泵、手持式应变仪或千分表、三通接头、变形测量脚标（两对）、压力表和溢流阀等组成（图 4.1-1）。

扁顶由 1mm 厚合金钢板焊接而成，总厚度为 5～7mm（图 4.2-1），大面尺寸分别为 250mm×250mm、250mm×380mm、380mm×380mm 和 380mm×500mm。前两种扁顶可

用于 240mm 厚墙体，后两种扁顶可用于 370mm 厚墙体。其主要指标见表 4.2-1。每次使用前，均应校验扁顶的力值。

图 4.2-1 扁式液压千斤顶

扁顶主要技术指标 表 4.2-1

项 目	指 标	项 目	指 标
额定压力/kN	400	极限行程/mm	15
极限压力/kN	480	示值相对误差/(%)	±3
额定行程/mm	10	—	—

手持式应变仪和千分表的主要技术指标见表 4.2-2。

手持式应变仪和千分表的主要技术指标 表 4.2-2

项 目	指 标
行程/mm	1~3
分辨率/mm	0.001

4.3 检测步骤

在应用扁顶法对砌体进行现场检测时，先要对扁式液压千斤顶进行标定，校验扁顶的力值。扁顶标定一般在材料试验机上完成（图 4.3-1）。

4.3.1 砌体工作应力测试

进行砌体工作应力测试时，首先确定开槽位置，然后安装好定位测点脚标，读取初读数。沿水平灰缝开槽，并记录因开槽应力释放后的变形读数。装入扁式液压顶，接上油管并供压做墙体应力恢复，记录供压值和变形值。一般以 0.2MPa 为一级，直至供压值所测的变

图 4.3-1 扁顶标定

形等于初始变形值为止，然后卸载。具体步骤如下：

（1）在选定的墙体上，标出水平槽的位置并应牢固粘贴两对变形测量的脚标［图 4.1-1（a）］。脚标应位于水平槽正中并跨越该槽；脚标之间的距离 h，对普通砖砌体应相隔 4 条水平灰缝，宜取 250mm；对多孔砖砌体应相隔 3 条水平灰缝，宜取 270mm。

（2）使用手持应变仪或千分表在脚标上测量砌体变形的初读数，应测量 3 次，并取其平均值。

（3）在标出水平槽位置处，剔除水平灰缝内的砂浆。水平槽的尺寸应略大于扁顶尺寸。开凿时不应损伤测点部位的墙体及变形测量脚标。应清理平整槽的四周，除去灰渣。

（4）使用手持式应变仪或千分表在脚标上测量开槽后的砌体变形值，待读数稳定后方可进行下一步试验工作。

（5）在槽内安装扁顶，扁顶上下两面宜垫尺寸相同的钢垫板，并应连接试验油路（图 4.1-1）。

（6）正式测试前的试加荷载试验，应符合如下要求：

正式测试前，应进行试加荷载试验，试加荷载值可取预估破坏荷载的 10%。检测测试系统的灵活性和可靠性，以及上下压板和砌体受压面接触是否均匀密实。经试加荷载，测试系统正常后卸荷，开始正式测试。

（7）正式测试时，应分级加荷。每级荷载应为预估破坏荷载值的 5%，并应在 1.5～2min 内均匀加完，恒载 2min 后测读变形值。当变形值接近开槽前的读数时，应适当减小加荷级差，直至实测变形值达到开槽前的读数，此时即可测得墙体的受压工作应力，然后卸荷。

4.3.2　砌体抗压强度和弹性模量测试

应力测试后，在距第一条槽符合规范要求的距离处另开一条对应平行槽，并装入扁顶。在两扁顶所限定的砌体之间，单面或前后双面沿中线布置竖向和横向变形测点，可用千分表也可用手持式引伸仪测取。一般以 0.2MPa 分级供压，记录变形读数。当砌体开裂并形成贯通的主裂缝后，定为砌体的破坏标准。此时变形急剧发展，加荷系统的压力表（图 4.1-1 之 4）读数明显下降。具体步骤如下：

（1）在完成墙体的受压工作应力测试后，开凿第二条水平槽，上下槽应互相平行、对齐。当选用 250mm×250mm 扁顶时，两槽之间的距离 h，对普通砖砌体，应相隔 7 皮砖；对多孔砖砌体，应相隔 5 皮砖。当选用 250mm×380mm 扁顶时，两槽之间的距离 h，对普通砖砌体，应相隔 8 皮砖；对多孔砖砌体，应相隔 6 皮砖。遇有灰缝不规则或砂浆强度较高而难以凿槽的情况，可以在槽孔处取出一皮砖，安装扁顶时应采用钢制楔形垫块调整其间隙。

（2）在槽内安装扁顶，扁顶上下两面宜垫尺寸相同的钢垫板，并应连接试验油路。

（3）试加荷载，如上实测墙体受压工作应力所述。

（4）正式测试时，应分级加荷。每级荷载可取预估破坏荷载的 10%，并应在 1～1.5min 内均匀加完，然后恒载 2min。加荷至预估破坏荷载的 80% 后，应按原定加荷速度连续加荷，直至槽间砌体破坏。当槽间砌体裂缝急剧扩展和增多，油压表的指针明显回退时，槽间砌体达到极限状态，记录此时的油压表读数。

（5）当测试砌体受压弹性模量时，应在槽间砌体两侧各粘贴一对变形测量脚标［图 4.1-1（b）］，脚标应位于槽间砌体的中部。脚标之间的距离 h，对普通砖砌体应相隔 4 条水平灰缝，宜取 250mm；对多孔砖砌体应相隔 3 条水平灰缝，宜取 270mm。试验前应记录标距值，精确至 0.1mm。正式试验前，反复施加 10% 的预估破坏荷载，其次数不宜少于 3 次。测试时，应记录逐级荷载下的变形值。加荷的应力上限不宜大于槽间砌体极限抗压强度的 50%。

测试中，当槽间砌体上部压应力小于 0.2MPa 时，宜加设反力平衡架（图 4.3-2）进行试验。

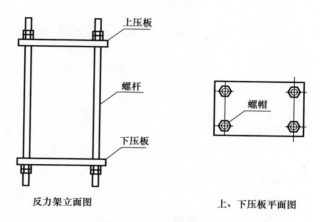

图 4.3-2 反力架示意图

4.4 检测基本计算

4.4.1 工作应力计算

墙体的受压工作应力，等于实测变形值达到开槽前的读数时所对应的应力值。根据扁顶的标定结果，应将油压表读数换算为试验荷载值，即可计算得到砌体工作应力值。

4.4.2 弹性模量及抗压强度的计算

1. 弹性模量

对于槽间砌体的弹性模量，根据试验结果，计算砌体在有侧向约束情况下的受压弹性模量，取应力 σ 等于 $0.4f_{uij}$（或约等于 $0.4f_{uij}$）时的割线模量为该槽间砌体的弹性模量：

$$E_{ij} = \frac{0.4f_{uij}}{\varepsilon_{ij0.4}} \qquad (4.4\text{-}1)$$

式中：E_{ij}——第 i 个测区第 j 个测点槽间砌体的弹性模量（N/mm²）；

f_{uij}——第 i 个测区第 j 个测点槽间砌体的抗压强度（MPa）；

$\varepsilon_{ij0.4}$——对应于 $0.4f_{uij}$ 时的轴向应变值。

当换算为标准砌体的受压弹性模量时，计算结果应乘以换算系数 0.85。

2. 抗压强度

（1）槽间砌体的抗压强度，应按下式计算：

$$f_{uij} = N_{uij}/A_{ij} \tag{4.4-2}$$

式中：N_{uij}——第 i 个测区第 j 个测点槽间砌体的受压破坏荷载值（N）；

A_{ij}——第 i 个测区第 j 个测点槽间砌体的受压面积（mm²）。

（2）槽间砌体抗压强度换算为标准砌体的抗压强度，应按下列公式计算：

$$f_{mij} = f_{uij}/\xi_{1ij} \tag{4.4-3}$$

$$\xi_{1ij} = 1.25 + 0.60\sigma_{0ij} \tag{4.4-4}$$

式中：f_{mij}——第 i 个测区第 j 个测点的标准砌体抗压强度换算值（MPa）；

ξ_{1ij}——原位轴压法的无量纲的强度换算系数；

σ_{0ij}——该测点上部墙体的压应力（MPa），其值可按墙体实际所承受的荷载标准值计算。

（3）第 i 个测区的砌体抗压强度平均值，应按下式计算：

$$f_{mi} = \frac{1}{n_1} \sum_{j=1}^{n_1} f_{mij} \tag{4.4-5}$$

式中：f_{mi}——第 i 个测区的砌体抗压强度平均值（MPa）；

n_1——第 i 个测区的测点数。

（4）检测单元砌体抗压强度标准值计算。

① 当测区数 n_2 不小于 6 时：

$$f_m = \frac{1}{n_2} \sum_{i=1}^{n_2} f_{mi} \tag{4.4-6}$$

$$S = \sqrt{\frac{\sum\limits_{i=1}^{n_2} (f_m - f_{mi})^2}{n_2 - 1}} \tag{4.4-7}$$

$$f_k = f_m - k_S \tag{4.4-8}$$

式中：f_k——砌体抗压强度标准值（MPa）；

f_m——同一检测单元的砌体抗压强度平均值（MPa）；

k——与 α、C、n_2 有关的强度标准值计算系数，见表 4.4-1；

α——确定强度标准值所取的概率分布下分位数；

C——置信水平。

计算系数							表 4.4-1
n_2	6	7	8	9	10	12	15	18
k	1.947	1.908	1.880	1.858	1.841	1.816	1.790	1.773
n_2	20	25	30	35	40	45	50	—
k	1.764	1.748	1.736	1.728	1.721	1.716	1.712	—

注：$C=0.60$；$\alpha=0.05$。

② 当测区数 n_2 小于 6 时：

$$f_k = f_{mi,min} \tag{4.4-9}$$

式中：$f_{mi,min}$——同一检测单元中，测区砌体抗压强度的最小值（MPa）。

应注意的是，每一检测单元的砌体抗压强度，当检测结果的变异系数 $\delta = \dfrac{S}{f_m}$ 大于 0.2 时，不宜直接按上式计算，应按本标准的规定另行确定。

4.5　工程实例

用扁顶法检测砌体抗压强度既可用于新建工程的质量检测，又可用于已建工程的安全鉴定。对于存在有安全隐患的新建工程或对质量有疑义的工程质量事故的认定、危旧房的工程鉴定分析等，均有实际意义。

4.5.1　验证性试验

1. 概述

为修订《砌体工程现场检测技术标准》GB/T 50315-2000，扩大扁顶法的适用范围，湖南大学土木工程学院于 2010 年 3 月对四川省建筑科学研究院结构试验室 W5、W6、W3 试验墙片进行了扁顶法原位检测。W5、W6、W3 试验墙片于 2009 年 11 月砌筑完成（图 4.5-1）。其中 W5 为 240mm 厚烧结普通砖砌体，长 11.6m，高 1.6m，组砌方式为一

（a）试验墙体 W5

（b）试验墙体 W3

（c）试验墙体 W6

图 4.5-1　试验墙片

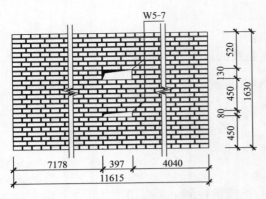

图 4.5-2 W5 测点布置

顺一丁。W6、W3 均为 240mm 厚烧结多孔砖砌体，W6 长 6m，高 2.4m，W3 长 12.1m，高 2.2m，W3、W6 组砌方式均为一顺一丁。试验墙片中所用烧结普通砖和烧结多孔砖均以页岩为主要原料焙烧而成，砂浆均为水泥砂浆。

2. 墙体测点布置

扁顶的尺寸为 250mm×250mm×5mm。试验时在墙体内挖两条水平槽，烧结普通砖试验墙体（W5）两槽之间相隔 7 皮砖，W5 上布置一个测点，如图 4.5-2 所示。烧结多孔砖试验墙体（W6、W3）两槽之间相隔 5 皮砖，W6、W3 上分别布置两个测点，如图 4.5-3、图 4.5-4 所示。

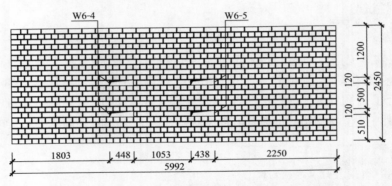

图 4.5-3 W6 测点布置

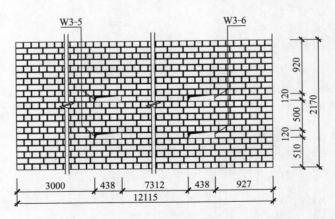

图 4.5-4 W3 测点布置

3. 试验测试

扁顶法实测砌体抗压强度所采用的试验装置如图 4.5-5、图 4.5-6 所示。首先在试验墙体的水平槽内安装好反力架，在扁顶上下各垫厚钢板或钢楔块，通过拧紧反力架拉杆螺母或者塞紧钢楔块来调整扁顶与厚钢板或钢楔块之间的间隙。连接好扁顶油路后，对槽间砌体先进行预压。正式加压时采用分级加压，直至槽间砌体破坏。

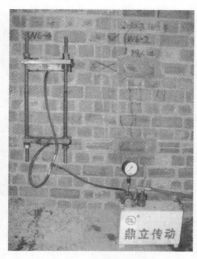

图 4.5-5 扁顶试验装置

图 4.5-6 竖向变形测量装置

4. 实测结果

根据槽间砌体及水平槽四角的裂缝观测结果，槽间砌体呈现与标准砌体试件类似的破坏特征，大多数测点在水平槽角部还出现延伸至砌体顶部和底部的竖向裂缝或斜裂缝，少数测点在水平槽上部墙体出现少数竖向裂缝（图 4.5-7）。槽间砌体从开始受力到破坏，其受力过程分以下三个阶段。

第一阶段为槽间砌体开始受压到产生第一批裂缝，槽间砌体的初裂荷载为破坏荷载的 50%～70%。

第二阶段为槽间砌体竖向裂缝的发展阶段，此时，水平槽角部也开始出现竖向裂缝或斜裂缝。

第三阶段为槽间砌体竖向裂缝贯通的阶段，槽间砌体被分隔成数个独立小柱，此时有的测点上下水平槽角部竖向裂缝或斜裂缝发展迅速，向墙顶部和底部发展。

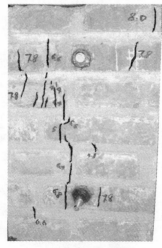

（a）W5-7测点槽间砌体裂缝

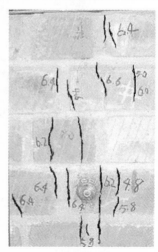

（b）W6-4测点槽间砌体裂缝

图 4.5-7 各测点裂缝图（一）

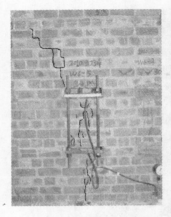  

（c）W6-5测点裂缝　　　　　（d）W3-5测点竖向裂缝　　　　　（e）W3-6测点竖向、水平裂缝

图 4.5-7　各测点裂缝图（二）

　　根据实测数据进行统计分析可得抗压强度结果，见表 4.5-1。各测点受压应力-应变曲线如图 4.5-8 所示。

扁顶法实测砌体抗压强度结果汇总表　　　　　　　　表 4.5-1

试验测点编号	实测槽间砌体受压破坏荷载 N_{uij}/kN	实测槽间砌体抗压强度 f_{uij}/MPa	强度换算系数 ξ_{ij}	换算标准砌体抗压强度 f_{mij}/MPa	标准砌体抗压强度试验值 f_m^0/MPa	f_{mij}/f_m^0	槽间砌体受压弹性模量/MPa
W5-7	415.39	7.22	1.25	5.78	7.93	0.73	5542.73
W6-4	352.96	6.30	1.25	5.04	5.87	0.86	3388.25
W6-5	340.71	5.94	1.25	4.75	5.87	0.81	4518.54
W3-5	442.14	7.87	1.25	6.30	6.52	0.97	7052.38
W3-6	259.55	4.54	1.00	4.54	6.52	0.70	5763.75

　　注：W5-7、W6-4、W6-5、W3-5 上部墙体压应力为 0，根据 W3-6 破坏形态，不考虑侧向约束影响，ξ_{ij} 取 1.00。

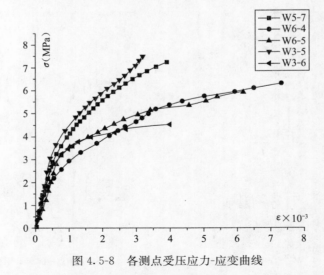

图 4.5-8　各测点受压应力-应变曲线

　　根据表 4.5-1，f_{mij}/f_m^0 的平均比值为 0.81，本方法是准确的，满足标准要求。

4.5.2 工程应用

某新建住宅安置小区，大部分房屋刚交付使用，由于住户在使用过程中发现墙、板开裂，房屋外墙渗漏，内墙抹灰空鼓，砌筑砂浆强度很低等问题，因此存在较多安全隐患。为保障住户利益，决定对该批房屋进行安全鉴定，砌体抗压强度验算评定是其中一项主要内容。

（1）工程资料调查。该小区为六层砖混结构（不含架空层和屋顶隔热层），安全等级为二级，主体结构的设计使用年限为 50 年；基础形式为柱下现浇钢筋混凝土独立基础和墙下砖砌大放脚条形基础；各层楼面除厨房、卫生间和阳台为现浇钢筋混凝土板外，其余均为预应力空心板，屋面为现浇钢筋混凝土坡屋面；楼梯为现浇钢筋混凝土楼梯。砌体质量控制等级为 B 级，砌筑方式为一顺一丁，标高±0.000 以下砌体采用 MU10 烧结页岩砖，M10 水泥砂浆砌筑，标高±0.000 以上的砌体均采用 MU10 烧结页岩砖，其标高±0.000～7.550（三层楼面）以下砌体采用 M10 混合砂浆砌筑，7.550 以上砌体采用 M7.5 混合砂浆砌筑。

（2）划分检测单元，布置测区。由于该小区工程面积较大，此次需进行安全鉴定的有 3～9、15～19 共 12 栋房屋，故以每一栋分为一个检测单元，每单元布置一个测区，每个测区布置一个测点。采用扁顶法对砌体抗压强度进行测试（图 4.5-9），经测试读数计算，检测结果见表 4.5-2。

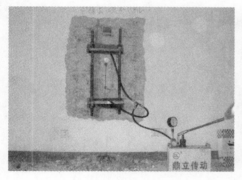

图 4.5-9　扁顶法现场检测砌体抗压强度

检测结果汇总表　　　　　　　　　　　　　　　表 4.5-2

栋号	上部墙体的压应力 σ_{0ij}/MPa	强度换算系数 ξ_1	实测值		按规范计算的砌体抗压强度平均值 f_m/MPa
			槽间砌体抗压强度 f_{uij}/MPa	换算为标准砌体的抗压强度 f_{m}^0/MPa	
3	0.15	1.34	5.72	4.27	4.19
4	0.13	1.33	5.60	4.21	
5	0.15	1.34	5.78	4.31	
6	0.20	1.37	6.14	4.48	
7	0.13	1.33	5.60	4.21	
8	0.15	1.34	7.04	5.25	
9	0.15	1.34	5.76	4.30	
15	0.20	1.37	5.78	4.74	
16	0.18	1.36	5.78	4.25	
17	0.15	1.34	6.67	4.98	
18	0.12	1.32	5.77	4.37	
19	0.15	1.34	5.78	4.31	

（3）以 3# 楼一层墙体采用扁顶法测试砌体抗压强度计算如下：

由于每一检测单元仅有一个测区，每一测区仅有一个测点，故 $f_{mi} = f_{mij}$。

根据现场测试，记录破坏时的扁顶油压表读数，根据扁顶标定曲线可得 N_{ij} 为

329.58kN，由 $f_{uij} = N_{uij}/A_{ij}$，得 $f_{uij} = \dfrac{329.58\text{kN}}{0.24\text{m} \times 0.24\text{m}} = 5.72\text{MPa}$。

计算强度转换系数：$\sigma_{0ij} = 0.15$

由 $\xi_{1ij} = 1.25 + 0.60\sigma_{0ij}$ 得 $\xi_{1ij} = 1.34$。

$$f_{mij}^{0} = f_{uij}/\xi_{1ij} = 5.72/1.34 = 4.27\text{MPa}。$$

根据扁顶检测结果，与设计值进行比较，f_m^0/f_m 的平均比值为 1.07，符合设计要求。

本章参考文献：

[1] 施楚贤. 采用扁式液压顶试验方法确定砖墙中砌体抗压强度 [J]. 建筑结构学报. 11（4），1990.

[2] Shi chuxian and Wang xiaodong. Analysis and Determination of Compressive Strength of Brickwork in Brick Masonry Walls. Proceedings of the Eighth International Brick and Block Masonry Conference，Dublin，1988.

[3] 王晓东. 普通砖砌体抗压强度的现场原位试验方法（硕士论文），湖南大学，1986.

[4] 《砌体工程现场检测技术标准》GB/T 50315-2000 [S]. 北京：中国建筑工业出版社，2000.

[5] 王庆霖等. 原位轴压法推断多孔砖砌体抗压强度的试验研究. GB/T 50315 修订背景资料，2011.

第 5 章　切制抗压试件法

5.1　基本原理

现行国家标准《砌体基本力学性能试验方法标准》GB/T 50129-2011 规定了砌体抗压强度试验方法，其中对砖砌体抗压试件截面尺寸规定为：长为 370～490mm、厚为 240mm，试件高度按高厚比 β 值等于 3～5 确定。江苏省建筑科学研究院研制了金刚砂轮锯切机，从砖墙上锯切出标准砌体抗压试件，运至试验室内进行抗压试验，这种取样试验的方法简称"切制抗压试件法"。多年实践证明，"切制抗压试件法"具有对试件损伤较小，几何尺寸较为完整，试验结果不需换算系数等优点。以往，有些单位进行取样抗压试验，采用人工从砖墙中打凿出砌体抗压试件，不仅费时费力，更重要的是打凿过程中，对砖块扰动较大，且边缘尺寸很不整齐，导致试验结果的准确性相对较低。

砌体的抗压强度是砌体结构的一个综合性指标，它反映的是一个整体强度，它将砌体的块体强度、砌筑砂浆强度、砌筑质量、块体的砌筑编排搭接方式、养护、使用情况、时间和环境影响等因素都包含其中，是反映结构构件真实抗力效应的指标。

切制抗压试件法通过使用墙体切割机对砌体进行无扰动（振动轻微）的切割，制取抗压标准试样，对试样进行找平处理制成标准试件。在试验室用长柱压力试验机对抗压试件进行抗压试验，得到砌体抗压力值，经计算后得到抗压强度。此方法简洁、标准、真实、准确，避免了诸多边界约束影响和干扰，也避免了原位检测时对周围结构的影响作用。对砌体结构本身除切取试件外，不形成其他附加影响和结构破坏，墙体也易于修复补强。

为了深入探讨锯切机在砖墙上锯切时对试件损伤的影响，以及切制试件同国家标准《砌体基本力学性能试验方法标准》GB/T 50129-2011 规定的试件的试验结果之间是否存在差异，四川省建筑科学研究院与江苏省建筑科学研究院共同开展了对比试验研究。在此基础上，将该方法纳入了新修编的《砌体工程现场检测技术标准》GB/T 50315-2011 中。

5.2　检测设备

江苏省建筑科学研究院研制的电动砂轮切割机，可以按检测要求顺利地在砖墙上切割竖向通缝。该机砂轮半径大于 240mm，可以顺利地切透 240mm 厚的砖墙；随着切割的进行，砂轮能够上下自由移动；机架具有足够的强度、刚度和稳定性；机架底部配备有 4 个裹有胶皮的钢轮，可自由移动位置。该机上配有电动机、电线及其接头，具有良好的防潮性能，但随着使用时间的延长，难以避免可能出现的磨损，因此每次使用前应检查其防潮性能，严防漏电伤人。该机配备的水冷却系统，使用性能欠方便，操作人员有时需使用自来水胶管对准砂轮浇水。为此，除主操作人员外，还应配备辅助操作人员。为减小机器的

图 5.2-1 墙体切割机

振动，切割过程中，还应在机器下部配备一定数量的砖块、铁块等重物，使机器更加稳定。

5.2.1 墙体切割机

江苏省建筑科学研究院研制的电动砂轮切割机如图 5.2-1所示。

切割机的组成：机架、锯盘、锯盘前后进退移动机构、锯盘上下电动机构、锯盘电动机、电控系统、整机移动装置及冷却系统。主要功能包括：设备上下工作行程大于 1.5m 以上；有 300 型、450 型两种型号，可切割 240mm 墙和 370mm 墙；整机工作振动轻微。

本书是以江苏省建筑科学研究院研制的电动砂轮切割机为例进行切割设备的相关描述。实际上，只要性能指标能满足《砌体工程现场检测技术标准》GB/T 50315-2011 第 6.2.1 条要求的切割设备，均可用于切制抗压试件法。随着技术的进步和新设备的研发，更加轻便、易于操作、同时切制出的试件能满足标准要求的切割设备也必定会出现，并将促进切制抗压试件法这项检测技术在工程中的推广应用。

5.2.2 长柱压力机

四川省建筑科学研究院与江苏省建筑科学研究院共同开展的对比试验研究所用的长柱压力机如图 5.2-2 所示。

试验机要求精度（示值的相对误差）不应大于 2%。预估抗压试件的破坏荷载值，应为压力试验机额定压力的 20%～80%。

图 5.2-2 长柱压力机

5.3 检测步骤

5.3.1 确定检测单元和抽样数量

根据被检测对象的具体情况，确定检测单元。当检测对象为整栋建筑物或建筑物的一部分时，应将其划分为一个或若干个可以独立进行分析的结构单元，每一结构单元划分为若干个检测单元，再根据检测方案和检测目的确定每一检测单元的测区数，测区应随机选择，被选择的每一个构件均各自作为一个测区。

5.3.2 标准抗压试件的制取步骤

（1）铲除墙体表面的粉刷层（注意避免扰动墙体）。在砖墙上画出被切试件的位置，确定试件高度和宽度，如图 5.3-1 所示。由于手工砌筑砖墙的因素，以及墙体较长，仍难以避免砖块游丁走缝，导致上下皮砖的竖向灰缝不在一条铅垂线上。在选择切割线时，应尽量选取竖向灰缝上、下对齐的部位。使锯切机的砂轮对准竖缝切割，增加切制试件中砖块的完整性，尽量避免锯切砖块。在砌体结构工程中，选取切制抗压试件的限制条件，与原位轴压法相同，见本书第 2 章。

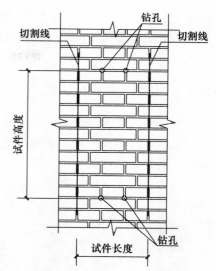

图 5.3-1　切制抗压试件法

（2）在拟切割试件的上下两端用电钻各钻两个孔，一般采用两根 8 号钢丝将拟切割试件捆绑牢固，以尽量确保切割时不扰动砌体试件，如果砌筑砂浆强度较高（大于 M7.5），砌筑质量较好，也可省略此工序。

（3）将锯切机的砂轮对准切割线，必须使砂轮垂直于墙面。启动锯切机，在砖墙上进行切割。切割过程中，砂轮不得移位，且应对砂轮不停地浇水，使砂轮处于连续水冷却状态。锯切过程如图 5.3-2（a）所示。

（a）锯切过程　　　　　　　　　（b）去除试件顶部的砖块

（c）尚未取出的试件　　　　　　　（d）取出的试件

图 5.3-2　切制试件取样过程

（4）用电钻钻切或采用人工打凿的方法取出试件顶部一皮砖；对于试件最下边的水平

灰缝，由于试件已被捆绑，整体性较好，对试件轻轻摇晃一下，即能使水平灰缝松动，或适当凿取试件底部的灰缝，伸进撬棍，轻轻撬动试件，然后小心抬出试件。取出试件过程如图 5.3-2 (b)～(d) 所示。

5.3.3 锯切试件抗压试验

将切制试件上下表面大致修理平整；在预先找平的钢垫板上坐浆，然后将试件放在钢垫板上；试件顶面用水泥砂浆找平。试件上、下表面的砂浆养护约 3d 后，开始进行抗压试验。若测量试件受压变形值，则在宽侧面上粘贴安装百分表的表座。

按国家标准《砌体基本力学性能试验方法标准》GB/T 50129 规定的试验步骤进行抗压试验。试验采用的设备可为一般的压力试验机。由于试件顶面与试验机上压板难以全截面紧密接触，试验时，应在试件顶面抹一层快硬防水堵漏浆料（或快硬石膏、快硬水泥砂浆），厚约 10～20mm，浆料上垫一张起隔离作用的旧报纸，用试验机上压板迅速将浆料压平整，施加荷载约 50～100kN，约 20～30min 后浆料即基本硬化，随之卸荷，进行正式抗压试验。试验前试件在试验机上的就位情况如图 5.3-3 所示。

图 5.3-3 普通砖砌体抗压试件就位情况

抗压试件表面与试验机压板是否紧密接触对试验结果及其离散性影响很大。试件底部有带吊钩的钢板，钢板与试验机下压板之间一般能够紧密接触，若钢板有稍微变形，通过垫湿砂或薄铁皮等措施，容易使两者紧密接触。人工在试件顶部抹水泥砂浆找平层的方法，不可能使表面非常平整；在过去进行标准抗压试件的试验时，采用湿砂垫平的措施，试件顶部四周 10～20mm 的湿砂被试验机上压板部分挤出，难以做到均匀密实。美国进行砌体抗压试验，是在试件顶部抹快硬石膏，通过试验机上压板施加压力将石膏压平，以达到紧密接触的目的；四川省建筑科学研究院分别使用快硬石膏或快速防水堵漏材料抹在试件顶部，施加约 5%～10% 试件承载力的荷载，使试验机上压板将多余浆料挤出，待浆料硬化后再进行抗压试验。这一具体措施，能够使试件顶部和试验机上压板之间完全紧密接触，减小了试验误差，收到了较好的效果。快硬石膏的硬化速度较慢，实践表明，一般需要 40min 左右才能硬化，而快速防水堵漏材料一般 20min 左右即可硬化。

试验之前，应准确量测试件的毛面积和净面积。所谓毛面积，即对试件长边和短边的边长，沿试件高度各量测 3 次，取其平均值，以此计算的面积即为毛面积。所谓净面积，即不计长边两端残留的竖缝砂浆，以此量测的长边边长和短边边长相乘的面积，即为净面积。

试件受力过程、初裂荷载与极限荷载比值，同砌筑的标准试件抗压试验类似。试件破坏后的典型照片如图 5.3-4、图 5.3-5 所示。

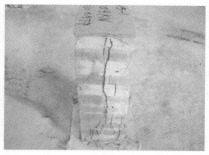

（a）正立面　　　　　　　　　　　　　　（b）侧立面

图 5.3-4　普通砖砌体切制试件

（a）正立面　　　　　　　　　　　　　　（b）侧立面

图 5.3-5　多孔砖砌体切制试件

5.4　检测基本计算及应用示例

5.4.1　基本计算

试件的破坏荷载除以试件的截面面积，即为该试件的砌体抗压强度。取每组试件的强度平均值作为砌体抗压强度的代表值。

关于试件的截面面积，前述有毛面积和净面积之分，建议以净面积为准，进行计算；毛面积仅供参考。

切制抗压试件法系砌体工程现场检测方法之一。检测结果综合反映了砌体工程中砖的质量、砂浆质量和施工质量，它相当于标准试件的墙体实际抗压强度，不需要再乘以换算系数，可以作为技术人员进行工程事故分析的依据之一。

砖墙的施工质量对检测结果影响较大，故选取试件部位时，应在施工质量有代表性的墙体上选取。

5.4.2　应用示例

2010 年，在四川省建筑科学研究院结构实验室采用切制抗压试件法检测烧结普通砖砌体和烧结多孔砖砌体的抗压强度，并与同条件砌筑（块材、砂浆、砌筑工人、养护条件等均相同）的标准抗压试件的试验结果进行对比分析。切制抗压试件法的检测结果见表 5.4-1，与标准抗压试件试验结果的对比见表 5.4-2。

切制抗压试件法检测砌体抗压强度试验结果统计表　　　　　　表 5.4-1

砖类别	墙片编号	砖强度 f_1/MPa	砂浆强度 f_2/MPa	单个试件破坏荷载/kN	单个试件抗压强度/MPa（按毛面积）	平均值 f'_{m1}/MPa	样本标准差 S	变异系数 δ	单个试件抗压强度/MPa（按净面积）	平均值 f'_{m2}/MPa	样本标准差 S	变异系数 δ
烧结页岩实心砖	BLY(W5)	20.45	9.18	508.00	5.43	5.38	0.36	0.07	5.88	5.57	0.41	0.07
				466.00	5.30				5.30			
				520.00	6.02				6.19			
				452.00	4.89				5.09			
				464.00	5.32				5.37			
				492.00	5.32				5.58			
	BHY(W4)	20.45	18.26	550.00	6.19	7.42	0.90	0.12	6.46	7.78	0.96	0.12
				640.00	7.41				7.84			
				692.00	8.31				8.74			
				688.00	7.75				8.08			
				720.00	8.57				8.57			
烧结页岩多孔砖	HY(W2)	16.74	19.13	680.00	7.76	7.74	0.47	0.06	7.76	7.86	0.40	0.05
				620.00	7.18				7.38			
				640.00	7.41				7.62			
				664.00	7.68				7.90			
				686.00	7.83				7.94			
	LY(W3)	16.74	9.54	392.00	4.41	4.91	1.03	0.21	4.67	5.06	0.91	0.18
				360.00	4.22				4.41			
				520.00	6.10				6.10			

切制抗压试件法同标准试件抗压强度试验结果比较表　　　　　　表 5.4-2

砖类别	墙片编号	砖强度 f_1/MPa	砂浆强度 f_2/MPa	标准试件平均值 f_m/MPa	切制试件按毛面积计算平均值 f'_{m1}/MPa	f_{01}	f'_{m1}/f_{01}	f'_{m1}/f_m	切制试件按净面积计算平均值 f'_{m2}/MPa	f'_{m2}/f_{01}	f'_{m2}/f_m
烧结页岩实心砖	BLY(W5)	20.45	9.18	7.93	5.38	5.79	0.93	0.68	5.57	0.70	0.96
	BHY(W4)	20.45	18.26	10.74	7.42	8.04	0.92	0.69	7.78	0.72	0.97
烧结页岩多孔砖	HY(W2)	16.74	19.13	10.42	7.74	7.47	1.04	0.74	7.86	0.75	1.05
	LY(W3)	16.74	9.54	6.52	4.91	5.32	0.92	0.75	5.06	0.78	0.95
	平均值						0.95	0.72		0.74	0.98
	前3个对比组平均值						0.96	0.70		0.73	0.99

注：1. 第4对比组由于只有3个切制试件，且试验值明显离散，故 f'_{m1}/f_m 和 f'_{m2}/f_m 的参考值低，f'_{m1}/f_{01} 和 f'_{m2}/f_{01} 的参考值略低。

2. f_{01} 为按国家标准《砌体结构设计规范》GB 50003-2001 公式5.1 $f_{01}=0.78f_1^{0.5}(1+0.07f_2)$ 的计算值。

由表 5.4-2 可见，从砖墙上切制出的砌体抗压试件，与同条件下人工砌筑的砌体标准抗压试件相比，抗压强度偏低。造成这一差异的主要原因是：砌筑的抗压试件每皮为 3 块整砖（240mm×370mm），且水平灰缝厚度、砂浆饱满度、砖块横平竖直程度等施工因素均优于大墙墙体；切制试件多了一条竖向灰缝（图 5.3-1），每皮均有半砖或小半砖。但切制试件的强度同国家标准《砌体结构设计规范》GB 50003-2001 的砌体抗压强度平均值公式的计算值相比，两者基本相当。从偏于安全方面考虑，国家标准《砌体工程现场检测技术标准》GB/T 50315-2011 规定：对测试结果不再乘以大于 1.0 的修正系数。

本章参考文献：

［1］《砌体工程现场检测技术标准》GB/T 50315-2011［S］. 北京：中国建筑工业出版社，2011.

［2］《砌体基本力学性能试验方法标准》GB/T 50129-2011［S］. 北京：中国建筑工业出版社，2011.

［3］顾瑞南，王枫，甘立刚，侯汝欣. 切制抗压试件法检测砌体抗压强度的试验［J］. 扬州大学学报，2011，14（4）：1-4.

［4］甘立刚，凌程建，侯汝欣，汪建兵. 大孔洞率混凝土多孔砖砌体抗压性能试验研究［J］. 四川建筑科学研究，2011，37（6）：187-189.

第6章 原位单剪法

6.1 基本原理

砌体抗剪强度是砌体结构工程设计计算、工程质量检测的一项重要指标。四川省建筑科学研究院于20世纪60年代开展了系统的砌体抗剪试验研究，研究成果被原国家标准《砖石结构设计规范》GBJ 3-73采纳。以后历次版本的《砌体结构设计规范》GB 50003仍采纳这一研究成果。当时采用的是单剪试验方法，如图6.1-1所示（以下简称73规范法）。

20世纪80年代，四川省建筑科学研究院在主编《砌体基本力学性能试验方法标准》GBJ 129-90（现为GB/T 50129-2011）时，分析了上述单剪试验方法的优缺点，通过单剪与双剪的对比试验，并参考英国的砌体抗剪试验方法，以及美、德等国家关于砌体抗剪试验方法的标准和文献，通过对比试验，将单剪方法改为双剪方法，如图6.1-2所示。

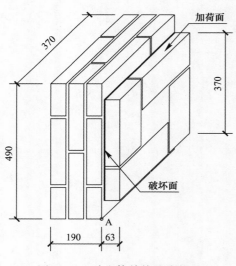

图6.1-1 砖砌体单剪试验方法

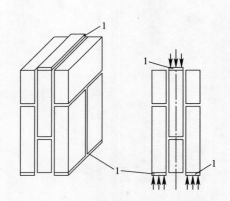

图6.1-2 砖砌体双剪试验方法
1—砂浆抹面

四川省建筑科学研究院使用3种强度等级的水泥石灰砂浆，同一批烧结普通砖，运用双剪方法和73规范法进行对比试验，结果见表6.1-1。

双剪方法和 73 规范法进行对比试验的结果　　　　　　　　　　表 6.1-1

砂浆强度/N/mm²	双剪方法		73 规范法		t 检验
	受剪面尺寸/mm	$f_{v,m}$/MPa	受剪面尺寸/mm	$f'_{v,m}$/MPa	
7.59	240×370	0.578	370×370	0.605	$f_{v,m}=f'_{v,m}$
4.96	240×370	0.446	370×370	0.412	$f_{v,m}=f'_{v,m}$
3.48	240×370	0.288	370×370	0.159	$f_{v,m}>f'_{v,m}$

　　从双剪试件受力过程的宏观现象分析，只要保证 3 条砂浆抹面的施工质量（表面平整、上下抹面平行且垂直于受剪灰缝），两个受剪面能够共同受力，试验结果就较为理想。多数情况是一个受剪面破坏，也有一先一后或同时破坏者。从对比试验结果分析，两种方法的试验值极为接近，从而避免了因改变试验方法而导致设计规范中的抗剪强度设计值必须做较大调整的可能性。

　　此外，四川省建筑科学研究院完成了一组砖砌体双剪试件变异系数的试验。50 个试件的抗剪强度平均值 $f_{v,n}=0.394$MPa，标准差 $s=0.0576$MPa，变异系数 $\delta=0.146$。用 W 法进行正态性检验，给定危险率 $\alpha=0.05$，计算 W＝0.957，大于 W(n，α)＝0.947，不能否定原子样母体是正态分布的。这组试验数据表明，双剪方法的试验结果的变异性较小。

　　尽管国家标准《砌体基本力学性能试验方法标准》GB/T 50129-2011 用双剪试验方法代替原来习用的单剪试验方法，但单剪方法仍不失为一种适用的试验方法，国家标准《砌体工程现场检测技术标准》GB/T 50315 借鉴制作试件的单剪试验方法，改为适用于现场检测砖砌体沿通缝截面抗剪强度的原位单剪法，其试件和测试装置如图 6.1-3 所示。

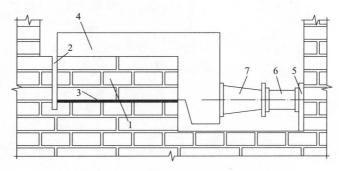

图 6.2-3　原位单剪法测试装置

1—被测砌体；2—切口；3—受剪灰缝，长度为 370～490mm；4—现浇混凝土传力件；
5—垫板；6—传感器；7—千斤顶

　　对比图 6.1-1 和图 6.1-3，两种试件的受力模式较为接近。73 规范法的试件在受力过程中承受弯矩，试件会侧向弯转，试件尾端脱离试验机下压板，导致图中 A 点一线承受较大局部压应力；当砂浆强度较高时，A 点一线砖块可能被局部压碎。但如图 6.1-3 所示的原位单剪法试件，不存在这一缺陷，其受力模式更接近图 6.1-2 的双剪试件。

　　原位单剪法的缺点是：①在采用原位单剪法进行砌体工程的现场检测时，检测部位多限于窗洞口下的墙体，这些部位一般在外墙上，内墙上基本无适宜的检测部位，而窗洞下外墙砌筑的质量往往较差，致使测试结果可能偏低。②加工制作试件耗时费力，试验准备工作时间较长，而用其他检测方法检测墙体质量，相对方便。由于存在以上两方面的缺点，原国家标准《砌体工程现场检测技术标准》GB/T 50315-2000 颁布实行十多年来，应用这种检测方法进行检测的单位不多。但是，考虑到某些特殊情况，如抗震鉴定检测、工程事故仲裁检测等，其检测结果相对准确、直观，容易被相关利益各方接受，故新标准《砌体工程现场检测技术标准》GB/T 50315-2011 仍保留了该方法。

6.2　检测设备

检测设备包括螺旋千斤顶或卧式千斤顶（宜选用卧式千斤顶）、荷载传感器或数字荷载表等，这些均属常用的检测设备。相对于砌体抗压荷载，砌体抗剪荷载较低，应选择适宜荷载级别的测力仪表。最大抗剪荷载值宜按下列方法预估：《砌体结构设计规范》GB 50003-2001 关于砌体平均抗剪强度的回归计算公式为：

$$f_\mathrm{v} = 0.125 \sqrt{f_2} \tag{6.2-1}$$

式中：f_v——砖砌体抗剪强度平均值（MPa）；

f_2——砌筑砂浆强度值（MPa）。

当砌筑砂浆强度为 10MPa 及以上时，砌体的抗剪强度平均值为：

$$f_\mathrm{v} = 0.125 \sqrt{10} = 0.395\mathrm{MPa} \tag{6.2-2}$$

原位单剪法的试件受剪截面尺寸为 240mm×（370～490）mm。试件的预估破坏荷载值为：

$$N = 0.395 \times 240 \times 490 \approx 46 \times 10^3\mathrm{N} \approx 46\mathrm{kN} \tag{6.2-3}$$

所选测力仪表和千斤顶的最大荷载值不应超过 10kN。当宏观检查砌筑砂浆强度较低时，测力仪表的最大荷载值不宜大于 5kN。

本方法所用检测设备和仪表，使用频率往往较低，经常是放置较长一段时间后再次使用，故要求每次进行工程检测前，均应进行标定。

6.3　检测步骤

采用原位单剪法检测之前，应宏观检查砌筑砂浆强度，若低于 1MPa，则不宜选用这种检测方法。

宏观检查砌筑砂浆强度的方法，可采用以下观察、手捏、铁钉或竹片刮刻的方法。

0 号砂浆：泥或砂泥，手捏无强度；

0.4MPa 砂浆：石灰砂浆，含石灰较少，手捏强度低，用铁钉、竹片可较容易地刮下砂子颗粒；

1MPa 砂浆：石灰砂浆，或含较少水泥，手捏有强度，能够捏碎，用铁钉、竹片能够刮下砂子颗粒；

2.5MPa 砂浆：水泥石灰砂浆或水泥砂浆，手捏强度较大，不易捏碎，用铁钉、竹片需用力才能刮下砂子颗粒。

此外，可用扁钢钎打入灰缝中，如能较容易地撬动砖块，说明砌筑砂浆强度低或施工质量差，属于这种情况，也不宜采用原位单剪法检测砌体抗剪强度。

切割图 6.1-3 切口部位的切口，应使用对墙体振动较小的切割工具，如手提切片砂轮、手工锯等机具。这样，可不考虑切割过程对墙体扰动的不利影响。按图 6.1-3 要求现浇的钢筋混凝土传力件，可按一般构造要求，适当配置钢筋，如 2～3 根 φ10 或 φ12 的钢筋，GB/T 50315-2011 规定为 3φ12，可以适当调整；混凝土强度等级不应低于 C15，宜为 C20，采用较高强度等级的混凝土，可缩短混凝土养护时间，加快试验进度。

试验之前，应准确测量被测灰缝的实际受剪面尺寸，计算受剪面积。安装千斤顶和测试仪表的关键点是千斤顶的加力轴线对准被测灰缝顶面，尽量减小荷载的上翘分力。

正式试验时，应缓慢匀速地施加水平荷载，避免试件承受冲击荷载。这一规定，同现行国家标准《砌体基本力学性能试验方法标准》GB/T 50129-2011 中的砌体沿通缝截面抗剪试验方法的规定是一致的。同准备工作过程相比，加荷过程所耗用时间是很短暂的，一般 2～5min 即可完成对一个检测点的测试。为此，务必控制加荷速度，对被测工程的第一个检测点，加荷速度宁肯慢一些，待试验完毕，获得了第一个检测点的抗剪破坏荷载值后，应进行初步总结分析，检查仪表安装和加荷操作有何不当之处；若抗剪破坏荷载值较高，可适当加大加荷速度。取得经验后，再对其余检测点进行抗剪试验。

每个检测点试验之后，应及时翻转已破坏的试件，检查剪切面的破坏特征，以及砌筑砂浆饱满度等施工质量，并详细记录，拍摄照片，供以后分析时使用。

6.4　检测基本计算

根据测试仪表的事先校验结果，计算每一个检测点的抗剪破坏荷载值；依照事先测量的受剪面尺寸计算受剪面积。荷载除以受剪面积，即该检测点的抗剪强度值。以上均属于常规的简单计算，计算结果不需乘以换算系数。

砌体结构工程的每一检测单元，不宜少于 6 个检测点，取 6 个检测点的抗剪强度平均值作为该检测单元的代表值。若某一检测点的墙体砌筑质量差、砌筑砂浆饱满度低于80%，导致该测点的抗剪强度明显偏低，该项数据应单独列出，并在检测报告中注明抗剪强度偏低的原因，不纳入平均值的统计之中。

第7章 原位双剪法

在砖砌体结构房屋的可靠性评定、房屋建设、事故分析以及抗震加固中，砖砌体的抗剪强度是重要的技术指标。目前采用两类方法来测定：一类是间接法，即对砖砌体采用回弹、取样、冲击等方法测定砂浆的强度等级，然后按国家规范给定的经验公式间接推算砌体抗剪强度。但众所周知，砌体的抗剪强度不仅和砌筑砂浆的抗压强度有关，还和其砌筑方法、砌筑质量等诸多因素有关，甚至施工工艺也是影响砌体抗剪强度的主要因素。故此，这类间接推定砌体抗剪强度的方法所得数据散差较大，可靠性较差。另一类是直接测定法，即从墙体上截取若干个标准试件在试验室进行测试。此法不仅截取试件有较大困难，而且在截取和运输过程中不可避免地会对试件造成一定的扰动和损坏，降低了数据的可靠性，建筑物本身也受到较大损伤。因此，有必要研究适合现场使用的砌体通缝抗剪强度检测方法，砌体原位单砖双剪法、原位双砖双剪法及配套的原位剪切仪就是在上述意图下研制的。并于 1990 年完成了烧结普通砖砌体抗剪强度的原位单砖双剪法的试验研究，并被国家标准《砌体工程现场检测技术标准》GB/T 50315-2000 采用。2006 年完成了烧结多孔砖砌体的原位单砖双剪法的试验研究、烧结多孔砖砌体的原位双砖双剪法的试验研究，并通过了由全国砌体结构标准技术委员会和全国建筑物鉴定与加固委员会组织的专家组的技术鉴定，本研究项目填补了这一空白，研究成果被 2011 年完成修订的国家标准《砌体工程现场检测技术标准》GB/T 50315-2011 采用。

7.1 基本原理

7.1.1 砌体原位单砖双剪试验研究

1. 原位单砖双剪法强度测试原理与方法

砌体原位单砖双剪法是一种测定砌体通缝抗剪强度的试验方法，该方法在被鉴定的墙体上按要求选取测位，用原位剪切仪测定该测位单砖在双剪条件下的抗剪强度，根据成组的数据，推定该批墙体的通缝抗剪强度。

砌体是由大量的块材用砂浆叠砌而成，同批砌体可被看作是一个总体，每一块体与砌筑砂浆组成的粘接件可被看作总体中的一个个体，依据样本理论，测定若干个体的抗剪强度，便可组成一个样本去推定同批砌体（总体）的抗剪强度。砌体原位单砖双剪法就是依据此原理研制的检测方法。

砌体单砖双剪法针对烧结普通砖和烧结多孔砖砌体通缝抗剪强度进行了两批次的试验研究。

2. 原位单砖双剪法的试件制作及试验方案

原位单砖双剪法，是在墙体上确定测位及被检测的单砖，掏空该单砖一端的竖缝和另一端相邻的半块砖（或一砖）的砌筑空间，将原位剪切仪嵌入，测定该单砖的极限抗剪强度，如图 7.1-1 所示。

试验在双剪模式下进行，试件强度计算以剪摩公式为基本模式，见式（7.1-1）：

$$f_{Vi} = \frac{1}{\alpha\gamma} \cdot \frac{N_i}{2A_{V_i}} - \beta\sigma_0 \qquad (7.1-1)$$

式中：N_i——试件的极限推力（N）；

A_{Vi}——试件的单面抗剪面积（mm²）；

σ_0——上部荷载产生的压应力平均值（MPa）；

β——上部荷载压应力影响系数；

α——竖缝影响系数；

γ——考虑试验方法不同的修正系数。

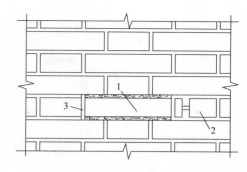

图 7.1-1　原位单砖双剪试验示意
1—剪切试件；2—剪切仪主机；3—掏空的竖缝

由式（7.1-1）可知，确定单砖双剪法测试结果，必须确定竖缝影响系数 α、上部荷载压应力影响系数 β 和原位单砖双剪法与标准试验方法不同的修正系数 γ。

为测定这些系数，陕西省建筑科学研究院在室内砌筑的墙体上进行了试验研究，即 1993 年的 16 片混合砂浆的烧结普通砖墙体和 2006 年的 18 片混合砂浆的烧结多孔砖墙体的模拟试验研究。模拟墙体厚 240mm，高 1m，普通砖墙体试件的砂浆强度等级分别为 M2.5、M5、M7.5 和 M10；多孔砖墙体试件的砂浆强度等级分别为 M5、M7.5 和 M10。在砌筑每个强度等级的试验墙体时，同时砌筑标准抗剪试件，以便将墙体原位剪切试验结果和标准试件剪切试验结果进行对比。为了减少对个别测位的过分依赖，并提高测定结果的可靠性，各系数均按其回归值确定。

3. 影响系数及其测定

1）竖缝影响系数及测定。

在使用砌体单砖双剪法检测时，当墙体厚度大于和等于 240mm 时，试件的受剪灰缝除上下水平灰缝外，其内侧的竖缝亦参与工作，从而有必要了解是否需对测试结果进行修正。

试验在砌筑砂浆强度等级分别为 M2.5、M5、M7.5 和 M10 的烧结普通砖墙体上进行，在试验墙体两端对称砌筑了有竖缝和无竖缝剪切试件，试验结果见表 7.1-1。

竖缝影响系数 α 的测定　　　　　　　　　　　　　　　　　表 7.1-1

砂浆设计强度等级	M2.5	M5	M7.5	M10
标准方法的 $f_{v,m}$ 值	0.108	0.151	0.195	0.238
有竖缝的 $f_{v,m}^{01}$ 值	0.177	0.251	0.326	0.399
无竖缝的 $f_{v,m}^0$ 值	0.151	0.219	0.289	0.357
$\alpha = f_{v,m}^{01} / f_{v,m}^0$	1.17	1.15	1.13	1.12

由表 7.1-1 中数据可知，各砂浆强度等级的 α 值十分接近，可取其平均值作为统一的竖缝影响系数，即 $\alpha = 1.14$，但考虑到竖缝砂浆粘结力变异较大，实际工程中的竖缝砂浆往往不饱满，α 值宜适当降低，以取 1.07 较为稳妥。

2）上部荷载压应力影响系数及测定。

上部压应力对砌体抗剪强度影响的试验，是在无竖缝及 $\sigma_0 = 0$ 与 $\sigma_0 = 0.6$MPa 条件下进行的。影响系数由 $\sigma_0 \neq 0$ 条件下所得的 $f_{V,m}^\sigma$ 与 $\sigma_0 = 0$ 时的 $f_{V,m}^0$ 按式（7.1-2）确定，即：

$$\beta = \frac{f_{V,m}^{\sigma} - f_{V,m}^{0}}{\sigma} \tag{7.1-2}$$

试验结果见表 7.1-2。

当 $\sigma_0 = 0.6\text{MPa}$ 时的影响系数 β 的试验结果 表 7.1-2

砂浆设计强度等级	M2.5	M5	M7.5	M10
标准方法的 $f_{V,m}$ 值	0.108	0.151	0.195	0.238
$f_{V,m}^{\sigma}$	0.628	0.664	0.700	0.736
$f_{V,m}^{0}$	0.151	0.219	0.289	0.357
影响系数 β 值	0.79	0.74	0.69	0.63

由表 7.1-2 的试验结果可知，β 值变化于 $0.63 \sim 0.79$ 之间，其平均值为 0.71，从实用目的出发，以取 $\beta = 0.7$ 较为合适，该值亦即一般砌体的影响系数。

3）考虑试验方法不同的修正系数及其测定。

砌体抗剪强度是依据国家标准《砌体基本力学性能试验方法标准》GB/T 50129-2011 确定的，而原位单砖双剪法与标准试件在试件尺寸及受力模式上有明显区别。为了取得测试结果的一致性，因此在式（7.1-1）中设定了试验方法不同的修正系数 γ：

$$\gamma = \frac{f_{V,m}^{0}}{f_{V,m}} \tag{7.1-3}$$

式中：$f_{V,m}^{0}$——单砖双剪法在无竖缝及 $\sigma_0 = 0$ 条件下一组试件的抗剪强度平均值；

$f_{V,m}$——标准试验方法所测的砌体抗剪强度平均值。

模拟实验以试验墙体中无竖缝试件，在上部压应力 $\sigma_0 = 0$ 条件下的试验结果与标准试验方法所测得的结果进行对比，其统计结果见表 7.1-3。

考虑试验方法不同的修正系数试验结果 表 7.1-3

砂浆设计强度等级	M2.5	M5	M7.5	M10
标准方法的 $f_{V,m}$ 值	0.108	0.151	0.195	0.238
$f_{V,m}^{0}$	0.151	0.219	0.289	0.357
$f_{V,m}^{0}/f_{V,m}$	1.40	1.45	1.48	1.50

从表 7.1-3 中的数值可知，修正系数 γ 的变化幅度大致在 $1.40 \sim 1.50$ 之间，为了便于建立经验公式，宜取统一的 γ 值，取试验结果的平均值 $\gamma = 1.45$ 建立公式。

根据试验结果，烧结普通砖砌体单砖双剪法的计算公式（7.1-1）可改写为：

$$f_{Vi} = \frac{1}{\alpha\gamma} \cdot \frac{N_i}{2A_{Vi}} - \beta\sigma_0 = \frac{0.32N_{ij}}{A_{Vi}} - 0.7\sigma_0 \tag{7.1-4}$$

7.1.2 烧结多孔砖砌体原位单砖双剪法的试验研究

为在国家标准《砌体工程现场检测技术标准》GB/T 50315-2000 的修订工作中增补多孔砖砌体抗剪强度的检测方法，陕西省建筑科学研究院于 2006 年采用原位单砖双剪法对不同砂浆强度等级的烧结多孔砖砌体抗剪强度进行了试验研究。在测试烧结多孔砖砌体抗剪强度时，先在墙体上和测点水平相邻的方向上开凿出一块砖的孔洞，在洞内放入剪切仪，在剪切仪后放置垫块，连接手动油泵和剪切仪，然后手动施加荷载直至砌体剪坏，测得砌体抗剪强度，如图 7.1-2 所示。对原位单砖双剪法的实测结果和相同砌体标准抗剪试件的抗剪强度进行对比，得出该方法的试验结果和标准试件之间的换算关系。

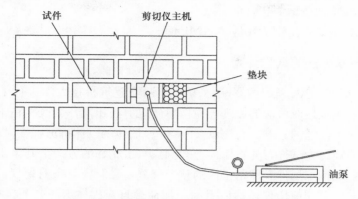

图 7.1-2 砌体抗剪强度现场原位测试示意图

多孔砖砌体的砌筑砂浆强度等级按照 M5、M7.5 和 M10 三个强度等级，每个等级在 σ_0 为零的条件下各 6 片墙体，在 σ_0 为 0.2、0.4、0.6MPa 条件下各 3 片墙体，每个砂浆强度等级的墙片同时砌筑了一组标准抗剪试件。

将烧结多孔砖砌体原位单砖双剪抗剪试验结果与标准抗剪试件的抗剪试验结果进行对比，原位单砖双剪抗剪试件的抗剪强度高于标准试件的抗剪强度。这可能是由于尺寸效应的影响，实际上标准抗剪试件的剪切面积为 240mm×370mm，在受剪面上需通过一条竖缝传递剪应力，而砌筑标准抗剪试件时竖缝往往难以密实，剪切面上的剪应力分布趋于更不均匀。原位单砖双剪试验实际是两条水平灰缝（240mm×115mm）和一条竖缝（240mm×90mm）同时受剪，三个剪切面上的剪力也无需竖缝传递，剪应力相对均匀，因此原位单砖双剪法的抗剪强度略高于标准抗剪试件的抗剪强度。

本次抗剪试验得出 σ_0 为零情况下的烧结多孔砖砌体的试验值和标准抗剪试件试验值之间的对比值为 0.313，此结果与烧结普通砖砌体的原位双剪试验结果相比比较吻合，其比值略小于普通砖砌体的比值 0.32，这是因为烧结多孔砖砌体的侧向灰缝高度高于普通砖约一倍，竖缝的影响也增加一倍。而 σ_0 对于抗剪强度的影响在没有充分试验数据情况下仍采用现行国标《砌体工程现场检测技术标准》GB/T 50315-2011 的给定值 0.7，则可得下式：

$$f_{Vi} = \frac{0.313N_{Ii}}{A_{Vi}} - 0.7\sigma_0 \tag{7.1-5}$$

考虑到多孔砖砌体砂浆的销栓作用及烧结多孔砖砌体相对烧结普通砖砌体的脆性特性，实际检测到的砌体抗剪强度高于墙体在水平荷载下的实际强度，故将式（7.1-5）修订为式（7.1-6）：

$$f_{Vi} = \frac{0.29V_i}{A_{Vi}} - 0.7\sigma_0 \tag{7.1-6}$$

对于 σ_0 较大情况下的检测，考虑多孔砖端面的局部承压不足，对多孔砖砌体抗剪强度的测试可采用释放 σ_0 方案，则可得式（7.1-7）：

$$f_{Vi} = \frac{0.29V_i}{A_{Vi}} \tag{7.1-7}$$

式中：f_{Vi}——试件沿通缝截面的抗剪强度（MPa）；

V_i——墙体抗剪实测抗剪破坏荷载值（N）；

A_{Vi}——墙体单面抗剪面积（mm^2）；

σ_0——抗剪测试点上部均压应力（MPa）。

7.1.3　原位双砖双剪法的试验研究

为排除原位单砖双剪法竖缝的影响，2006 年西安建筑科技大学进行了原位双砖双剪法的试验研究。原位双砖双剪法的原理与原位单砖双剪法相同，其区别在于检测时没有竖缝参加工作，排除了竖缝的影响。在测试 240mm 厚墙体的砌体抗剪强度时，选 240mm 厚墙体的平行的两块顺砖为试件，先在墙体上和测点水平相邻的方向上开凿出一块砖的通孔洞，在试件的另一端掏空试件高度范围内的整个竖缝，在洞内放入剪切仪，在剪切仪后放置垫块，连接手动油泵和剪切仪，然后手动施加荷载直至砌体剪坏，测得砌体抗剪强度，如图 7.1-2。将实测结果和相同砌筑砂浆强度的砌体标准试件的抗剪强度进行对比分析，得出该方法的试验结果和标准试件之间的换算关系。

原位双砖双剪法抗剪试验结果略高于标准试件的抗剪强度。实际上，标准抗剪试件的剪切面积为 240mm×370mm，在受剪面上需通过一条竖缝传递剪应力，而标准抗剪试件的竖缝往往不易密实，剪切面上的剪应力分布趋于不均匀；原位双砖双剪法剪切时的剪切面积为 240mm×240mm，两个顺砖上下剪切面上的剪力无需竖缝传递，剪应力相对均匀。这是原位双砖双剪法抗剪强度略高于标准抗剪试件抗剪强度的主要原因。

本次抗剪试验给出 σ_0 为零情况下的试验值和标准抗剪试验值之间的对比值为 0.343。而 σ_0 对于抗剪强度的影响，在没有充分试验数据情况下，仍采用现行国标《砌体工程现场检测技术标准》GB/T 50315-2011 的给定值 0.7，则可得式（7.1-8）：

$$f_{Vi} = \frac{0.343N_i}{A_{Vi}} - 0.7\sigma_0 \tag{7.1-8}$$

考虑多孔砖的销栓作用、多孔砖砌体的脆性特征，结合原位单砖双剪法，为简化检测方法，原位双砖双剪法的计算公式仍采用原位单砖双剪法的计算公式，即：

$$f_{Vi} = \frac{0.29V_i}{A_{Vi}} - 0.7\sigma_0 \tag{7.1-9}$$

对于 σ_0 较大情况下的检测，考虑多孔砖端面的局部承压不足，对多孔砖砌体抗剪强度的测试可采用释放 σ_0 的检测方案，则可得式（7.1-10）：

$$f_{Vi} = \frac{0.29V_i}{A_{Vi}} \tag{7.1-10}$$

式中：f_{Vi}——试件沿通缝截面的抗剪强度（MPa）；

V_i——墙体抗剪实测抗剪破坏荷载值（N）；

A_{Vi}——墙体单面抗剪面积（mm^2）；

σ_0——抗剪测试点上部均压应力（MPa）。

7.1.4　研究结论

（1）均压应力 σ_0 为零情况下的原位抗剪强度试验，破坏面沿着砂浆面错动，破坏突然发生，没有明显的预兆，由于剪力的传递路线相对于标准抗剪试件单一，其剪应力分布较均匀，故抗剪强度略高于标准试件的抗剪强度。

（2）原位单砖双剪法和原位双砖双剪法的区别在于是否有竖向灰缝参加工作。从试验研究结果可看出，竖缝对检测结果的影响只有 5% 左右，但竖缝的存在对检测结果的离散性有较大影响，竖缝参加工作的试件组的试验结果离散性大于竖缝不参加工作的试件组。故此，可根据检测的实际情况选择检测方法，其两种方法的计算公式仍采用统一的计算公式。原位双砖双剪法排除了竖向灰缝的影响，但该方法只适用于检测 240mm 厚的墙体；原位单砖双剪法因竖向灰缝的质量的差异，影响测试精度，但该方法适应于多种厚度墙体沿通缝截面抗剪强度的检测。

（3）原位单砖双剪法和双砖双剪法按下式计算。

烧结普通砖砌体：

$$f_{Vi} = \frac{0.32V_i}{A_{Vi}} - 0.7\sigma_0 \tag{7.1-11}$$

$$f_{Vi} = \frac{0.32V_i}{A_{Vi}} \tag{7.1-12}$$

烧结多孔砖砌体：

$$f_{Vi} = \frac{0.29V_i}{A_{Vi}} - 0.7\sigma_0 \tag{7.1-13}$$

$$f_{Vi} = \frac{0.29V_i}{A_{Vi}} \tag{7.1-14}$$

式（7.1-12）、式（7.1-14）适用于释放 σ_0 的检测方案。

对于其他块材的普通砖和多孔砖砌体，也可参照该方法进行现场检测，但公式中的系数有待于试验验证。

7.2 检测设备

原位双剪法使用的原位剪切仪是由陕西省建筑科学研究院研制的专利产品，原位剪切仪主机为一个附有活动承压钢板的小型千斤顶。其成套设备如图 7.2-1 所示。剪切仪主机

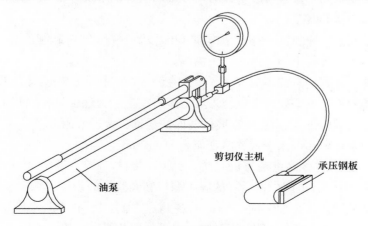

图 7.2-1 原位剪切仪示意图

为双活塞千斤顶，活塞和承压板之间采用球铰连接，保证承压板与试件充分接触，均匀受压，剪切仪的大小为半块砖的体积，承压板的尺寸与被检试件的端面相同，可根据不同的试件（普通砖、多孔砖或双砖）进行更换。

原位剪切仪的主要技术指标应符合表 7.2-1 的规定，应定期进行标定和保养。

原位剪切仪主要技术指标　　　　　　　　表 7.2-1

项　目	指　标	
	75 型	150 型
额定推力/kN	75	150
相对测量范围/%	20～80	
额定行程/mm	＞20	
示值相对误差/%	±3	

7.3　检测步骤

7.3.1　原位双剪法的适用范围

不论是对新建工程的施工质量评定还是对既有建筑的砌体结构安全性评定，砌体通缝抗剪强度均为重要指标，特别是对地震地区的砌体结构房屋的抗震性能评定尤为重要。原位单砖双剪法适用于推定各类墙厚的烧结普通砖和烧结多孔砖砌体的抗剪强度，原位双砖双剪法仅适用于推定 240mm 墙厚的烧结普通砖和烧结多孔砖砌体的抗剪强度。对其他材料的普通砖和多孔砖也可参照执行，但对公式中的系数尚有待于试验验证。

7.3.2　原位双剪法的抽样原则

砌体抗剪强度的检测是按鉴定的目的和要求进行的，当检测对象为整栋建筑物或建筑物的一部分时，应将其划分为一个或若干个可以独立进行分析的结构单元，每一结构单元划分为若干个检测单元，每个检测单元的划分是以同一砂浆设计强度等级、同期以同一施工工艺砌筑的 250m³ 砌体。

每一检测单元内，应随机选择 6 个构件（单片墙体）作为 6 个测区。当一个检测单元不足 6 个构件时，应将每个构件作为一个测区。

每一测区随机布置测点数不应少于 3 个。在测区内选择测点，应符合下列规定：

（1）因墙体的正、反手砌筑面，施工质量多有差异，为保证试样的代表性，单砖双剪法每个测区随机布置的 n_1 个测点，在墙体两面的数量宜接近或相等。

（2）试件两个受剪面的水平灰缝厚度应为 8～12mm。

（3）为保证墙体能够提供足够的反力、约束和结构安全，下列部位不应布设测点：门、窗洞口侧边 120mm 范围内；后补的施工洞口和经修补的砌体；独立砖柱。

（4）为保证试样的代表性，同一墙体的各测点之间，水平方向净距不应小于 1.5m，垂直方向净距不应小于 0.5m，且不应在同一水平位置或纵向位置。

7.3.3 试件的制作及测试

原位双剪法检测砌体抗剪强度时可采用带有上部压应力 σ_0 作用的试验方案或释放试件上部压应力 σ_0 的试验方案，检测方案的选择是按试件所处的部位及上部压应力的大小来确定，在下列情况下，应采取释放试件上部压应力 σ_0 的试验方案：

(1) 试件上部压应力 σ_0 传递复杂或难以准确计算时，为确保检测精度，宜采用释放试件上部压应力 σ_0 的试验方案。

(2) 试件上部压应力 σ_0 虽传递明确，但试件上部压应力 σ_0 过大，可能导致试件的推力过大，多孔砖试件在千斤顶承压面局部承压不足，而首先出现砖因端部局压破坏而试件未能出现剪切破坏时，宜采用释放试件上部压应力 σ_0 的试验方案。

当采用带有上部压应力 σ_0 作用的试验方案时，应按图 7.1-1 的要求，原位单砖双剪法将剪切试件相邻一端的一块砖掏出，清除四周的灰缝，制备出安放主机的孔洞，其截面尺寸不得小于以下值：普通砖砌体：115mm×65mm；多孔砖砌体：115mm×110mm。原位双砖双剪法将剪切试件相邻一端并排的两块砖掏出，清除四周的灰缝，制备出安放主机的孔洞，其截面尺寸不得小于以下值：普通砖砌体：240mm×65mm；多孔砖砌体：240mm×110mm。掏空、清除剪切试件另一端的竖缝。

当采用释放试件上部压应力 σ_0 的试验方案时，尚应按图 7.3-1 所示，掏空水平灰缝，掏空范围由剪切试件的两端向上按 45°角扩散至灰缝 4，掏空长度应大于 620mm，深度应大于 240mm。

试件两端的灰缝应清理干净。开凿清理过程中，严禁扰动试件；如发现被推砖块有明显缺棱掉角或上、下灰缝有明显松动现象时，应舍去该试件。被推砖的承压面应平整，如不平时应用扁砂轮等工具磨平。

试件制作好后，将剪切仪主机放入开凿好的孔洞中（图 7.3-1），使仪器的承压板与试件的砖块顶面重合，仪器轴线与砖块轴线吻合。若开凿孔洞过长，在仪器尾部应另加垫块。

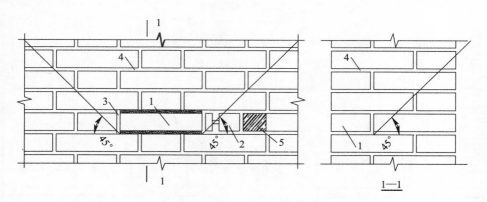

图 7.3-1 释放 σ_0 方案示意

1—试样；2—剪切仪主机；3—掏空竖缝；4—掏空水平缝；5—垫块

测试时，操作剪切仪，匀速施加水平荷载，直至试件和砌体之间发生相对位移，试件达到破坏状态。加荷的全过程宜为 1～3min。

记录试件破坏时剪切仪测力计的最大读数，精确至 0.1 个分度值。采用无量纲指示仪表的剪切仪时，尚应按剪切仪的校验结果换算成以 N 为单位的破坏荷载。

7.3.4   数据分析

试件沿通缝截面的抗剪强度，应按前述式（7.1-11）～式（7.1-14）进行计算。

测区的砌体沿通缝截面抗剪强度平均值，应按下式计算：

$$f_{V,m} = \frac{1}{n_1} \sum_{j=1}^{n_1} f_{Vij} \tag{7.3-1}$$

$$s = \sqrt{\frac{\sum_{i=1}^{n_2} (f_{V,m} - f_{Vi})^2}{n_2 - 1}} \tag{7.3-2}$$

$$\delta = \frac{s}{f_{V,m}} \tag{7.3-3}$$

式中：s——同一检测单元，按 n_2 个测区计算的强度标准差（MPa）；

δ——同一检测单元的强度变异系数。

7.4   检测基本计算及应用示例

7.4.1   工程概况

某图书楼为一栋 4 层的砖混结构，建筑面积约 5700m²。工程设计时间为 1960 年 3 月，1963 年曾进行图纸变更。施工单位及施工资料不详。该工程平面布置呈"山"字形，东西长 118.42m，南北宽 31.2m，楼房总高度 17m，平面示意图如图 7.4-1 所示。

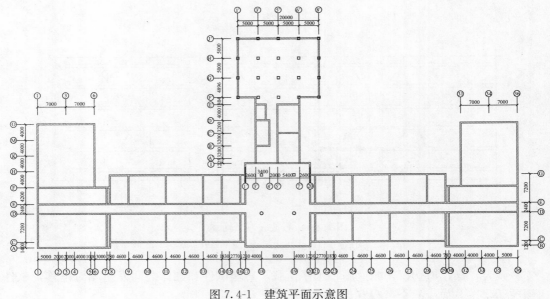

图 7.4-1   建筑平面示意图

设计上部结构的一层采用 370～490mm 厚墙体，二层以上采用 240mm 厚墙体，墙体采用实心黏土砖，墙体采用 25#（M2.5）石灰混合砂浆砌筑。楼面采用预制空心板，屋面采用薄壳屋面。楼面、梁、柱等混凝土构件混凝土采用 150#（C13）混凝土。由于发现该图书楼墙体有裂缝，且近期裂缝出现发展趋势，受业主委托对该图书楼进行检测评定。

7.4.2 砌体原位试验结果

在该楼房一层、三层设置两个检测单元共 12 个测区，每测区设置 3 测点，按照国家标准《砌体工程现场检测技术标准》GB/T 50315-2011 进行砌体原位单砖双剪法对砌体强度进行测试，所有测点均选择在受力明确的承重墙体上，测点在墙体两面均匀布置，测点布置距离门窗洞口侧边距离均大于 250mm，未在后补墙体和独立砖柱上设置测点。其中一层各测点因墙体厚度变化，精确计算上部荷载难度较大，测试采用释放上部荷载的检测方案；三层各测点采用在上部荷载作用下的检测方案，经计算 $\sigma_0 = 0.15$MPa，按照公式 $f_{vi} = \dfrac{0.32V_i}{A_{V2}} - 0.7\sigma_0$ 对砌体原位抗剪强度进行计算，测试结果见表 7.4-1。

原位单砖双剪法测试砌体砂浆强度的试验结果　　　　　　表 7.4-1

检测单元	测区位置	测 点	破坏荷载/kN	测点抗剪强度/MPa	测区抗剪强度平均值/MPa
检测单元 1	一层 26～27/D	测点 1	18.21	0.21	0.19
		测点 2	13.33	0.15	
		测点 3	17.62	0.20	
	一层 23～24/E	测点 1	11.31	0.13	0.18
		测点 2	15.43	0.18	
		测点 3	19.01	0.22	
	一层 16～14/D	测点 1	21.66	0.25	0.26
		测点 2	28.44	0.33	
		测点 3	17.52	0.20	
	一层 11～12/E	测点 1	11.31	0.13	0.18
		测点 2	15.76	0.18	
		测点 3	19.82	0.23	
	一层 33～35/E	测点 1	16.74	0.19	0.18
		测点 2	11.04	0.13	
		测点 3	19.32	0.22	
	一层 35/E～F	测点 1	18.21	0.21	0.22
		测点 2	15.25	0.18	
		测点 3	24.21	0.28	

检测单元	测区位置	测　点	破坏荷载/kN	测点抗剪强度/MPa	测区抗剪强度平均值/MPa
检测单元 2	三层 20/G～F	测点 1	21.66	0.15	0.20
		测点 2	26.05	0.20	
		测点 3	32.13	0.27	
	三层 17/E～G	测点 1	21.66	0.15	0.20
		测点 2	26.54	0.20	
		测点 3	30.55	0.25	
	三层 24/E～G	测点 1	24.42	0.18	0.16
		测点 2	20.12	0.13	
		测点 3	24.12	0.17	
	三层 24/C～D	测点 1	21.66	0.15	0.22
		测点 2	26.05	0.20	
		测点 3	35.25	0.30	
	三层 13/D～C	测点 1	34.42	0.29	0.22
		测点 2	26.49	0.20	
		测点 3	20.12	0.13	
	三层 13/H～E	测点 1	24.91	0.18	0.18
		测点 2	28.1	0.22	
		测点 3	21.25	0.14	

检测单元强度推定见表 7.4-2。

检测单元强度推定　　　　　　　　　　　　　　　表 7.4-2

检测单元	测区位置	抗剪强度试验值/MPa	测区平均值/MPa	标准差	变异系数
检测单元 1	一层 26～27/D	0.19	0.20	0.03	0.16
	一层 23～24/E	0.18			
	一层 16～14/D	0.26			
	一层 11～12/E	0.18			
	一层 33～35/E	0.18			
	一层 35/E～F	0.22			
检测单元 2	三层 20/G～F	0.19	0.20	0.02	0.11
	三层 17/E～G	0.21			
	三层 24/E～G	0.23			
	三层 24/C～D	0.20			
	三层 13/D～C	0.20			
	三层 13/H～E	0.2			

采用本书第 14 章中的检测单元抗剪强度推定公式 $f_{V,k}=f_{V,m}-ks$ 计算各检测单元抗剪强度标准值如下：

检测单元 1：$f_{V,k}=0.14\text{MPa}$

检测单元 2：$f_{V,k}=0.16\text{MPa}$

7.4.3 结果应用

将以上检测结果用于该建筑的结构安全性评定及后续加固设计中，得出了合理的结构安全性鉴定结论和加固方案，取得了良好的效果。

本章参考文献：

[1] 王秀逸，王庆霖，梁兴文，田仲民. 砖砌体抗压强度现场原位检测的研究. 西安冶金建筑学院学报，1990，2.

[2] 雷波，郭起坤，葛广安. 原位单砖双剪法测定砌体通缝抗剪强度试验研究. 第三届全国建筑物鉴定与加固学术讨论会论文集，1995，10.

[3] 王庆霖. 无筋墙体的抗震剪切强度，砌体结构研究论文集 [M]. 长沙：湖南大学出版社，1989.

[4] 邬瑞锋，奚肖风. 砖墙在垂直及侧力共同作用下的破坏机理 [J]. 大连工学院学报，1981 (3).

[5] 邬瑞锋，吕和祥，奚肖风. 具有构造柱墙体弹塑性、开裂、裂缝开展的分析 [J]. 大连工学院学报，1979 (1).

[6] 《砌体工程现场检测技术标准》GB/T 50315-2000 [S]. 北京：中国建筑工业出版社，2004.

[7] 陆新征，江见鲸. 用 ANSYS Solid65 单元分析混凝土组合构件复杂应力 [J]. 建筑结构，2003 (6).

[8] 谢镭，张益华，查支详. ANSYS 软件对约束砌块墙片倒塌过程的模拟分析 [J]. 炼油技术与工程，2003 (7).

[9] 易日. 使用 ANSYS6.0 进行静力学分析 [M]. 北京：北京大学出版社，2002.

[10] 刘桂秋，施楚贤. 砌体受压应力-应变关系，砌体结构研究论文集 [M]. 长沙：湖南大学出版社，1989.

第8章 推出法检测砌筑砂浆抗压强度

8.1 推出法测试砂浆强度的基本原理

推出法检测砌体结构中砌筑砂浆抗压强度的原理是建立在砌体沿通缝抗剪强度与砌筑砂浆抗压强度存在一定相关关系的基础之上的。现在国家标准《砌体结构设计规范》GB 50003 中，通过对标准双剪试件（240mm×370mm）与砂浆试块之间的实验室对比试验，得出的经验计算公式为 $f_{vim}=k\sqrt{f_2}$。推出法由于受到现场测试条件和设备限制，实质上是单砖单剪试验，在受力模式和受剪面尺寸方面均与规范建立公式的条件存在差异，因此不能直接采用规范公式计算，需通过一系列的对比试验来确定推出力与砂浆抗压强度之间的相关关系。

推出法是一种砌筑砂浆现场测试方法，因此建立相关曲线对比试件的设计和施工工艺应尽可能接近砌体实际的施工工艺和受力情况。为此将推出法的试件设计为 $b×h=6m×3m$ 的墙体，每个试件自下至上设计 M15、M10、M7.5、M5、M2.5、M1.0 共 6 个砂浆强度等级，每个砂浆强度等级砌体砌筑 0.5m 高，同时，预留一组砂浆试块。到规定龄期后在每一个砂浆强度等级的砌体上，选择 6 块丁砖进行推出试验，同时对砂浆试件进行抗压强度试验。通过对上述试验数据的回归分析，便可得到推出法测试砂浆强度的相关曲线。砌体工程现场检测技术标准中给出的计算公式为 $f_{2i}=0.3(N_i/\xi_{3i})^{1.19}$，平均误差为 11%。

采用推出法检测砌筑砂浆抗压强度时，根据推出力和砂浆强度二者之间存在的相关关系，在一定条件下对比试验建立经验公式。通常影响二者之间的因素并不都是一致的。某些因素只对其中一项有影响而对另外一项不产生影响或影响甚微。因此，应通过对比试验弄清这些因素的影响程度，以提高推出法的测试精度。试验结果表明：块材种类及砌体砂浆饱满度对"f_2-N_1"影响显著，必须在建立公式中加以考虑，砂浆种类、养护龄期、温度等影响因素甚微，可忽略不计。

8.2 推出法测试设备

推出仪应由钢制部件、传感器、推出力峰值测定仪等组成，如图 8.2-1 所示。推出仪的主要技术指标应符合表 8.2-1 的要求。

推出仪的主要技术指标 表 8.2-1

项　目	指　标	项　目	指　标
额定推力/kN	30	额定行程/mm	80
相对测量范围/（%）	20~80	示值相对误差/（%）	±3

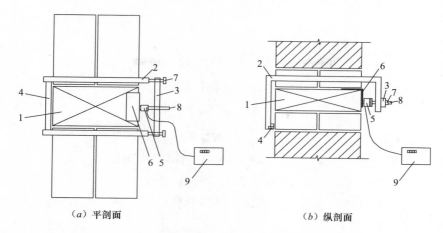

（a）平剖面　　　　　　　　（b）纵剖面

图 8.2-1　推出仪及测试安装示意图

1—被推出丁砖；2—支架；3—前梁；4—后梁；5—传感器；

6—垫片；7—调平螺钉；8—加荷螺杆；9—推出仪峰值测定仪

力值显示仪器或仪表应符合下列要求：

（1）最小分辨值应为 0.05kN，力值范围应为 0～30kN。

（2）应具有测力峰值保持功能。

（3）仪器读数应稳定，在 4h 内的读数漂移应小于 0.05kN。

推出仪的力值，每年校验一次，其力值精度符合表 8.2-1 的规定。

8.3　测试步骤

推出法测试按下列步骤进行测试：

1）取出被推丁砖上部的两块顺砖（图 8.3-1），应符合下列要求：

（1）使用冲击钻在如图 8.3-2 所示 A 点打出约 40mm 的孔洞；

（2）使用锯条自 A 至 B 点锯开灰缝；

（3）将扁铲打入上一层灰缝，并应取出两块顺砖；

（4）使用锯条锯切被推丁砖两侧的竖向灰缝，并应直至下皮砖顶面；

（5）开洞及清缝时，不得扰动被推丁砖。

2）安装推出仪（图 8.2-1），应使用钢尺测量前梁两端与墙面的距离，误差应小于 3mm。传感器的作用点，在水平方向应位于被推顶砖中

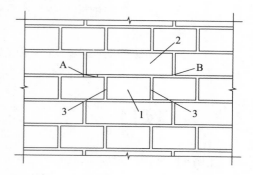

图 8.3-1　试件加工步骤示意图

1—被推丁砖；2—被取出的两块顺转；

3—掏空的竖缝

间；铅垂方向距被推丁砖下表面之上的距离，普通砖应为 15mm，多孔砖应为 40mm。

3）旋转加荷螺杆对试件施加荷载时，加荷速度宜控制在 5kN/min。当被推丁砖和砌体之间发生相对位移时，试件达到破坏状态，并记录推出力 N_{ij}。

4）取下被推丁砖，用百格网测试砂浆饱满度 B_{ij}。

8.4 检测数据计算分析

（1）单个测区的推出力平均值，应按下式计算：

$$N_i = \xi_{2i} \frac{1}{n_1} \sum_{j=1}^{n_1} N_{ij} \tag{8.4-1}$$

式中：N_i——第 i 个测区的推出力平均值（kN），精确至 0.01kN；

N_{ij}——第 i 个测区第 j 块测试砖的推出力峰值（kN）；

ξ_{2i}——砖品种的修正系数，对烧结普通砖和烧结多孔砖，取 1.00，对蒸压灰砂砖或蒸压粉煤灰砖，取 1.14。

（2）测区的砂浆饱满度平均值，应按下式计算：

$$B_i = \frac{1}{n_1} \sum_{j=1}^{n_1} B_{ij} \tag{8.4-2}$$

式中：B_i——第 i 个测区的砂浆饱满度平均值，以小数计；

B_{ij}——第 i 个测区第 j 块测试砖下的砂浆饱满度实测值，以小数计。

（3）当测区的砂浆饱满度平均值不小于 0.65 时，测区的砂浆强度平均值，应按下列公式计算：

$$f_{2i} = 0.30 \left(\frac{N_i}{\xi_{3i}} \right)^{1.19} \tag{8.4-3}$$

$$\xi_{3i} = 0.45 B_i^2 + 0.90 B_i \tag{8.4-4}$$

式中：f_{2i}——第 i 个测区的砂浆强度平均值（MPa）；

ξ_{3i}——推出法的砂浆强度饱满度修正系数，以小数计。

（4）当测区的砂浆饱满度平均值小于 0.65 时，宜选用其他方法推定砂浆强度。

（5）强度推定。

在采用推出法检测砌体砌筑砂浆强度时，其每一检测单元的强度平均值、标准差、变异系数以及强度推定，均应按本书第 14 章的要求进行。

8.5 工程实例

【例1】某钢厂附属生活间，地下一层，地上三层，为部分梁柱承重的混合结构，单面走廊形式，预制混凝土梁板结构，无圈梁构造柱。该生活间长 68m，宽 9.0m，开间为 4m，进深为 6.6m，外走廊宽 2.4m，外纵墙墙厚 630mm，承重横墙 370mm，地下室及第一层承重纵墙厚 370mm，混凝土柱截面尺寸为 500mm×500mm，第二～三层承重外纵墙厚 240mm，基础形式为砖条形基础。部分平面布置图如图 8.5-1 所示。

该生活间地下室及一层墙体设计采用 100# 烧结普通砖 25# 混合砌筑砂浆，第二～三层墙体采用 75# 烧结普通砖 25# 混合砌筑砂浆，混凝土柱设计标号为 200#。该生活间建于 20 世纪 50 年代，至今已使用 50 多年，某些结构已老化、腐蚀或损伤。为了了解结构

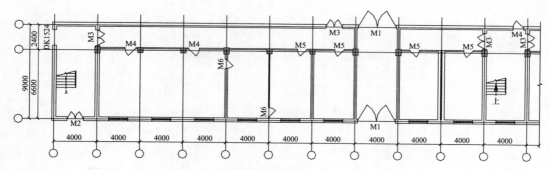

图 8.5-1 某钢厂生活间部分平面布置图

可靠性从而保证正常使用条件下的结构安全，需要对其进行检测鉴定，其中砌筑砂浆采用推出法进行检测。

现场采用推出仪，依据《砌体工程现场检测技术标准》GB/T 50315-2011 有关规定对砌体构件的砂浆强度进行分层抽样检测。将该生活间作为一个结构单元，一层墙体作为一个检测单元，二层墙体作为一个检测单元，共 2 个检测单元，每个检测单元共检测 6 个测区（编号 1～6），每个测区划分为 3 个测点（编号：①～③），依据上述式 8.4-1～式 8.4-4 可以计算出该生活间各测区的砂浆抗压强度，检测数据及计算结果见表 8.5-1。

测点实测值与计算结果

表 8.5-1

楼层	构件	测区	测点	N_{ij}/kN	ξ_{2i}	N_i/kN	B_{ij}	B_i	ξ_{3i}	f_{2i}
一层	墙体	1	①	4.50	1.00	4.48	0.67	0.67	0.81	2.32
			②	4.35	1.00		0.66			
			③	4.60	1.00		0.68			
		2	①	5.15	1.00	5.00	0.71	0.71	0.86	2.43
			②	4.90	1.00		0.69			
			③	4.95	1.00		0.72			
		3	①	4.70	1.00	4.62	0.66	0.69	0.83	2.31
			②	4.60	1.00		0.68			
			③	4.55	1.00		0.72			
		4	①	4.55	1.00	4.73	0.66	0.68	0.82	2.43
			②	4.70	1.00		0.68			
			③	4.95	1.00		0.69			
		5	①	4.65	1.00	4.85	0.73	0.73	0.89	2.25
			②	4.90	1.00		0.76			
			③	5.00	1.00		0.69			
		6	①	4.70	1.00	4.92	0.74	0.74	0.92	2.21
			②	4.95	1.00		0.78			
			③	5.10	1.00		0.71			

续表

楼层	构件	测区	测点	N_{ij}/kN	ξ_{2i}	N_i/kN	B_{ij}	B_i	ξ_{3i}	f_{2i}
二层	墙体	1	①	4.65	1.00	4.45	0.68	0.69	0.84	2.18
			②	4.45	1.00		0.69			
			③	4.25	1.00		0.71			
		2	①	4.60	1.00	4.48	0.72	0.70	0.86	2.15
			②	4.65	1.00		0.70			
			③	4.20	1.00		0.69			
		3	①	4.50	1.00	4.20	0.71	0.68	0.83	2.08
			②	4.00	1.00		0.72			
			③	4.10	1.00		0.62			
		4	①	4.30	1.00	4.35	0.68	0.70	0.86	2.08
			②	4.35	1.00		0.76			
			③	4.40	1.00		0.67			
		5	①	4.65	1.00	4.48	0.71	0.69	0.84	2.20
			②	4.40	1.00		0.69			
			③	4.40	1.00		0.68			
		6	①	4.15	1.00	4.35	0.66	0.68	0.83	2.17
			②	4.35	1.00		0.71			
			③	4.55	1.00		0.68			

该生活间为既有砌体工程，测区数不小于 6 个，根据本书第 14 章中的强度推定公式，砌筑砂浆抗压强度推定值取 $\min\{f_{2,m},\ f_{2,\min}\}$，具体数据及计算结果见表 8.5-2。

砂浆强度按批评定表 表 8.5-2

层 数	平均值/MPa	最小值/MPa	变异系数	砂浆强度推定值/MPa	设计强度等级
一层	2.3	2.2	0.09	2.3	25#
二层	2.1	2.1	0.05	2.1	25#

以上的检测结果表明，一层墙体砌筑砂浆抗压强度为 2.3MPa，二层墙体砌筑砂浆抗压强度为 2.1MPa，均略小于设计强度等级。

【例 2】某住宅楼，砖混结构，地上共六层，无地下室，矩形平面，平面尺寸为 54m×14.5m，走廊宽 2.5m，总建筑高度 22.5m，总建筑面积约为 4698m²。该楼结构承重体系为纵横墙承重、双面内走廊结构形式，基础采用钢筋混凝土条形基础，楼板为现浇楼板，房屋四角、大房间四角、楼梯间四角及纵横墙交接处均设置有混凝土构造柱，每层均设置有封闭的混凝土圈梁。

该楼主体结构混凝土强度等级为 C20；砖砌体均采用 MU10 蒸压粉煤灰土砖，±0.000 以下砂浆采用 M10 水泥砂浆，一～二层采用 M10 混合砂浆，三～五层采用 M7.5 混合砂浆，六层采用 M5.0 混合砂浆。

该楼主体已经封顶，现受委托对该楼一、三、六层结构的砌筑砂浆强度进行检测。在查阅图纸等资料的情况下，决定采用推出法对砌筑砂浆强度进行抽检。现场采用推出仪，依据《砌体工程现场检测技术标准》GB/T 50315-2011 有关规定对砌体构件的砂浆强度进行分层抽样检测。将该楼作为一个结构单元，一层墙体作为一个检测单元，三层墙体作为一个检测单元，六层墙体作为一个检测单元，共 3 个检测单元，每个检测单元共检测 6 个测区（编号 1～6），每个测区划分为 3 个测点（编号：①～③），依据上述式 8.4-1～式 8.4-4可以计算出该楼各测区的砂浆抗压强度，检测数据及计算结果见表 8.5-3。

测点实测值与计算结果

表 8.5-3

楼层	构件	测区	测点	N_{ij}/kN	ξ_{2i}	N_i/kN	B_{ij}	B_i	ξ_{3i}	f_{2i}
一层	墙体	1	①	22.15	1.14	21.88	0.80	0.84	1.07	10.84
			②	21.00	1.00		0.85			
			③	22.50	1.00		0.87			
		2	①	23.85	1.14	23.57	0.88	0.88	1.14	10.97
			②	23.70	1.00		0.89			
			③	23.15	1.00		0.88			
		3	①	22.95	1.14	23.17	0.80	0.81	1.02	12.33
			②	23.10	1.00		0.80			
			③	23.45	1.00		0.82			
		4	①	22.35	1.14	22.82	0.85	0.82	1.04	11.86
			②	23.35	1.00		0.80			
			③	22.75	1.00		0.82			
		5	①	20.35	1.14	20.78	0.75	0.81	1.03	10.75
			②	20.35	1.00		0.82			
			③	21.65	1.00		0.87			
		6	①	21.55	1.14	22.15	0.85	0.84	1.08	10.94
			②	22.35	1.00		0.80			
			③	22.55	1.00		0.88			
三层	墙体	1	①	19.50	1.14	19.05	0.87	0.88	1.14	8.59
			②	19.05	1.14		0.88			
			③	18.60	1.14		0.89			
		2	①	18.95	1.14	18.93	0.88	0.89	1.15	8.37
			②	19.10	1.14		0.90			
			③	18.75	1.14		0.89			
		3	①	16.05	1.14	16.52	0.80	0.80	1.01	8.38
			②	16.85	1.14		0.79			
			③	16.65	1.14		0.81			
		4	①	17.05	1.14	17.50	0.84	0.83	1.05	8.51
			②	17.90	1.14		0.82			
			③	17.55	1.14		0.82			
		5	①	19.20	1.14	18.60	0.88	0.88	1.15	8.27
			②	18.05	1.14		0.87			
			③	18.55	1.14		0.90			
		6	①	17.85	1.14	17.75	0.91	0.87	1.13	7.95
			②	17.25	1.14		0.87			
			③	18.15	1.14		0.84			

续表

楼层	构件	测区	测点	N_{ij}/kN	ξ_{2i}	N_i/kN	B_{ij}	B_i	ξ_{3i}	f_{2i}
六层	墙体	1	①	12.55	1.14	12.85	0.87	0.82	1.05	5.94
			②	13.05	1.14		0.81			
			③	12.95	1.14		0.79			
		2	①	12.35	1.14	12.80	0.83	0.81	1.02	6.06
			②	13.05	1.14		0.82			
			③	13.00	1.14		0.78			
		3	①	13.15	1.14	12.75	0.88	0.84	1.08	5.67
			②	12.65	1.14		0.84			
			③	12.45	1.14		0.81			
		4	①	12.45	1.14	12.55	0.86	0.83	1.06	5.70
			②	13.05	1.14		0.78			
			③	12.15	1.14		0.85			
		5	①	12.55	1.14	12.17	0.84	0.85	1.09	5.30
			②	12.00	1.14		0.86			
			③	11.95	1.14		0.85			
		6	①	12.25	1.14	12.27	0.87	0.85	1.09	5.35
			②	12.60	1.14		0.86			
			③	11.95	1.14		0.82			

该楼为新建砌体工程，测区数不小于 6 个，根据本书第 14 章中的强度推定公式，砌筑砂浆抗压强度推定值取 $\min\{0.91f_{2,m}, 1.18f_{2,\min}\}$，具体数据及计算结果见表 8.5-4。

砂浆强度按批评定表　　　　　　　　　　　　　　表 8.5-4

层数	平均值/MPa	最小值/MPa	变异系数	砂浆强度推定值/MPa	设计强度等级
一层	11.3	10.8	0.06	10.3	M10.0
三层	8.3	7.9	0.03	7.6	M7.5
六层	5.7	5.3	0.05	5.2	M5.0

以上检测结果表明：一层墙体构件的砌筑砂浆抗压强度为 10.3MPa，三层墙体构件的砌筑砂浆抗压强度为 7.6MPa，六层墙体构件的砌筑砂浆抗压强度为 5.2MPa，均达到设计要求。

第9章 筒压法

9.1 筒压法概述

9.1.1 背景情况

筒压法是从墙体中取水平灰缝砂浆块，经干燥后破碎成一定粒径颗粒后，装入承压筒中；把承压筒放在压力机上，根据不同品种砂浆施加规定荷载，承压筒中的砂浆粉碎情况经过不同筛余量计算，得到筒压比；最后换算出砌体砂浆强度的方法。

筒压法是利用不同品种砂浆骨料性能的差异，以及同种砂浆因强度不同，在一定压力作用下破碎的粒径不同的特性，以此确定砂浆的强度。本方法适用于推定烧结普通砖或烧结多孔砖墙中的砌筑砂浆强度。

筒压法最初是由山西省第四建筑工程公司联合省内建工、电力、水利、冶金等系统的建材试验室和科研室，成立了《砌筑砂浆强度检测专题研究组》（以下简称"山西课题组"），试验研究成功测试普通砖砌体中砂浆强度的"筒压法"，并编制了山西省地方标准。在此基础上，1993年，该检测方法经过了四川省建筑科学研究院的验证性考核试验，被纳入国家标准《砌体工程现场检测技术标准》GB/T 50315-2000。

自从《砌体工程现场检测技术标准》GB/T 50315-2000 颁布后，筒压法得到了较广泛的应用。同时，一些地区结合当地的情况，相继制定了更适用于本地情况的地方标准。四川南充市建设工程质量检测中心和重庆市建筑科学研究院也分别采用筒压法进行了特细砂砂浆强度的系统试验研究，并回归得出了计算公式。在这次《砌体工程现场检测技术标准》GB/T 50315-2000 修编前，山西省第四建筑工程公司和重庆市建筑科学研究院对筒压法是否适用于烧结多孔砖砌体中的砌筑砂浆检测问题，分别进行了对比试验，结果证明，筒压法的现有计算公式同样适用。为此，将筒压法的适用范围扩大至烧结多孔砖砌体。

9.1.2 适用范围

筒压法适于检测的砂浆品种包括：中砂、细砂和特细砂配制的水泥砂浆，水泥石灰混合砂浆（以下简称混合砂浆），以及中、细砂配制的水泥粉煤灰砂浆（以下简称粉煤灰砂浆），石灰石质石粉砂与中、细砂混合配制的水泥石灰混合砂浆和水泥砂浆（以下简称石粉砂浆）。从砂浆的检测品种可以看出，该方法目前还是针对传统砂浆的强度检测，至于今后会逐步推广应用的商品砂浆，以及其他特殊砂浆的检测还需要进行系统的试验。

筒压法检测砂浆的强度范围在 2.5～20MPa 之间。也就是说，在确定砂浆的检测方法前，应初步判断砂浆的强度是否在该范围内。若采用筒压法测出的强度低于 2.5MPa 或高于 20MPa，都应采用其他方法进行验证，以免误差太大，导致误判。此外还应注意的是，混合砂浆的强度一般是在 10MPa 以内，若测出的强度超过此值，应检查是否有误。

《砌体工程现场检测技术标准》GB/T 50315-2011 规定筒压法不适用于推定遭受火灾、化学侵蚀等砌筑砂浆的强度。这里需要说明的是，在火灾现场，对最高温度没有超过 300°C、时间没有超过 1h、表面抹灰层没有脱落、只出现龟裂的部位，还是可以采用筒压法进行检测的。至于化学侵蚀，主要是指砌筑砂浆受到液态化学介质的浸渍，以及环境中长期含有对砂浆有害的化学物质，如：化工厂长期有酸雾的车间。

9.1.3 试验设备

采用筒压法检测砌体砂浆强度的仪器包括：①恒温试验箱；②50～100kN 压力试验机或万能试验机；③称量为 1000g、感量为 0.1g 的托盘天平；④机械摇筛机；⑤钢质承压筒；⑥水泥跳桌；⑦孔径 5mm、10mm、15mm（或边长 4.75mm、9.5mm、16mm）标准筛所组成的套筛。

从以上的设备清单不难看出，试验除需增加钢质承压筒外，其余均为混凝土试验室的常用设备。也就是说，不需要增加太多资金投入，就能开展筒压法试验。

承压筒是筒压法的关键设备，可用普通碳素钢或合金钢自行制作，也可用测定轻骨料筒压强度的承压筒代替，具体尺寸如图 9.1-1 所示。以往测试时，曾出现过承压盖因受力而变形的情况，《砌体工程现场检测技术标准》GB/T 50315-2011，适当增大了承压盖的截面尺寸，以提高其刚度和整体牢固性。

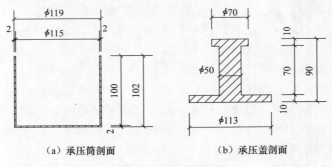

（a）承压筒剖面　　　　　（b）承压盖剖面

图 9.1-1 承压筒构造

9.2 试验方法

9.2.1 取样方法

砌体中的砂浆取样部位应有代表性，凿取距墙表面 20mm 以里的水平灰缝中砂浆做试样，砂浆重量约 4000g，砂浆片（块）的最小厚度不得小于 5mm。

筒压法是原位取样检测，因此，属微破损检测方法，也有人认为是破损检测方法。前者是从整个建筑墙体的破损比率来评价，后者是从墙体局部破损的情况来评判。由于取样易使砌体局部受到损伤，抽样时应注意如下问题：

（1）取样部位距墙体下部或顶部距离不小于 500mm；

（2）取样部位距墙边或纵横墙交接处，不少于 1m；

（3）尽量避免在承重墙体上取样，若需取样，应能保证取样后不会使墙体产生裂缝或影响结构的安全；

（4）不能在独立柱上取样；

（5）取样后应尽早填补修复，不宜长久晾置。

筒压法是要把砂浆块烘干后测其强度，因此，在取样时应注意墙体的使用环境，是否是长期处于高湿状态。若砌体砂浆含湿率高，用筒压法测得的砂浆强度，会高于砂浆实际使用状态下的强度。为使鉴定人员和设计人员能作出准确的判断，在取样时就应注明砌体的含湿状况。

9.2.2　试样重量

把从现场取回的，每个约 4000g 的砂浆样品，分别用手锤击碎。在击碎过程中，应将不易与砖块分离的砂浆块弃掉。若是检测多孔砖砌体的砂浆强度，必须把挤入孔中的砂浆剔除掉，否则因挤入砖孔洞中的砂浆密实度较小，筒压破碎的细颗粒增多，影响测试精度。

筛取破碎好的 5～15mm 的砂浆颗粒约 3000g，盛入瓷盘中，放入恒温干燥箱。在 $105\pm5℃$ 的温度下烘干至恒重，待冷却至室温后备用。

试验研究表明，承压筒的直径（内径）确定后（图 9.1-1），在同一筒压荷载下施压时，试样与筒壁和承压盖接触的面积与其体积的表面比值，随试样量的减少而增大；在施压过程中，砂浆颗粒的平均相对位移则随试样数量的增大而增大。砂浆颗粒与筒壁接触的表面比值和砂浆颗粒的平均相对位移的增大，都会增大砂浆颗粒的破损率。因此，需要确定试样在承压筒中的装入重量，也就是说，一个试样的重量确定为多少最合理。山西课题组关于试样重量对筒压指标的影响进行了对比试验。在筒压荷载为 10kN，加荷速度为 30s时，试样重量与不同孔径筛余量的测试结果见表 9.2-1，表中的筛余量为二次测试数据的平均值。筒压指标与试样量曲线走势如图 9.2-1 所示。

试样重量与筛余量的测试结果　　　　　　　　　　　表 9.2-1

筛孔孔径/mm	试样重量/g							
	300	400	500	600	700	800	900	1000
10	26.4	28.2	22.2	24.0	26.1	26.7	26.5	25.5
5	63.0	63.9	60.2	62.2	63.5	63.9	65.5	62.9
2.5	79.3	80.3	78.7	78.8	79.4	79.7	80.7	78.6

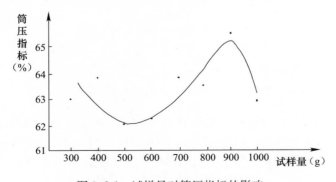

图 9.2-1　试样量对筒压指标的影响

　　试验结果表明，当试样量为500g时，筒压指标趋于最小值。试样量可以准确计量，为便于称量、计量和减小工程中的取样数量，确定每个标准试样数量为500g。

9.2.3　试样筛分

　　试样筛分，分为筒压试验前的分级筛分和筒压后测定筒压指标的筛分。筒压前的分级筛分是为了去除过大和过小的砂浆颗粒。筒压前筛分，每次取烘干样品约1000g，置于孔径5mm、10mm、15mm（或边长4.75mm、9.5mm、16mm）标准筛所组成的套筛中，机械摇筛2min或手工摇筛1.5min。筛分完毕后，称取粒级5～10mm（4.75～9.5mm）和10～15mm（9.5～16mm）的砂浆颗粒各250g，混合均匀后即为一个试样。共制备3个试样。

　　不论筒压试验前的分级筛分还是筒压后测定筒压指标的筛分，两次筛分时间的长短对测定筒压指标都有影响。筛分过程中，通过孔径5mm筛的试样量与下列因素有关：上级筛筛落试样的速度；试样中粒径小于5mm的原始颗粒含量；摇筛过程中，颗粒及颗粒与筛具之间撞击摩擦而新增的小于5mm粒径的颗粒量。通过试验观察发现，单位间隔时间内，通过孔径5mm筛的筛落物，开始少，很快增多，后又逐渐减少，最后趋于稳定值。稳定值的大小和趋于稳定所需的时间，与砂浆本身的强度、耐磨性及摇筛的强度有关。砂浆强度和耐磨性高，则稳定值低，稳定下来所需的时间短；摇筛强度大，则稳定下来的时间短，稳定值也高，摇筛强度应注意保持一定。

　　为简化操作，增加可比性，将筒压前的分级筛分时间和筒压后测定筒压指标的时间予以统一。山西课题组为确定筛分时间，进行了对比试验。试验条件为：采用南京土工仪器厂产YS-2摇摆式筛分机；砂浆试件的筒压荷为10kN；砂浆品种为粉煤灰水泥砂浆，测试结果如图9.2-2所示。图中曲线的筒压指标为同一砂浆3个试样测试值的平均值。从图中可以看出，砂浆强度高，筒压指标较容易稳定，砂浆强度低，筒压指标稳定的时间长。在120s时，各种砂浆的筒压指标都基本稳定。因此，试验规定机械摇筛时间为2min时间。

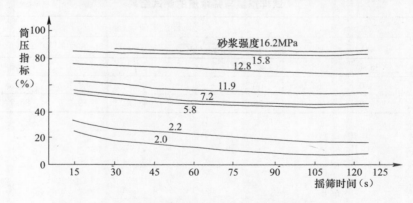

图9.2-2　摇筛时间对筒压指标影响的测试

　　四川省南充市建设工程质量检测中心对施压后的试样进行人工摇筛对比试验，以评价人工摇筛对试验结果的影响。试验条件是：筒压荷载均为10kN；砂浆强度指同条件养护试块的立方体抗压强度；对比试验的砂浆是同一测区混合均匀的筒压标准试样，分成3份，由3个工人分别采用不同的摇筛方式进行筛分，试验结果见表9.2-2。

施压后砂浆人工摇筛的筒压指标对比   表 9.2-2

砂浆强度/MPa	7.80	6.10	2.50	0.97
操作人员	筒压指标			
甲	78.8	75.3	50.3	29.0
乙	77.5	73.6	46.7	23.6
丙	79.2	74.6	49.2	30.5

由表 9.2-2 中可以看出,对于低强度砂浆,人工筛分的离散性较大。其他条件相同的同一测区试样,不同的人筛出的结果有一定差异,随着砂浆强度的降低,其差别就越明显。对于表中最后一列低强度砂浆颗粒,同条件养护立方体抗压强度值为 0.97MPa,其中乙是故意用力快速摇筛,而丙则是故意用比平常小的力慢慢地摇筛,筛出的结果差别达到 6.9%。由此可见,人工摇筛对试验结果影响较大。对于低强度砂浆,当筒压荷载为 5kN 时,人工筛的差别比筒压荷载为 10kN 要大一点;当筒压荷载为 20kN 时,人工筛的差别比筒压荷载为 10kN 要小一点。因此,施压后的砂浆颗粒宜采用摇筛机摇筛 2min 进行筛分。

9.2.4 承压筒装料

为减小因装料和筒压前的搬运对装料密实度的影响,预防增大试验的误差,《砌体工程现场检测技术标准》GB/T 50315-2011 规定了分层振动装料程序,使承压前的试样达到紧密状态。筛分后的每个试样应分两次装入承压筒,每次约装 1/2,在水泥跳桌上跳振 5 次。第二次装料并跳振后,整平表面,安上承压盖。

跳桌的振幅、动能一定,操作方便。若无跳桌时,亦可参照《普通混凝土用砂质量标准及检验方法》JGJ 52-2006 规定砂紧密度的装料法装料。四川省南充市建设工程质量检测中心进行了人工振实对比试验。在该项试验过程中,每次装料后,将承压筒置于Φ16 的热轧光圆钢筋上面左右各颠击 25 次(每个试样第 2 层颠击时,筒底所垫钢筋的方向与第 1 次颠击时所垫方向垂直),这种振实方法对于试验结果的测试数据见表 9.2-3。

人工振实对比测试数据   表 9.2-3

对比荷载	筒压荷载(10kN)			筒压荷载(5kN)		
砂浆强度/MPa	9.80	4.12	1.28	9.80	4.12	1.28
操作人员	筒压指标			筒压指标		
甲	86.2	58.9	52.3	93.2	74.8	67.7
乙	85.7	58.1	50.5	92.4	73.7	64.4

操作人员乙是故意使用最大力量与最高频率进行颠击,操作人员甲是用比自己平常还小的力量与较慢的频率颠击,对比试验的标准试样均是同一个测区的混合均匀的砂浆颗粒,均是采用摇筛机筛分后的试样。从对比试验情况分析,当筒压荷载为 10kN 时,人工振实对于不同的操作人员,其结果的差别比较小,对同条件养护砂浆立方体抗压强度为 1.28MPa 的低强度砂浆,其极差仅为 1.8%;当筒压荷载为 5kN 时,对于 1.28MPa 的低强度砂浆其差别要大一些,达到了 3.3%。由此可见,人工振实对结果的影响较小,可以不采用水泥跳桌捣密。

9.2.5　筒压加载

筒压荷载是指通过承压筒施加在被测砂浆颗粒上的静压力值。筒压荷载的大小，对不同强度砂浆的筒压指标敏感性不同。筒压荷载低时，砂浆强度越高，筒压指标越拉不开档次；筒压荷载高时，砂浆强度越低，筒压指标越拉不开档次。经统计分析，根据不同砂浆品种、不同筒压荷载试验的回归分析结果，对不同品种的砂浆选用了不同的筒压荷载。

把装好料的承压筒置于试验机上，再次检查承压筒内的砂浆试样表面是否平整，如稍有不平，应整平；盖上承压盖，开动压力试验机，应按 $0.5\sim1.0kN/s$ 加荷速度加荷至规定的筒压荷载值后，立即卸荷。不同品种砂浆的筒压荷载值分别为：

水泥砂浆、石粉砂浆为 20kN；

特细砂水泥砂浆为 10kN；

水泥石灰混合砂浆、粉煤灰砂浆为 10kN。

在加荷过程中，应注意匀速加荷的速度。承压筒施压过程中的加荷速度，是指均匀加荷至筒压荷载时所需的时间。经测试，在 $20\sim70s$ 内加荷至规定的筒压荷载时，对筒压指标的影响在 3% 以内，选定 $20\sim60s$，影响小于 2%。加荷时间与筛余量的测试结果见表 9.2-4，加荷时间对筒压指标的影响如图 9.2-3 所示。

加荷时间与筛余量的测试结果　　　　　　　　表 9.2-4

筛孔孔径/mm	加荷时间/s					
	20	30	40	50	60	70
10	17.4	19.2	18.4	18.7	18.7	20.1
5	43.8	45.7	44.8	45.9	45.7	46.7
2.5	61.0	62.5	61.8	63.0	61.6	63.2

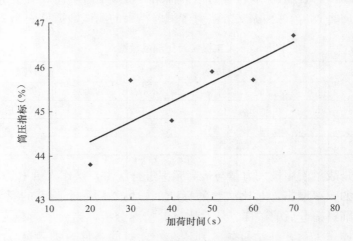

图 9.2-3　加荷时间对筒压指标的影响

施加荷载过程中，若出现承压盖倾斜的状况，应立即停止测试，并检查承压盖是否受损（变形），以及承压筒内砂浆样品表面是否平整。出现上述情况后，应重新制备试样。

9.2.6 试样称量

把施压后的试样倒入由孔径 5（4.75）mm 和 10（9.5）mm 标准筛组成的套筛中，装入摇筛机摇筛 2min 或人工摇筛 1.5min，筛至每隔 5s 的筛出量基本相符。称量各筛筛余试样的重量（精确至 0.1g），各筛的分计筛余量和底盘剩余量的总和，与筛分前的试样重量相比，相对差值不得超过试样重量的 0.5%；当超过时，应重新进行测试。接下来就是计算筒压指标和砂浆强度。

9.3 数据计算

9.3.1 筒压比

标准试样的筒压比，应按下式计算：

$$\eta_{ij} = \frac{t_1 + t_2}{t_1 + t_2 + t_3} \tag{9.3-1}$$

式中：η_{ij}——第 i 个测区中第 j 个试样的筒压比，以小数计；

t_1、t_2、t_3——分别为孔径 5mm、10mm 筛的分计筛余量和底盘中剩余量。

测区的砂浆筒压比，应按下式计算：

$$\eta_i = 1/3(\eta_{i1} + \eta_{i2} + \eta_{i3}) \tag{9.3-2}$$

式中：η_i——第 i 个测区的砂浆筒压比平均值，以小数计，精确至 0.01；

η_{i1}、η_{i2}、η_{i3}——分别为第 i 个测区 3 个标准砂浆试样的筒压比。

9.3.2 砂浆强度平均值

根据筒压比，测区的砂浆强度平均值应按下列公式计算。

水泥砂浆：

$$f_{2i} = 34.58(\eta_i)^{2.06} \tag{9.3-3}$$

特细砂水泥砂浆：

$$f_{2i} = 21.36(\eta_i)^{3.07} \tag{9.3-4}$$

水泥石灰混合砂浆：

$$f_{2i} = 6.1(\eta_i) + 11(\eta_i)^2 \tag{9.3-5}$$

粉煤灰砂浆：

$$f_{2i} = 2.52 - 9.4(\eta_i) + 32.8(\eta_i)^2 \tag{9.3-6}$$

石粉砂浆：

$$f_{2i} = 2.7 - 13.9(\eta_i) + 44.9(\eta_i)^2 \tag{9.3-7}$$

9.3.3 关于特细砂砂浆强度计算公式

重庆市建筑科学研究院和南充市建设工程质量检测中心分别进行的砌体中特细砂砂浆的筒压法强度试验数据的坐标点，以及《砌体工程现场检测技术标准》GB/T 50315-2000 中"水泥砂浆"和"混合砂浆"计算公式曲线绘于图 9.3-1 中。从图可以看出：重庆市建筑科学研究院试验数据和南充市建设工程质量检测中心试验数据均落在《砌体工程现场检测技术标准》GB/T 50315-2000 水泥砂浆计算曲线的下方。数据的散点图也表明混合砂浆计算曲线与重庆市建筑科学研究院和南充市建设工程质量检测中心的试验数据偏差很大。这一情况证实了《砌体工程现场检测技术标准》GB/T 50315-2000 中"筒压法"一章的砂浆强度计算公式只适用于中、细砂配制的砌筑砂浆的提法。

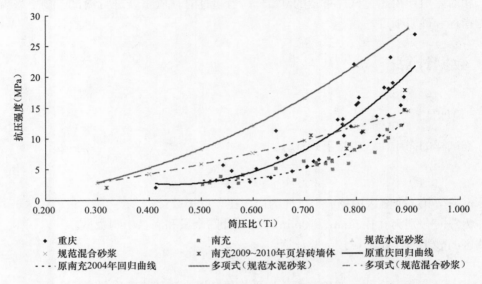

图 9.3-1　重庆、南充筒压比试验数据与《砌体工程现场检测技术标准》曲线的比较

　　为了在这次《砌体工程现场检测技术标准》GB/T 50315-2000 的修编中得到适合于特细砂砂浆的筒压法计算公式，编制组将两个单位 3 批试验的共 64 个筒压比数据进行了统一分析，数据列于表 9.3-1 中。

重庆、南充筒压法特细砂数据及误差比较 　　　　　　　　　　表 9.3-1

序号	筒压比	试块强度/MPa	公式 3 计算误差/（%）	序号	筒压比	试块强度/MPa	公式 3 计算误差/（%）
1	0.517	2.78	1.385	33	0.607	5.09	−9.340
2	0.573	2.7	43.145	34	0.634	3.6	46.458
3	0.681	3.24	102.683	35	0.645	11.26	−50.635
4	0.785	5.8	75.155	36	0.648	6.81	−17.208
5	0.747	6.7	30.203	37	0.665	7.24	−15.681
6	0.754	4.87	84.333	38	0.676	4.64	38.3629
7	0.724	5.64	40.514	39	0.705	5.43	34.506
8	0.786	9	13.320	40	0.718	6.27	23.207
9	0.503	2.57	0.805	41	0.728	6.52	23.622
10	0.581	4.04	−0.175	42	0.764	12.98	−27.985
11	0.741	5.85	45.475	43	0.773	12.26	−20.964
12	0.753	6.21	43.969	44	0.774	13.09	−25.682
13	0.722	6.02	30.531	45	0.776	10.37	−5.442
14	0.836	7.62	61.741	46	0.789	11.88	−13.142

序号	筒压比	试块强度/MPa	公式 3 计算误差/(%)	序号	筒压比	试块强度/MPa	公式 3 计算误差/(%)
15	0.807	8.56	29.190	47	0.800	15.42	−30.176
16	0.886	12	22.756	48	0.804	15.73	−30.496
17	0.797	8	33.042	49	0.805	16.6	−33.887
18	0.857	9.49	40.148	50	0.810	10.89	2.712
19	0.86	11.3	18.969	51	0.839	13.48	−7.560
20	0.893	14.5	4.075	52	0.844	10.39	22.140
21	0.572	3.51	9.522	53	0.854	18.13	−27.426
22	0.862	9.96	35.941	54	0.861	18	−25.047
23	0.765	9.25	1.461	55	0.861	13.69	−1.450
24	0.645	5.11	8.775	56	0.870	18.92	−26.379
25	0.699	6.24	14.014	57	0.886	15.26	−3.469
26	0.539	3.79	−15.4839	58	0.892	16.68	−9.838
27	0.412	2.03	−30.842	59	0.375	2.05	−48.700
28	0.530	3.21	−5.240	60	0.781	8.24	21.371
29	0.543	5.64	−41.903	61	0.813	11.1	1.919
30	0.554	2.08	67.538	62	0.712	10.44	−27.887
31	0.560	4.74	−24.009	63	0.893	14.54	3.789
32	0.594	2.95	46.320	64	0.894	17.71	−14.496
平均误差			8.32				

把表 9.3-1 中的 64 个数据进行回归分析，所得测区的砂浆强度平均值计算公式如下：

（1）线性回归。

$$f_i = 26.78\eta_i - 10.71 \tag{9.3-8}$$

相关系数 $r = 0.80$，标准差 $s = 2.90\text{MPa}$，与实际强度相比较平均误差为 11.49%。

（2）二次多项式回归。

$$f_i = 11.21 - 44.94\eta_i + 55.44\eta_i^2 \tag{9.3-9}$$

相关系数 $r = 0.84$，标准差 $s = 2.62\text{MPa}$，与实际强度相比较平均误差为 7.98%。

（3）幂函数回归。

$$f_i = 21.36\eta_i^{3.07} \tag{9.3-10}$$

相关系数 $r = 0.84$，标准差 $s = 2.62\text{MPa}$，与实际强度相比较平均误差为 8.32%。

把 3 条曲线和试验回归数据汇于图 9.3-2 中，对比 3 种回归曲线可以看出：直线函数与横轴线交于某一点，即当筒压比在某个值时计算出的砂浆强度会等于零；对于一元二次函数曲线，曲线在尾端往上翘，这会导致很低的筒压值计算出的砂浆强度反而很高；这两种情况都与工程实际情况不符合。对于指数函数曲线却不会出现上面两种情况。因此，从曲线的走向分析采用指数函数曲线较好。

把重庆建筑科学研究院和南充市建设工程质量检测中心的 64 组试验数据代入公式（9.3-10）计算的砂浆平均强度与砂浆试块的强度比较，所得误差列于表 9.3-1 中。从表中可以看出，幂函数回归公式的相关系数较高，标准差最小，结合对回归曲线的分析，决定采用幂函数回归公式作为特细砂砌筑砂浆筒压法检测的计算公式。

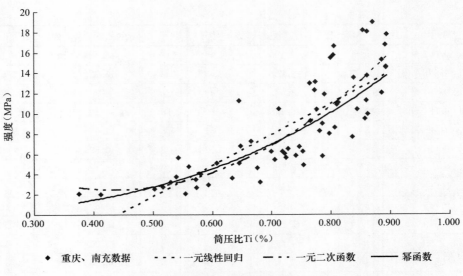

图 9.3-2　特细砂筒压比试验数据与回归曲线

9.3.4　多孔砖砂浆的适用性

在这次《砌体工程现场检测技术标准》GB/T 50315-2000 的修编过程中，山西省第四建筑工程公司采用筒压法进行了普通砖砌体和多孔砖砌体砂浆强度，以及圆孔筛和方孔筛对筒压试验结果的对比试验。试验砌体采用水泥砂浆砌筑，对比的砂浆抗压试件采用无底模制作，并在潮湿砂堆中进行养护，试验结果见表 9.3-2。

块材变化及筛孔变化对筒压试验结果影响的对比试验　　　　　　　　表 9.3-2

砖品种	砂浆试块强度		筒压法砂浆强度		比　值		
	设计	实测 f_2/MPa	筛孔类型		f_y/f_2	f_f/f_2	f_y/f_f
			圆孔 f_y	方孔 f_f			
普通砖	M5	7.2	6.9	7.3	0.96	1.01	0.95
多孔砖			7.2	8.0	1.00	1.11	0.90
普通砖	M7.5	12.0	12.0	12.1	1.00	1.01	0.99
多孔砖			13.0	13.8	1.08	1.15	0.94

从表 9.3-2 中可以看出：

（1）采用筒压法对普通砖砌体和多孔砖砌体中的同种砂浆进行强度检测，其测试结果没有显著差异。也就是说，筒压法不但适用于检测普通砖砌体中的砂浆强度，也适宜于检测多孔砖砌体中的砂浆强度。

（2）采用圆孔筛试验强度与砂浆试件的抗压强度的比值在 0.96～1.08 之间，平均值1.01，而方孔筛试验强度与砂浆试件的抗压强度的比值在 1.01～1.15 之间，平均值1.07。试验表明，虽然两种筛在试验中都可使用，但圆孔筛的试验数据更接近标准砂浆试块的抗压强度。

（3）采用筒压法，方孔筛测得的砂浆强度比采用圆孔筛测得的砂浆强度低 5% 左右。

但通过对比对试验的检测数据进行 t 检验，表明无显著性区别，为此，在《砌体工程现场检测技术标准》GB/T 50315-2011 中规定可以采用方孔筛。

9.4 工程实例

某工程第六层砌体施工结束后，因该层施工过程中留置的砂浆试块缺失，无法对该层砂浆强度进行评定。为保证工程质量，确定该层砌筑砂浆实际强度值，施工单位委托检测单位采用筒压法检测砂浆强度。

检测依据：《砌体工程现场检测技术标准》GB/T 50315-2011。

检测方案确定：经过调查了解，待检砌体砂浆种类为水泥砂浆且砂浆配合比相同，强度等级为 M10。而且该层砌体在同一时间段内施工，龄期一致。该层砌体砌筑总量不超出 250m³，故所检砌体可以视为一个检测单元。

检测过程：在检测单元内随机抽取 6 片墙体，每个墙体作为一个测区，在每个测区内任选一个部位作为一个测点。在每个测点内采集 4kg 砂浆片，共计采集 6 份试样，分别放置并编号。

在检测室内将采集到的砂浆片按标准要求进行制样、试验。最后将试验所得数据分别进行记录。筛余量计算与统计见表 9.4-1，测区筒压比的计算见表 9.4-2，测区砂浆抗压强度计算见表 9.4-3。

筛余量计算与统计   表 9.4-1

试样编号	t_1/g	t_2/g	t_3/g	t_1+t_2/g	$t_1+t_2+t_3$/g
一	122.6	148.2	227.4	270.8	498.2
	120.0	136.6	241.2	256.6	497.8
	91.8	163.0	243.4	254.8	498.2
二	87.2	159.2	251.8	246.4	498.2
	126.2	148.2	223.4	274.4	497.8
	109.4	167.2	222.4	276.6	499.0
三	95.6	182.2	221.0	277.8	498.8
	125.2	175.6	198.6	300.8	499.4
	145.2	155.0	197.8	300.2	498.0
四	116.8	175.0	207.3	291.8	499.1
	114.6	165.2	218.2	279.8	498.0
	142.4	144.0	211.2	286.4	497.6
五	132.6	140.2	225.0	272.8	497.8
	136.4	136.7	225.0	273.1	498.1
	118.8	165.2	215.2	284.0	499.2
六	119.2	150.6	229.0	269.8	498.8
	101.2	167.0	230.2	268.2	198.2
	133.8	139.8	224.6	273.6	498.2

测区筒压比的计算

表 9.4-2

试样编号	$\eta_{ij}=(t_1+t_2)/(t_1+t_2+t_3)$		$\eta_i=1/3(\eta_{i1}+\eta_{i2}+\eta_{i3})$	
一	η_{11}	0.54	η_1	0.52
	η_{12}	0.52		
	η_{13}	0.51		
二	η_{21}	0.49	η_2	0.53
	η_{22}	0.55		
	η_{23}	0.55		
三	η_{31}	0.56	η_3	0.59
	η_{32}	0.60		
	η_{33}	0.60		
四	η_{41}	0.58	η_4	0.57
	η_{42}	0.56		
	η_{43}	0.58		
五	η_{51}	0.55	η_5	0.56
	η_{52}	0.55		
	η_{53}	0.57		
六	η_{61}	0.54	η_6	0.54
	η_{62}	0.54		
	η_{63}	0.55		

测区砂浆抗压强度计算

表 9.4-3

试样编号	$f_{2i}=34.58(\eta_i)^{2.06}$
一	$f_{21}=34.58(\eta_1)^{2.06}=34.58(0.52)^{2.06}=8.99\text{MPa}$
二	$f_{22}=34.58(\eta_2)^{2.06}=34.58(0.53)^{2.06}=9.35\text{MPa}$
三	$f_{23}=34.58(\eta_3)^{2.06}=34.58(0.59)^{2.06}=11.66\text{MPa}$
四	$f_{24}=34.58(\eta_4)^{2.06}=34.58(0.57)^{2.06}=10.86\text{MPa}$
五	$f_{25}=34.58(\eta_5)^{2.06}=34.58(0.56)^{2.06}=10.47\text{MPa}$
六	$f_{26}=34.58(\eta_6)^{2.06}=34.58(0.54)^{2.06}=9.72\text{MPa}$

根据本书第 14 章关于测区砂浆强度推定的规定对测区砂浆强度进行推定。

由于该层砌体施工时 GB 50203-2011 还未实施，施工单位仍按 GB 50203-2002 要求施工，所以检测单元砂浆抗压强度推定值宜采用下列两式中的较小值确定。

$$f_2'=f_{2,\text{m}}' \tag{9.4-1}$$

$$f_2'=1.33f_{2,\text{min}}' \tag{9.4-2}$$

$$f_{2,\text{m}}'=(f_{21}+f_{22}+f_{23}+f_{24}+f_{25}+f_{26})/6$$
$$=(8.99+9.35+11.66+10.86+10.47+9.72)/6=10.18\text{MPa}$$

$$f_{2,\text{min}}'=8.99\text{MPa}$$

由式 9.4-1：

$$f_2'=f_{2,\text{m}}'=10.18\text{MPa}$$

由式 9.4-2：

$$f_2'=1.33f_{2,\text{min}}'=1.33\times8.99=11.96\text{MPa}$$

检测单元砌体砂浆抗压强度为 10.18MPa＞10MPa，满足设计要求。

第 10 章 砂浆片局压法

10.1 概述

砂浆片局压法即推荐性行业标准《择压法检测砌筑砂浆抗压强度技术规程》JGJ/T 234-2011 中的择压法。《择压法检测砌筑砂浆抗压强度技术规程》是一本新编检测规程，配套检测设备砂浆片局压仪（以下简称择压仪）已批量生产。江苏省建筑科学研究院等单位自 1996 年开始进行了系统试验研究，以及验证性试验和较长时间的试点应用。在此基础上，编制了行业标准。为利于该方法的推广使用，在修订《砌体工程现场检测技术标准》GB/T 50315-2000 时，将该方法纳入其中。考虑到检测的砂浆片是承受局部抗压荷载，故在国标 GB/T 50315-2011 中将该方法的名称改为"砂浆片局压法"。

砂浆片局压法的具体做法是将砌体结构水平灰缝中的砌筑砂浆片取出后，采用其平行的两面作为承压面，以直径为 10mm 的一对圆平压头，对砂浆片体进行直接抗压试验。在《砌体结构工程施工质量验收规范》GB 50203 中规定：砖砌体的灰缝应横平竖直，厚薄均匀，水平灰缝厚度及竖向灰缝宽度宜为 10mm，但不应小于 8mm，也不应大于 12mm。因此，砂浆片局压法所进行的试验是对高径比为 1 左右的圆柱体砂浆片进行的垂直抗压试验，其试验结果较为直观。

研究分析和试验表明：①作用面形状为圆形比方形更好。砂浆片取出后其两面一般都能自然平行，若不平行，应打磨并使其两面平行。当直接受压的作用面为正方形时，周边的约束作用不均匀。②高度和直径相等时，更接近标准立方体抗压强度试验结果。因此，在砂浆片局压法检测砌筑砂浆的规定中，要求受压砂浆片的厚度宜为 10mm 左右，设备的加荷压头直径为 10mm，且受压砂浆片的两面应平行。

10.2 检测设备

10.2.1 择压仪的技术要求

择压仪包括反力架、测力系统、圆平压头、对中自调平系统、数显测读系统、加载手柄和积灰盖等部分（图 10.2-1）。

择压仪如图 10.2-2 所示：

择压仪应具有产品出厂合格证，并应通过计量校准。

择压仪应满足下列技术要求：①整体结构应有足够强度和刚度；②择压仪采用的圆平压头的直径应为 (10±0.05)mm，额定行程不应小于 18mm；③择压仪应设有对中自调平系统；④择压仪的极限压力应为 5000N；⑤数显测读系统示值的最小分度值不应大于 1N，

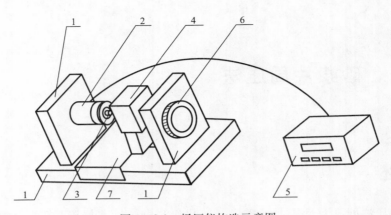

图 10.2-1　择压仪构造示意图

1—反力架；2—测力系统；3—圆平压头；4—对中自调平系统；5—数显测读系统；

6—加载手柄；7—积灰盖

图 10.2-2　择压仪

且数显测读系统应具有峰值保持功能、断电保持功能和数据储存功能；⑥测力系统的力值误差不应大于1N。

择压仪的使用环境温度宜为（5～35）℃。数显测读系统应在室内自然环境下使用和放置，严禁与水接触。

10.2.2　择压仪的校准与保养

择压仪的计量校准有效期为1年，计量校准的结果应符合择压仪技术要求的规定。当具有下列情况之一时，择压仪应进行校准：①新择压仪启用前；②超过校准有效期；③遭受严重撞击、跌落、振动等损伤；④维修后；⑤对检测结果有怀疑或争议时。

择压仪应定期保养，并应符合下列规定：①使用过程中，宜避免灰尘沾污仪器，若沾污灰尘应予清除；②机械转动摩擦部位应保持润滑；③使用后应清理干净；④不用时应予遮盖防护，并应使圆平压头处于不受荷状态。

10.3　检测步骤

砂浆片局压法应按照如下步骤进行检测：

（1）制作砂浆片试件应符合下列规定：①制作的试件应为近似圆饼状，试件最小中心线的长度不应小于30mm；②试件受压面应平整和无缺陷，对于不平整的受压面，可用砂纸打磨；③试件表面的砂粒和浮尘应清除。

（2）使用游标卡尺量测试件厚度，测厚点应在局压作用面内，读数应精确至0.1mm，并应取3个不同部位厚度的平均值作为试件厚度。

（3）在择压仪的两个圆平压头表面，应各贴一片厚度小于 1mm、面积略大于圆平压头的薄橡胶垫。启动择压仪，应设置数显测度系统为峰值保持状态，并应确认计量单位为牛顿（N）。

（4）试件应垂直对中放置在择压仪的两个压头之间，压头作用面边缘至试件边缘的距离不应小于 10mm。

（5）对砂浆试件进行加荷测试，加荷速度宜控制在每秒为预估破坏荷载的 1/10～1/15，直至试件破坏。记录择压仪数显测度系统显示的峰值，并应精确至 1N。

10.4 检测基本计算及应用实例

10.4.1 基本计算公式

1）单个砂浆试件的择压强度应按下式计算：

$$f_{2,i,j} = \xi_{i,j} \cdot \frac{N_{i,j}}{A} \qquad (10.4\text{-}1)$$

式中：$N_{i,j}$——第 i 测区第 j 个砂浆试件破坏时试件择压荷载值，精确至 1N；

A——试件受压面积，取 78.54mm^2；

$\xi_{i,j}$——第 i 测区第 j 个砂浆试件厚度换算系数，按表 10.4-1 取值；

$f_{2,i,j}$——第 i 测区第 j 个砂浆试件的择压强度，精确至 0.1MPa。

砂浆试件厚度换算系数　　　　　　　　　表 10.4-1

试件厚度/mm	8	9	10	11	12	13	14	15	16
厚度换算系数 $\xi_{i,j}$	1.25	1.11	1.00	0.91	0.83	0.77	0.71	0.67	0.62

注：表中未列出的值，可用内插法求得。

2）每个测区的择压强度平均值应按下式计算：

$$f_{2,i} = \frac{\sum\limits_{j=1}^{5} f_{2,i,j}}{5} \qquad (10.4\text{-}2)$$

式中：$f_{2,i}$——第 i 测区砂浆试件择压强度平均值，精确至 0.1MPa。

3）测区的砂浆抗压强度换算值，应按下列公式计算。

（1）对于水泥砂浆，可按下式计算：

$$f_{2,i,cu} = 0.635 f_{2,i}^{1.112} \qquad (10.4\text{-}3)$$

（2）混合砂浆，可按下式计算：

$$f_{2,i,cu} = 0.511 f_{2,i}^{1.267} \qquad (10.4\text{-}4)$$

式中：$f_{2,i,cu}$——第 i 测区砂浆抗压强度换算值，精确至 0.1MPa。

10.4.2 工程实例

某砌体结构工程在进行可靠性鉴定时，需对其底层墙体的砌筑砂浆强度进行检测。采用砂浆片局压法随机抽取 5 片墙体对砂浆片取样进行检测，计算过程及结果见表 10.4-2。

单片墙砂浆试件择压强度及测区抗压强度　　　　　　　　表 10.4-2

测区	试件编号	厚度/mm				厚度换算系数（内插法）	择压值/N	试件择压强度/MPa	测区择压强度/MPa	抗压强度换算值/MPa	备注
		1	2	3	均值						
1	1	12.5	12.6	12.6	12.6	0.79	114.2	11.26	18.8	16.6	
	2	14	14	14.1	14.0	0.71	219	19.40			
	3	15	15.1	15	15.0	0.67	358.2	29.95			
	4	9.5	9.6	9.8	9.6	1.06	113.2	14.97			
	5	15	15	15.1	15.0	0.67	217.4	18.17			
	6	11.6	11.3	11.2	11.4	0.88	206	22.62			
2	1	14.3	14.2	14.4	14.3	0.7	84.4	7.37	19.0	16.7	
	2	13.1	13	13.2	13.1	0.76	145.2	13.77			
	3	11.4	11.3	11.2	11.3	0.89	226.8	25.19			
	4	9.7	10	9.8	9.8	1.04	197.2	25.59			
	5	15.1	15.3	15.2	15.2	0.66	216	17.79			
	6	13.7	13.6	13.9	13.7	0.73	209.8	19.11			
3	1	13.2	13.2	13	13.1	0.76	221.8	21.03	19.1	16.9	
	2	15	15.2	15.1	15.1	0.67	192.6	16.10			
	3	16.7	16.8	16.8	16.8	0.58	257.8	18.66			
	4	17.2	17.5	17.6	17.4	0.55	269.4	18.49			
	5	12.1	12	12.1	12.1	0.82	178.8	18.29			
	6	14.1	14	14.2	14.1	0.71	241.2	21.37			
4	1	12.8	13	12.9	12.9	0.78	232.2	22.60	19.8	17.6	
	2	13.6	13.5	13.6	13.6	0.73	282.2	25.70			
	3	16.2	16.5	16.5	16.4	0.6	300.2	22.47			
	4	13.7	13.7	13.5	13.6	0.73	128.2	11.68			
	5	13.1	12.8	12.7	12.9	0.78	192.2	18.71			
	6	17	17	17.1	17.0	0.57	216.6	15.41			
5	1	11.1	11	11.2	11.1	0.9	167.8	18.84	19.8	17.6	
	2	15.7	15.6	15.5	15.6	0.64	287.2	22.94			
	3	13.1	13.2	13.1	13.1	0.76	204.4	19.38			
	4	18.1	18.2	18.1	18.1	0.52	361.2	23.44			
	5	16.6	16.7	16.5	16.6	0.59	217.4	16.00			
	6	16.9	17	17.1	17.0	0.57	256	18.21			

　　由于该工程仅检测了 5 片墙体（5 个测区），根据《砌体工程现场检测技术标准》GB/T 50315-2011 的规定，当测区数小于 6 个时，同一检测单元中，砌筑砂浆强度推定值取测区砌筑砂浆抗压强度的最小值，对本算例而言，为 16.6MPa。

第 11 章 砂浆回弹法

11.1 基本原理

回弹法是用一弹簧驱动的重锤，通过弹击杆（传力杆），弹击被测物体的表面，并测出重锤被反弹回来的距离，以回弹值（反弹距离与弹簧初始长度之比）作为与强度相关的指标，来推定被测物体强度的一种方法。由于测量在被测物体的表面进行，所以应属于表面硬度法的一种。它具有结构轻巧、操作简单、测试迅速等优点。当回弹法用于测试砌体结构砌筑砂浆强度时，称为砂浆回弹法；用于测试烧结砖强度时，称为烧结砖回弹法。

自 20 世纪 60 年代以来，国内有关单位先后对轻型回弹仪以及在砌体中的应用技术进行了大量的试验研究，并研制出 HT-28 型回弹仪。20 世纪 90 年代，四川省建筑科学研究院在前人的基础上与天津建仪厂合作，研制出 HT-20 型砂浆回弹仪，并对仪器的技术性能和测试技术、影响因素等进行了系统的试验研究。在大量试验与分析研究的基础上，建立了 19 条回弹测强曲线，其中单一曲线 16 条，综合曲线 3 条。

11.1.1 测试方法

1）弹击点数。

早期规定使用 HT-28 型回弹仪检测砂浆强度时，在砂浆试件侧面上弹击 5 点，其平均值即为该试件的回弹值。由于砂浆的匀质性差，尤其是水泥砂浆和低强砂浆，成型时泌水严重，保水性及稠度的稳定性差，引起砂浆分层，致使不同高度的砂浆层表面回弹值的差异较大，回弹 5 点的离散较大。增加弹击点数分别为 10、12、16 点进行试验研究表明，弹击点数为 10、12、16 时，回弹均值的波动都较小，变异系数均小于 15%，强度均值亦无显著差异。为便于计算和排除回弹测试中视觉、听觉等的误差，经异常数据分析后，采取每一试件弹击 12 点的方法，计算时采用稳健估计，去掉一个最大值与一个最小值，以10 点的算术平均值作为该试件的有效回弹测试值。

2）每点弹击次数。

砌筑砂浆的表面硬度较小，尤其是低强度等级的砂浆，表面更为疏松，回弹测试时往往经第一次弹击，回弹仪指针不起跳（即无回弹值）。四川省建筑科学研究院通过试验研究表明，对同一弹击点，回弹值随着弹击次数的增加而逐步提高，第 1、2 次显著偏低，经第 3 次弹击后，其提高幅度趋于稳定，第 3 次回弹值比第 3、4、5 次的平均回弹值低5% 左右；另外，每点弹击次数太多，容易移位、疲劳，产生测试误差。因此，决定采用每点弹击 3 次的方法，即第 1、2 次不读数，以第 3 次的回弹值作为该弹击点的有效回弹测试值。

3）碳化深度。

用浓度为 1％～2％ 的酚酞酒精溶液滴定在被测灰缝上，不变色的部分表示碳化区，变色的部分表示非碳化区，采用游标卡尺测量非碳化区距灰缝表面的距离，以 mm 表示。

11.1.2   影响因素

1）碳化深度。

砂浆和混凝土一样，由于碳化使得砂浆表面硬度略有增加，从而增大回弹值。碳化值随砂浆的龄期、密实度、强度、品种、砌体所处环境条件等变化而变化。由于砌筑砂浆强度较低，表面硬度较小，密实度较差，因而其碳化速度较快。一般认为，碳酸钙硬度较大，砂浆表面生成碳酸钙后，砂浆回弹值将增大，但砂浆强度不变，所以将影响回弹法检测砂浆强度结果。

山东省建筑科学研究院试验表明，回弹值随碳化深度值的增大而增大，但在碳化深度为 0～10mm 的范围内不明显，当碳化深度由 10mm 增长到 20mm 时，回弹值有明显增大。分析其原因为低强度砂浆水泥含量少，碳化发展快，碳化后表面不能形成结构紧密的碳酸钙，所以，碳化后回弹值没有明显增大。

2）测试面干燥和平整程度。

龄期 28d 的砂浆试件，在表面干燥处理过程中，经（70±5）℃的低热养护，强度有所提高；其表面软化层变硬，因此回弹值也随之提高。经过 282 个试件的试验验证：当砂浆表面干燥（砂浆含水约 4％）后，比未经过处理的潮湿试件（砂浆含水约 10％）的抗压强度平均提高 11％，反映在回弹值上，干燥试件的回弹值比潮湿试件的回弹值高 3～5。

重庆市建筑科学研究院试验表明，在砌体灰缝砂浆龄期不足 28d 或砌体表面潮湿的情况下，不宜采用回弹法检测砌筑砂浆强度。

试验表明，砂浆回弹测试面必须平整，否则测试离散性较大。

3）砂的粗细。

山东省建筑科学研究院试验表明，同样水灰比，特细砂配制的砂浆强度远远低于中砂和粗砂配制的砂浆强度，其曲线反映回弹值离散性很大，相关性较差，粗砂配制砂浆曲线回弹值随强度变化而变化的趋势不明显，粗砂和细砂配制砂浆在强度低于 5MPa 时，其回弹值都高于中砂配制砂浆，细砂配制砂浆强度很低不可取，粗砂配制砂浆使用回弹法测强应制定专用测强曲线。

4）龄期。

山东省建筑科学研究院试验表明，砂浆强度相同时，龄期 14d 砂浆回弹值明显低于 28d 以后的回弹值，试验过程中也发现龄期 14d 时，砂浆墙体及试块还处于潮湿状态，砂浆表面较软，所以回弹值较低。龄期 28d、60d、90d、180d、365d 回归曲线已很接近，说明砂浆龄期 28d 后，龄期对回弹法检测砂浆强度无显著影响。

11.1.3   测强曲线

砂浆回弹测强曲线是以回弹值和相应的砂浆试块强度的关系建立的，通过分析实测数据采用不同的回归方程。回归结果表明，测强曲线选用幂函数的表达式是较好的曲线形式。

通过对相同碳化深度范围的测强曲线进行比较，不同砂浆品种、不同水泥品种、不同粒径砂的回弹测强曲线都可合并使用，合并后的曲线（表 11.1-1）相关指数均大于 0.85。

砂浆回弹测强综合曲线 表 11.1-1

碳化深度/mm	回归方程	n	相关指数
$0 \leqslant L \leqslant 1$	$f_2 = 13.97 \times 10^{-5} R^{3.57}$	648	0.92
$1 < L < 3$	$f_{2ij} = 4.85 \times 10^{-4} R^{3.04}$	194	0.89
$3 \leqslant L$	$f_{2ij} = 6.34 \times 10^{-5} R^{3.60}$	80	0.90

11.2 检测设备

回弹仪按照弹击能量和用途可分为重型、中型和轻型 3 种类型，6 种规格。其中轻型回弹仪可用于砂浆和烧结砖的抗压强度检测，中型和重型（也叫高强回弹仪）用于混凝土抗压强度的检测。回弹仪的分类与代号见表 11.2-1。砂浆回弹仪的主要技术参数见表 11.2-2。

回弹仪的分类与代号 表 11.2-1

分 类	标称能量/J	类型代号
重型	9.800	H980
	5.500	H550
	4.500	H450
中型	2.207	M225
轻型	0.735	L75
	0.196	L20

砂浆回弹仪主要技术参数 表 11.2-2

项 目		指 标
弹击能量/J		0.196
弹击锤质量/g		100±2
钢砧回弹值/R		74±2
弹击拉簧	自由长度/mm	61.5±0.3
	冲击长度/mm	75.0±0.3
	刚度/N/m	69±4
指针滑块摩擦力/N		0.5±0.1
弹击杆端部球面半径/mm		25.0±1.0

11.2.1 砂浆回弹仪的构造

现在应用的砂浆回弹仪主要有指针直读式和数字式回弹仪两种，它们是通过测定和读

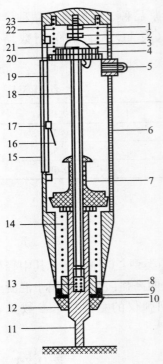

图 11.2-1　砂浆回弹仪构造
1—紧固螺母；2—调零螺钉；3—挂钩；4—挂钩销子；5—按钮；6—机壳；7—弹击锤；8—拉簧座；9—卡环；10—密封毡圈；11—弹击杆；12—盖箱；13—缓冲压簧；14—弹击拉簧；15—刻度尺；16—指针片；17—指针块；18—中心导杆；19—指针轴；20—导向法兰；21—挂钩压簧；22—压簧；23—尾盖

取回弹仪上的回弹值（即位移值），通过对位移值及其他参数的计算和处理来推定被测砌筑砂浆的抗压强度值的。其中以指针直读的直射锤击式回弹仪应用最广，其构造如图 11.2-1 所示。

11.2.2　砂浆回弹仪的率定

钢砧的率定值是回弹仪的主要性能指标，是统一回弹仪标准状态的必要条件。因此，回弹仪每次在使用前和使用后都应进行率定，以便及时发现和解决回弹仪使用中出现的问题。钢砧率定的作用主要是：

（1）检验回弹仪的冲击能量是否等于或接近于 0.196J，此时在钢砧上的率定值应为 74±2，此值作为检定回弹仪的标准之一；

（2）能较灵活地反映出弹击杆、中心导杆和弹击锤的加工精度以及工作时三者是否在同一轴线上。若不符合要求，则率定值低于 72，会影响测试值；

（3）转动呈标准状态回弹仪的弹击杆在中心导杆内的位置，可检验回弹仪本身测试的稳定性。当各个方向在钢砧上的率定值均为 74±2 时，即表示该台回弹仪的测试性能是稳定的；

（4）在回弹仪其他条件符合要求的情况下，用来检验回弹仪经使用后内部零部件有无损坏或出现某些障碍（包括传动部分及冲击面有无污物等），出现上述情况时率定值偏低且稳定性差。

砂浆回弹仪率定试验应在室温为（5～35）℃的条件下进行，环境温度异常时，对回弹仪的性能有影响。率定回弹仪的钢砧的洛氏硬度（HRC）为 60±2，钢砧表面应干燥、清洁并稳固地平放在刚度大的物体上。钢砧如果表面潮湿或者有异物，会在钢砧表面形成隔离层，影响回弹仪的率定值。测定回弹值时，应取连续向下弹击 3 次的稳定回弹值的平均值。率定应分 4 个方向进行，弹击杆每次应旋转 90°，弹击杆每旋转一次的率定平均值应为 74±2。

率定回弹仪的钢砧经常弹击时，其表面的硬度会随着弹击次数的增加而增加，因此，钢砧应每两年送有关单位进行检定或校准，以使钢砧有一个比较稳定的表面硬度。

我国的标准规定，砂浆回弹仪的率定值应在 74±2 范围内，当钢砧率定值达不到要求时，应该对回弹仪进行保养、维护或进行检定。不允许用试块上的回弹值予以修正；更不允许旋转调零螺钉人为地使其达到率定值。试验表明上述方法尽管可以使回弹仪的率定值满足要求，但是这样做不符合回弹仪测试性能，并破坏了零点起跳即使回弹仪处于非标准状态。

11.2.3 砂浆回弹仪的保养和检定

回弹仪的使用环境比较恶劣时，灰尘易进入回弹仪中，影响回弹仪的使用，因此应该按规定进行保养，以保证检测结果的准确性。保养的目的是保证回弹仪处于良好的工作状态，一个合格的检测人员应该熟悉回弹仪的构造，熟练拆卸、装配回弹仪。许多回弹仪测试数据误差较大，其主要原因就是不对回弹仪进行保养，不能使回弹仪处于良好的工作状态。当回弹仪存在下列情况之一时，应进行保养：

（1）回弹仪弹击超过 2000 次；

（2）在钢砧上的率定值不合格；

（3）对检测值有怀疑。

回弹仪应按下列步骤进行保养：

（1）使弹击锤脱钩后取出机芯，然后卸下弹击杆，取出里面的缓冲压簧，并取出弹击锤、弹击拉簧和拉簧座；

（2）清洁机芯各零部件，并重点清理中心导杆、弹击锤和弹击杆的内孔及冲击面。清理后应在中心导杆上薄薄涂抹钟表油，其他零部件均不得抹油；

（3）清理机壳内壁，卸下刻度尺，检查指针，其摩擦力应为（0.5～0.8)N；

（4）数字式回弹仪还应按照厂商提供的维护手册进行维护；

（5）保护时不得旋转尾盖上已定位紧固的调零螺钉，不得自制或更换零部件。保养后应按规定进行率定。

各个回弹仪厂家生产的回弹仪其计量性能有一定的差别，回弹仪在使用一段时间后，其性能也会发生一些变化，各个部件的工作性能也可能改变。因此，回弹仪在开始使用之前和使用一定时间后就要对回弹仪进行计量检定。计量检定的目的就是通过检查和测量回弹仪各个部件的工作状态参数来判断回弹仪是否处于标准状态。通过计量检定合格的回弹仪，其工作状态参数都是基本一致的，这样才能保证所有的回弹仪性能的统一性，才有利于回弹法的推广和应用。

砂浆回弹仪的检定周期是根据回弹仪的使用状况和回弹仪的品质质量，经过长期的实践经验而定的。我国回弹仪检定规程规定，回弹仪具有下列情况之一时，应送计量检定机构进行检定：

（1）新回弹仪启用前；

（2）超过检定有效期限（回弹仪有效期为半年）；

（3）累计弹击次数超过 6000 次；

（4）数字式回弹仪数字显示的回弹值与指针直读示值相差大于 1；

（5）经保养后在钢砧上的率定值不合格；

（6）遭受严重撞击或其他损害。

11.2.4 砂浆回弹仪的常见故障及排除方法

砂浆回弹仪在使用中出现故障时，一般应送检定单位进行修理和检定，未经专门培训的操作人员，不熟悉回弹仪的构造和工作原理，不能擅自拆卸回弹仪，以免损坏零部件。

现将回弹仪常见故障、原因分析和检修方法列于表 11.2-3 中，供操作人员参考。

回弹仪常见故障、原因分析和检修方法 表 11.2-3

故障情况	原因分析	检修方法
回弹仪弹击时，指针块停在起始位置上不动	① 指针块上的指针片相对于指针轴上的张角太小； ② 指针片折断	① 卸下指针块，将指针片的张角适当扳大些； ② 更换指针片
指针块在弹回过程中抖动	① 指针块的指针片的张角略小； ② 指针块与指针轴之间的配合太松； ③ 指针块与刻度尺的局部碰撞摩擦或与固定刻度尺的小螺钉相碰撞摩擦，或与机壳刻度槽局部摩阻太大	① 卸下指针块，适量地把指针片的张角扳大； ② 将指针摩擦力调大一些； ③ 修挫指针块的上平面或截短小螺钉，或修挫刻度槽
指针块在未弹击前就被带上来，无法计数	指针块上的指针张角太大	卸下指针块，将指针片的张角适当扳小
弹击锤过早击发	① 挂钩的钩端已成小钝角； ② 弹击锤的尾端局部破碎	① 更换挂钩； ② 更换弹击锤
不能弹击	① 挂钩弹簧已脱落； ② 挂钩的钩端已折断或已磨成大钝角； ③ 弹击拉簧已拉断	① 装上挂钩弹簧； ② 更换挂钩； ③ 更换弹击拉簧
弹击杆伸不出来，无法使用	按钮不起作用	用手握住尾盖并施加一定压力，慢慢地将尾盖拧开（当心压簧将尾部冲开弹击伤人），使导向法兰往下运动，然后调整好按钮，如果按钮零件缺损，则应更换
弹击杆易脱落	中心导杆端部与弹击杆内孔配合不紧密	取下弹击杆，若中心导杆部为爪瓣则适当扩大，若为簧圈则调整簧圈，如无法调整（装卸弹击杆时切勿丢失缓冲压簧）则更换中心导杆
回弹仪率定值偏低	① 弹击锤与弹击杆的冲击平面有污物； ② 弹击锤与中心导杆间有污物，摩擦力增大； ③ 弹击锤与弹击杆间的冲击面接触不均匀； ④ 中心导杆端部分爪瓣折断； ⑤ 机芯损坏	① 用汽油擦洗冲击面； ② 用汽油擦洗弹击锤内孔及中心导杆，并薄薄地抹上一层 20 号机油； ③ 更换弹击杆； ④ 更换中心导杆； ⑤ 回弹仪报废

11.3　检测步骤

11.3.1　检测准备工作

在进行检测前，先将被测灰缝外的粉刷层、勾缝砂浆、污物等清除干净，并对被测灰缝进行仔细打磨，打磨深度根据具体情况而定，规范要求为 5～10mm，笔者建议磨掉整个碳化层的砂浆为宜。

11.3.2 回弹测试

在打磨好的每个测位灰缝上均匀布置 12 个弹击点，弹击点应避开砖的边缘、灰缝中的气孔或松动的砂浆。相邻两弹击点的间距不应小于 20mm。在每个弹击点上，使用回弹仪连续弹击 3 次，第 1、2 次不读数，仅记读第 3 次的回弹值，回弹值读数应估读至 1。测试过程中，回弹仪应始终处于水平状态，其轴线应垂直于砂浆表面，且不得移位。

11.3.3 碳化深度测试

在每一测位内，选择 3 处灰缝，使用工具在测区表面打凿出直径约 10mm 的孔洞，其深度应大于砌筑砂浆的碳化深度，清除孔洞中的粉末和碎屑，且不得用水擦洗，然后将浓度为 1%～2% 的酚酞酒精溶液滴在孔洞内壁边缘处，当已碳化与未碳化界限清晰时，采用碳化深度测定仪或游标卡尺测量已碳化与未碳化砂浆交界面到灰缝表面的垂直距离。

11.4 检测基本计算及应用示例

11.4.1 基本计算

从每个测位的 12 个回弹值中，分别剔除最大值、最小值，将余下的 10 个回弹值计算算术平均值（R），精确至 0.1。取该测位各次碳化深度测量值的算术平均值（d），精确至 0.5mm。分别按下列公式计算每个测位的砂浆强度换算值：

$d \leqslant 1.0$mm 时：

$$f_{2ij} = 13.97 \times 10^{-5} R^{3.57} \tag{11.4-1}$$

1.0mm$ < d < 3.0$mm 时：

$$f_{2ij} = 4.85 \times 10^{-4} R^{3.04} \tag{11.4-2}$$

$d \geqslant 3.0$mm 时：

$$f_{2ij} = 6.34 \times 10^{-5} R^{3.60} \tag{11.4-3}$$

式中：f_{2ij}——第 i 个测区第 j 个测位的砂浆强度值（MPa）；

d——第 i 个测区第 j 个测位的平均碳化深度（mm）；

R——第 i 个测区第 j 个测位的平均回弹值。

计算每个测位的砂浆强度换算值 f_{2ij} 后，再按下式计算测区的砂浆抗压强度平均值：

$$f_{2i} = \frac{1}{n_1} \sum_{j=1}^{n_1} f_{2ij} \tag{11.4-4}$$

11.4.2 应用示例

【例 1】某六层砖混住宅房屋，底层墙体设计砌筑砂浆强度等级为 M7.5，因部分试块遗失，现采用砂浆回弹法检测砌筑砂浆抗压强度。本例仅列出其中一个测区的检测及计算结果。

（1）测试：按要求布置 5 个测位，对该房屋底层⑧/⑧～⑩轴墙体砌筑砂浆进行回弹，然后测量其碳化深度值。

（2）记录：见表 11.4-1。

（3）计算：

① 计算出每个测位的平均回弹值 R，精确至 0.1。计算结果见表 11.4-2。

② 根据每个测位的平均回弹值 R 和平均碳化深度值 d，由式（11.4-1）～（11.4-3）计算出每个测位的砂浆强度换算值 f_{2ij}。计算结果见表 11.4-2。

③ 由式（11.4-4）计算该测区的砂浆强度平均值 f_{2i}。计算结果见表 11.4-2。

④ 该房屋底层⑧/⑧～⑩轴墙体（测区）砌筑砂浆抗压强度平均值为 8.1MPa。

砂浆回弹法检测砌筑砂浆抗压强度原始记录　　　　　　　　　表 11.4-1

构件位置	测位编号	测点回弹值											碳化深度
⑧/⑧～⑩轴底层墙体	1	22	27	28	26	25	26	27	23	27	24	26	32	3.0
	2	28	26	29	25	22	27	26	28	32	27	23	28	3.0
	3	29	24	26	28	27	23	28	26	27	28	27	25	3.0
	4	24	26	25	28	26	29	24	26	24	27	26	26	3.0
	5	28	27	26	29	24	23	26	27	24	26	27	27	3.0

砂浆回弹法检测砌筑砂浆抗压强度计算表　　　　　　　　　表 11.4-2

构件位置	测位编号	碳化深度	回弹最大值	回弹最小值	回弹平均值	测位强度 f_{2ij} /MPa	测区平均值/MPa
⑧/⑧～⑩轴底层墙体	1	3.0	32	22	25.9	7.8	8.1
	2	3.0	32	22	26.7	8.7	
	3	3.0	29	23	26.6	8.5	
	4	3.0	29	24	25.8	7.7	
	5	3.0	29	23	26.2	8.1	

【例 2】 某四层砖混教学楼，该房屋于 2007 年竣工投入使用，设计及竣工资料遗失，拟对该房屋进行安全性鉴定，现采用砂浆回弹法检测该房屋墙体砌筑砂浆抗压强度。

（1）测试：按要求对该房屋墙体采用抽样法检测，随机抽样，按规定在底层和三层分别抽取 6 片墙体作为 6 个测区（本例只列出三层墙体的检测计算结果），按要求布置测位，对该房屋墙体砌筑砂浆进行回弹，然后测量其碳化深度值。

（2）记录：格式同例 1，此处略。各测位平均回弹值 R，平均碳化深度值 d 见表 11.4-3。

（3）计算：步骤同例 1。该房屋三层墙体砌筑砂浆抗压强度平均值 $f_{2,m}=2.4$MPa、最小值 $f_{2,min}=2.2$MPa，根据《砌体工程现场检测技术标准》GB/T 50315-2011 中式 15.0-1 和式 15.0-2 进行计算，该房屋三层墙体砌筑砂浆抗压强度推定值为 2.4MPa。

回弹法检测砌筑砂浆抗压强度计算表   表 11.4-3

构件位置	测位编号	碳化深度	回弹最大值	回弹最小值	回弹平均值	测位强度 f_{2ij} /MPa	测区平均值/MPa
⑨/Ⓖ~Ⓙ 轴三层墙体	1	3.0	26	13	18.3	2.2	2.8
	2	3.0	26	14	18.9	2.5	
	3	3.0	26	13	19.5	2.8	
	4	3.0	26	15	20.8	3.5	
	5	3.0	30	13	19.4	2.7	
⑦/Ⓖ~Ⓙ 轴三层墙体	1	3.0	24	18	20.5	3.3	2.5
	2	3.0	25	17	19.4	2.7	
	3	3.0	24	16	18.5	2.3	
	4	3.0	19	17	18.0	2.1	
	5	3.0	22	17	18.1	2.1	
Ⓙ/①/5~②/5 轴三层墙体	1	3.0	24	16	18.2	2.2	2.3
	2	3.0	22	16	18.4	2.3	
	3	3.0	22	16	17.9	2.1	
	4	3.0	22	18	18.2	2.2	
	5	3.0	24	17	19.3	2.7	
⑤/Ⓖ~Ⓙ 轴三层墙体	1	3.0	24	15	19.0	2.5	2.5
	2	3.0	20	16	19.2	2.6	
	3	3.0	23	16	19.3	2.7	
	4	3.0	26	15	18.3	2.2	
	5	3.0	21	16	18.5	2.3	
②/Ⓗ~Ⓙ 轴三层墙体	1	3.0	26	16	19.6	2.8	2.4
	2	3.0	24	15	18.3	2.2	
	3	3.0	25	14	18.1	2.1	
	4	3.0	24	14	18.5	2.3	
	5	3.0	25	15	19.3	2.7	
Ⓗ/①~② 轴三层墙体	1	3.0	22	16	17.9	2.1	2.2
	2	3.0	21	15	18.0	2.1	
	3	3.0	25	15	18.2	2.2	
	4	3.0	23	12	18.8	2.4	
	5	3.0	24	15	18.6	2.4	

本章参考文献:

[1] 《砌体工程现场检测技术标准》GB/T 50315-2011 [S]. 北京: 中国建筑工业出版社, 2011.

[2] 崔士起, 孔旭文, 王金山. 回弹法检测砌筑砂浆强度试验研究.

[3] 林文修, 颜丙山, 李建茹, 王德智. 砌体砂浆原位检测方法对比试验研究报告.

[4] 李素兰, 杨晓梅. 砖砌体中砂浆回弹测强技术研究.

[5] 文恒武. 回弹法检测混凝土抗压强度应用技术手册 [M]. 北京: 中国建筑工业出版社, 2011.

第 12 章   点荷法

12.1   基本原理

常规的砌筑砂浆抗压强度检验方法为立方体抗压试验，即制备尺寸为 70.7mm×70.7mm×70.7mm 的立方体试件进行面荷载抗压试验。砌体工程中砌筑砂浆层的厚度较小，一般只有 10～12mm，用常规的抗压强度试验方法无法测试砂浆层的强度。

点荷法是指利用点式荷载测试材料抗压强度的方法的简称。点荷法最早用于地质部门，作为估算岩石强度的手段。国外曾用其测定混凝土芯样试件的强度。实际上点荷强度测试方法还可以用于测定玻璃、陶瓷、建筑用砖等脆性非金属材料的强度。

点荷法检测砌筑砂浆强度是从砌体工程中取出砂浆试件后，对试件施加集中的点式荷载，代替常规抗压强度测试使用的面荷载。试验时测取试件所能承受的最大的荷载值，根据点荷载与标准强度之间的关系建立计算公式，计算出试件的标准抗压强度。点荷法检测砌筑砂浆强度是一种间接的砂浆抗压强度测试方法。

点荷法检测砌筑砂浆强度原理图如图 12.1-1 所示。

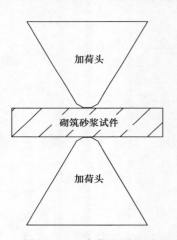

图 12.1-1   点荷法原理图

与常规的抗压强度测试方法相比，点荷强度测试方法具有试件小、对试件受荷面平整度要求不高等明显的优点。此外还有荷载值小、测试工作简单等特点。

1988 年，中国建筑科学研究院的《砌筑砂浆强度点荷测试方法试验研究》研究报告完成。2000 年，点荷法以其测试结果准确、测试方法简便而被纳入国家标准《砌体工程现场检测技术标准》GB 50315-2000。

随着 SQD-Ⅰ型砂浆点荷仪和 SQD-Ⅱ型砂浆点荷仪等点荷仪器相继研制成功，砌筑砂浆强度点荷法在砌筑工程质量评定、既有砌体结构可靠性鉴定与抗震鉴定技术工作中得到更为广泛的应用。

12.2   检测设备

根据点荷法的测试原理，点荷仪由加载系统、荷载测试系统组成。目前市场上砂浆点荷仪主要有 4 种产品，实物照片如图 12.2-1～图 12.2-3 所示。

图 12.2-1　SQD-Ⅰ型砂浆点荷仪

图 12.2-2　SQD-Ⅱ型砂浆点荷仪

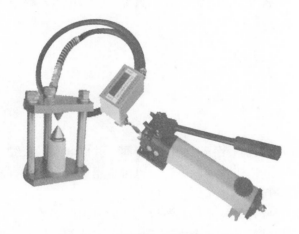

图 12.2-3　SFDH-2 型砂浆点荷仪

12.2.1　加载系统

加载系统一般由加荷头与仪器构架组成。

制作加荷头的关键是确保其加荷头端部截球体为 $R=$ 5mm。加荷头与一般试验机上的布式硬度测头一致。

为保证上述要求及截球体稳定，加荷头选定为一组内角为 60°的圆锥体、锥底直径为 40mm、锥体高度为 30mm、锥体的头部为半径为 5mm 的钢质加荷头。加荷头尺寸及外形如图 12.2-4、图 12.2-5 所示。

仪器构架应保证上、下加载头保持轴线一致，还应保证仪器的稳定与加载的顺利进行。

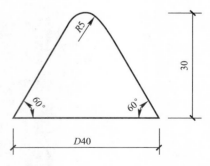

图 12.2-4　加荷头尺寸示意图

12.2.2　荷载测试系统

荷载测试系统一般由压力传感器和荷载表组成。

图 12.2-5　一组加荷头实物照片

由于试件的点荷值较低，为保证测试精度，应选用读数精度较高的小吨位压力传感器或试验机。

为便于记录砂浆试件破坏荷载，荷载显示系统一般选用具有峰值保持功能的荷载表或荷载盘。

12.3　检测步骤

12.3.1　取样

取样位置可与现场检测砌筑用砖时的位置相同，并应取水平灰缝。从被测砌体中取出点荷试验的砂浆片，可采用手工凿取的方法，也可采用机械取样的方法，即取芯法。取芯法适用于砂浆强度较高的砖砌体。

采用凿取法时，用锤和钢钎将砖小心凿碎，然后取出砂浆片。

采用钻芯法时，用取芯机钻出一个含有砖块和砂浆片的砌体芯样，然后将砂浆片两侧的砖块清除后即可得到砂浆片。为保证砂浆片具有足够的尺寸，钻芯时最好选用内径不小于直径 50mm 的空心薄壁钻头。取样时钻头可不通冷却水。砖砌体中芯样及剥离出的砂浆试样如图 12.3-1 所示。

图 12.3-1　砖砌体中芯样及剥离出的砂浆试样

砂浆试件过厚或过薄，都将增大测试值的离散性，最大厚度波动范围不应超过 5～20mm，最好为 10～15mm。现行国家标准《砌体结构工程施工及验收规范》GB 50203 规定灰缝厚度为 10±2mm，所以选取适宜厚度的砂浆试件并不困难。

12.3.2 点荷试验

为了保证测试工作的顺利进行和测试结果的准确性，点荷试验时一般按下列步骤进行操作：

（1）开启仪器，并保证仪器为正常状态。

（2）将砂浆试件的预选受力点放于上、下加载头之间，预估荷载作用半径 15～25mm，以匀速加载方式对砂浆试件施加点式荷载。

试验过程中，砂浆试件保持水平。否则，将增大测试误差。

（3）砂浆试件破坏后，记录荷载峰值，即实际破坏荷载值 N_{ij}。

（4）将破坏后的砂浆试件拼成原样，用卡尺或百分表测量试样厚度 t_{ij} 和点荷作用中心到试样破坏边缘的最短距离，即作用半径 r_{ij}。

一个试样破坏后，可能分成几个小块，应将试件拼合成原样，以荷载作用点的中心为起点，量测最小破坏线直线的长度，即作用半径。

（5）进行下一个试件的点荷测试工作。完成全部试验工作后关闭仪器。

12.4 检测基本计算及应用示例

12.4.1 检测基本计算

根据试验统计，砌筑砂浆强度与砂浆试件厚度、作用半径及点荷值存在相关关系，见以下公式：

$$f_{2ij} = (33.3\xi_{5ij}\xi_{6ij}N_{ij} - 1.1)^{1.09} \tag{12.4-1}$$

$$\xi_{5ij} = 1/(0.05r_{ij} + 1) \tag{12.4-2}$$

$$\xi_{6ij} = 1/[0.03t_{ij}(0.1t_{ij} + 1) + 0.4] \tag{12.4-3}$$

式中：N_{ij}——点荷值（kN）；

ξ_{5ij}——荷载作用半径修正系数；

ξ_{6ij}——试件厚度修正系数；

r_{ij}——荷载作用半径（mm）；

t_{ij}——试件厚度（mm）。

12.4.2 应用示例

某砌体结构办公楼，施工时间为 2003 年，建筑面积为 2833m²。检测时已投入使用 5 年。该办公楼在使用过程中，部分承重构件出现裂缝，已进行过鉴定加固。加固后部分承重构件又出现裂缝。为了给该楼结构安全性鉴定提供依据，采用点荷法对墙体砌筑砂浆抗压强度进行抽样检验。

砌筑砂浆设计强度为 M7.5。抽取 6 面墙体，每面墙体 5～6 个测点，检测数据与结果见表12.4-1。

墙体砌筑砂浆强度点荷法检测结果　　　　　　　　　表 12.4-1

测　区	测　点	试样厚度/mm	破坏半径/mm	破坏荷载/N	抗压强度/MPa	测区平均抗压强度/MPa
墙体 1	1	17.3	15.2	430	3.77	2.86
	2	16.3	25.1	508	3.73	
	3	15.5	27.0	340	2.06	
	4	16.4	16.7	275	1.94	
	5	14.9	15.8	273	2.42	
	6	15.5	15.5	340	3.22	
墙体 2	1	15.1	16.7	420	4.36	4.70
	2	15.3	17.0	390	3.79	
	3	14.8	11.0	138	0.86	
	4	14.2	7.6	270	3.86	
	5	14.0	13.1	505	7.20	
	6	14.6	17.0	650	8.10	
墙体 3	1	13.8	16.0	248	2.37	3.37
	2	13.6	27.4	525	4.92	
	3	14.0	17.0	518	6.43	
	4	12.9	13.6	163	1.45	
	5	14.5	18.9	493	5.34	
	6	12.9	10.5	243	3.33	
墙体 4	1	14.1	14.2	205	1.80	1.57
	2	14.1	12.6	158	1.18	
	3	12.4	13.9	198	2.18	
	4	18.1	18.2	285	1.53	
	5	18.7	13.2	223	1.13	
墙体 5	1	14.4	23.4	340	2.70	1.46
	2	13.9	17.3	215	1.72	
	3	21.1	14.6	253	0.95	
	4	16.2	25.6	218	0.78	
	5	18.7	13.2	223	1.13	
墙体 6	1	12.6	13.2	0.385	5.85	4.66
	2	12.3	14.5	0.390	5.85	
	3	12.3	11.0	0.335	5.51	
	4	12.7	19.8	0.260	2.53	
	5	12.6	16.9	0.300	3.57	

　　检测结果表明，所测墙体砂浆强度离散性较大，且抽检的墙体砌筑砂浆强度均不满足设计强度 M7.5 的要求。根据检测结果对房屋结构进行安全鉴定，并提出对可靠指标偏低的墙体应进行加固处理的意见。

本章参考文献：

[1] 邸小坛，周燕. 砌筑砂浆强度点荷测试法试验研究，中国建筑科学研究院结构研究所研究报告，1988.

[2] 邸小坛，周燕，陶里，王安坤. 应用砌筑砂浆强度点荷测试仪测试砂浆强度的研究，中国建筑科学研究院结构研究所研究报告，1997.

[3] 邸小坛，周燕，陶里，王安坤. SQD-1 型砂浆强度点荷仪的研制与应用 [J]. 施工技术 1999 (10).

[4] 《砌体工程现场检测技术标准》GB/T 50315-2011 [S]. 北京：中国建筑工业出版社，2011.

[5] 《砌体结构工程施工及验收规范》GB 50203-2011 [S]. 北京：中国建筑工业出版社，2004.

[6] 《建筑砂浆基本性能试验方法》JGJ/T 70-2009 [S]. 北京：中国建筑工业出版社，2009.

第13章 烧结砖回弹法

回弹法是一种非破损检测方法，也是现场检测混凝土及砌体中砖和砂浆抗压强度最常见的方法，即利用回弹仪检测混凝土及砌体中材料的表面硬度，根据回弹值与抗压强度的相关关系推定混凝土及砌体中材料的抗压强度。

回弹法具有非破损性、检测面广和测试简便迅速等优点，是一种较理想的砌体工程现场检测方法。自从1948年瑞士人施密特（E. Schmidt）发明回弹仪以来，回弹法在土木工程无损检测技术中的应用已经有60多年的历史。尽管至今，各种无损检测技术层出不穷，但是回弹法在混凝土及砌体工程质量控制与评定方面仍然发挥着重要作用。

20世纪50年代，我国引进了回弹法。1968年，我国研究人员开始研究利用回弹仪检测烧结普通砖强度。1987年，陕西省建筑科学研究院等单位进一步研究了小型回弹仪的性能，制定了专业标准《回弹仪评定烧结普通砖标号的方法》ZBQ 15002-89。近十年来，相继发布了多部地方及国家标准[1]~[6]，但在实际工程应用中，存在下列问题：

（1）国标《建筑结构检测技术标准》GB/T 50344-2004附录F中给出的烧结普通砖的回弹测强公式，用于各地区的砖回弹检测中误差偏大。另外，该标准规定"宜配合取样检验的验证"，这又限制了它的推广应用。

（2）在实际工程的现场检测中，以砌体中砖的回弹值套用于行业标准《回弹仪评定烧结普通砖强度等级的方法》JC/T 796-1999[2]中，这一错误必须予以纠正。

（3）多孔砖砌体在我国墙体中应用广泛，但多孔砖砌体中砖抗压强度的回弹法检测尚无相应的标准。

基于上述原因，有必要在全国范围内对烧结普通砖和烧结多孔砖的回弹法作出统一规定。

为建立全国适用的回弹法和扩大回弹法的适用范围，湖南大学进行了回弹法检测砌体中烧结普通砖和烧结多孔砖抗压强度的验证性试验。通过对比研究现行标准及回归分析，提出了回弹法检测砌体中烧结普通砖和烧结多孔砖抗压强度的统一公式，为修订《砌体工程现场检测技术标准》GB/T 50315-2000提供了依据。

13.1 基本原理

13.1.1 回弹法原理

回弹法是用一弹簧驱动的重锤，通过弹击砖表面，并测出重锤被反弹回来的距离，以回弹值（反弹距离与弹簧初始长度之比）作为与强度相关的指标，来推定砖强度的一种方法，其工作原理如图13.1-1所示。由于测量在试件表面进行，所以回弹法属于表面硬度法的一种。用回弹法测定烧结普通砖抗压强度，主要是根据小型回弹仪对砖表面硬度测得的回弹值，与直接抗压强度的相关性建立关系式，来间接确定砖的抗压强度，并借以推定其强度等级。

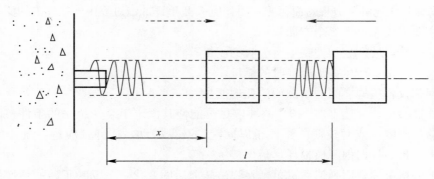

图 13.1-1　回弹法原理示意图

当重锤被水平拉到冲击前的起始状态时，重锤的重力势能不变，此时重锤所具有的冲击能量仅为弹簧的弹性势能：

$$e = \frac{1}{2}E_s l^2 \tag{13.1-1}$$

式中：E_s——弹击拉簧的刚度系数；

　　　l——弹击拉簧的起始拉伸长度，即弹击锤的冲击长度。

砖受冲击后产生瞬时弹性变形，其恢复力使弹击锤弹回，当弹击锤被弹回到 x 位置所具有的势能 e_x 为：

$$e_x = \frac{1}{2}E_x x^2 \tag{13.1-2}$$

式中：x——弹击锤反弹位置或弹击锤弹回时弹簧的拉伸长度。

所以弹击锤在弹击过程中所消耗的能量，即是被检测的砖所吸收的能量 Δe：

$$\Delta e = e - e_x \tag{13.1-3}$$

将式（13.1-1）和式（13.1-2）代入式（13.1-3）得：

$$\Delta e = \frac{1}{2}E_s l^2 - \frac{1}{2}E_x x^2 = e\left[1 - \left(\frac{x}{l}\right)^2\right] \tag{13.1-4}$$

令

$$R = \frac{x}{l} \tag{13.1-5}$$

在回弹仪中，l 为定值，所以 R 与 x 成正比，称为回弹值。将式（13.1-5）代入式（13.1-4）得：

$$\Delta e = e(1 - R^2) \tag{13.1-6}$$

则

$$R^2 = \frac{e - \Delta e}{e} \tag{13.1-7}$$

即

$$R = \sqrt{1 - \frac{\Delta e}{e}} = \sqrt{\frac{e_x}{e}} \tag{13.1-8}$$

119

由上式可知，回弹值是弹击锤弹击砖表面时输出的剩余能量与输入的冲击能量的比值的反映，它与输入的冲击能量本身并没有直接的关系。回弹值 R 等于重锤冲击砖表面后与原有输入的冲击能量之比的平方根，简言之，回弹值 R 是重锤冲击过程中能量损失的反映。

能量主要损失在以下 3 个方面：

（1）砖受冲击后产生塑性变形所吸收的能量；

（2）砖受冲击后产生振动所吸收的能量；

（3）回弹仪各机构之间的摩擦所消耗的能量。

在具体试验中，上述（2）（3）两项应尽可能使其固定于某一统一的条件，例如，试件应有足够的厚度，或对较薄的试件予以固定，减少振动，回弹仪应进行统一的计量率定，使冲击能量与仪器内摩擦损耗尽量保持统一等。

由以上分析可知，回弹值通过重锤在弹击砖前后的变化，既反映了砖的弹性性能，也反映了砖的塑性性能。联系式（13.1-1）思考可得，回弹值 R 反映了 E_s 和 l 两项，当然也与强度有着必然的联系。但是由于影响因素较多，回弹值 R 与 E_s 和 l 的理论关系尚难推导。因此，目前均采用试验方法，建立砖抗压强度与回弹值 R 的一元回归公式。

回弹仪所测得的回弹值只代表砖表层的质量，所以使用回弹法测砖强度时，必须要求砖的表面质量和内部质量一致，对于表面已风化或遭受冻害、化学侵蚀的砖，不得采用回弹法检测砖强度。

13.1.2　烧结普通砖回弹测强公式研究

1）统一强度换算公式。

根据湖南大学在实际工程回弹检测中的测试结果，选取范围在 30～48 之间的 37 个回弹值（等差为 0.5），分别按照四川省[1]、安徽省[3]、福建省[6]的地方标准及国家标准[4]等 4 部标准中给出的回弹测强公式计算得到相应的换算抗压强度值。将得到的 148（37×4）组回弹值-抗压强度数据描绘成散点图。采用抛物线函数式，按最小二乘法对回弹值-抗压强度数据进行回归[7]，回归公式为：

$$f_{1i} = 0.0136R^2 - 0.0655R - 7.19 \qquad (13.1-9)$$

其相关系数为 0.96，拟合的标准偏差为 1.449（图 13.1-2）。

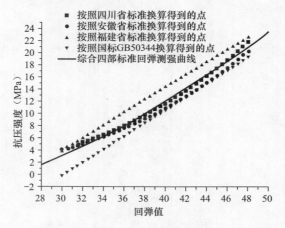

图 13.1-2　对 148 组数据进行抛物线拟合

2）换算公式的验证及修正。

在与砌筑用烧结普通砖同一批次（总量为 10000 块）的砖中随机抽取 50 块砖，按照标准试验方法进行强度试验，得到 50 块砖的实测抗压强度平均值。将验证性实验中测得的砖回弹平均值按式（13.1.9）计算得到换算抗压强度平均值，将其与砖的实测抗压强度平均值对比。验证结果见表 13.1-1 所示。

回弹测强公式的验证　　　　　　　　　　　　　　表 13.1-1

回弹测强公式	换算强度平均值/MPa	实测抗压强度平均值/MPa	相对误差/（%）
对 148 组数据进行回归：$f_{1i}=0.0136R^2-0.0655R-7.19$	16.44	20.45	19.57
对 111 组数据进行回归：$f_{1i}=0.02R^2-0.45R+1.25$	16.96	20.45	17.04

由表 13.1-1 及图 13.1-2 可以看出，综合了 4 个强度换算公式的拟合强度换算公式与本标准编制组统一组织的验证性试验相比，其相对误差为 19.57%。表明综合了 4 部标准的回弹测强公式计算得到的换算抗压强度值偏低，虽然这将使推定结果偏于安全，但是其可靠性尚未满足制定统一测强公式的精度要求。此外，按照国标 GB/T 50344-2004 中给出的线性函数式换算得到的强度值较按照其他 3 种标准换算得到强度值明显偏低，当回弹值低于 30 时，换算得到的抗压强度值出现负值，显然，按照 GB/T 50344-2004 换算得到的"回弹值-抗压强度"数据散点与实际情况不符。因此，将按照 GB/T 50344-2004 描绘成的"回弹值-抗压强度"数据散点剔除，对其余 111 组数据同样采用抛物线函数式按照最小二乘法进行回归（图 13.1-3），回归公式为：

$$f_{1i} = 0.02R^2 - 0.45R + 1.25 \qquad (13.1-10)$$

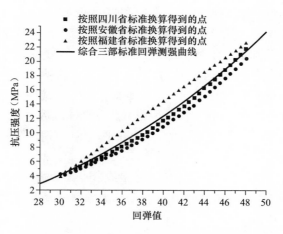

图 13.1-3　对 111 组数据进行抛物线拟合

其相关系数为 0.97，平均相对误差为 8.5%，拟合的标准偏差为 1.195。将验证性试验中测得的砖回弹平均值按照式（13.1-10）计算得到换算抗压强度平均值，将其与砖的实测抗压强度平均值对比。验证结果见表 13.1-1，其相对误差为 17.04%。

13.1.3 烧结多孔砖回弹测强公式研究

1) 试验方法。

建立砌体中普通砖和多孔砖回弹测强曲线的试验方法主要有两种。一种方法是在已砌筑好的砖墙上或者标准砌体试件上进行回弹测试，然后将砖从墙体中取出，去除砂浆后按照标准试验方法进行抗压强度试验（以下简称方法一）。河南省建筑科学研究院即采用该方法。另一种方法是先将单块砖按照标准试验方法加工、养护成抗压强度试件，将其置于压力机加压板中，加载至一定竖向荷载后恒载，然后进行回弹测试，最后加压至破坏，得到砖的抗压强度（以下简称方法二）。

为修订国标 GB/T 50315-2000，增加烧结多孔砖回弹法，湖南大学于 2010 年 3 月～2010 年 12 月开展了回弹法检测砌体中烧结多孔砖抗压强度的试验研究。首先，通过 6 组标准砌体试件中多孔砖的回弹对比试验，对多孔砖在不同约束条件和竖向压力下回弹值的影响因素进行了研究。然后按照上述两种不同的试验方法，分别对砌筑在标准砌体试件中的 68 块多孔砖和 141 块多孔砖抗压强度试件进行了回弹检测和抗压强度试验，并对 68 组和 141 组多孔砖回弹值-抗压强度数据进行对比研究和回归分析，提出了回弹法检测砌体中烧结多孔砖抗压强度的统一公式，为修订《砌体工程现场检测技术标准》提供了依据。

2) 回弹值的影响因素。

在现场检测条件下，既有砌体中砖的约束条件及受力状态，与标准砌体试件中砖（如方法一）和压力机竖向压力下砖（如方法二）的约束条件、受力状态互不相同。有必要通过试验探讨其约束条件及受力状态差异对多孔砖回弹值的影响。

（1）竖向压力的影响。

① 试验概况。

采用强度等级为 MU10 的烧结黏土多孔砖和强度等级为 M7.5 的水泥混合砂浆，砌筑 3 个尺寸为 240mm×370mm×720mm 的标准砌体试件。砌筑完成并养护一个月后，进行试验。将试件置于压力机平台上，利用压力机对试件分级加载，压力值直接从表盘中读取。为模拟实际砌体结构房屋不同楼层的墙体中砖所受的不同竖向压力，将荷载分为 7 级，从压力为零开始加荷，荷载每增加一级，近似代表多孔砖所处的楼层。每加一级荷载后，静置约 10min 后进行回弹试验。每级荷载下选取砌体试件中的 5 块砖进行回弹，每块砖弹击 5 个测点，对每级荷载下的 25 个回弹值取平均值。

② 试验结果及分析。

将试验得到的竖向压力-回弹平均值数据描绘成散点图，如图 13.1-4 所示。

由图 13.1-4 可知，竖向压力-回弹值散点连线大致呈一条水平线，表明竖向压力对回弹值的影响不明显。

（2）约束条件对回弹值的影响。

为研究两种试验方法中砖约束条件的差异对回弹值的影响，在按照方法一进行试验时，从抗压强度试件中抽取 12 块多孔砖试件，将其按照方法二，置于压力机下，恒载至 25kN，然后进行回弹测试。这 12 块多孔砖在两种不同约束条件下的回弹值如图 13.1-5 所示。

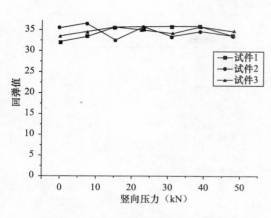

图 13.1-4　竖向压力对回弹值的影响

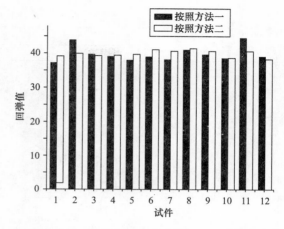

图 13.1-5　两种方法下约束条件差异对回弹值的影响

由图 13.1-5 可知，两种试验方法下，虽然约束条件不同，但大部分试件在两种试验方法下回弹值之差为－0.4～2。因此可以认为试验方法对回弹值没有影响。

3）回弹测强曲线的建立。

试验完成后，按照方法一和方法二分别得到 68 组和 141 组共 209 组回弹值-抗压强度数据，并将其分别以回弹值相近（回弹值极差不大于 0.5）的 2～26 块砖为一组，得到 23 组多孔砖试件回弹平均值与抗压强度平均值。

分别采用指数函数式、幂函数式、抛物线函数式和直线式，按最小二乘法对 23 组回弹平均值-抗压强度平均值数据进行回归分析，拟合结果见表 13.1-2。

23 组回弹平均值-抗压强度数据拟合结果 表 13.1-2

函数形式	表达式	相关系数	平均相对误差/(%)	平均相对标准差/(%)
指数函数式	$f_{1i} = 1.57\mathrm{e}^{0.05973R}$	0.72	13.6	18.7
幂函数式	$f_{1i} = 0.00307R^{2.343}$	0.71	13.2	17.2
抛物线函数式	$f_{1i} = 0.02665R^2 - 1.102R + 18.66$	0.71	14.1	19.8
直线式	$f_{1i} = 0.7058R - 10.15$	0.69	12.5	16.5

从表 13.1-2 可以看出，直线式测强公式和幂函数式测强公式的平均相对误差和平均相对标准差较小，但是直线式测强公式在中、高强度区间不能较好地反映回弹值与抗压强度的相关关系，幂函数式测强公式低强度区和高强度区能较好地反映回弹值与抗压强度的相关关系。因此采用幂函数式作为多孔砖的回弹测强公式（图 13.1-6）[7]、[8]：

$$f_{1i} = 0.00307R^{2.343} \tag{13.1-11}$$

4）统一的回弹测强曲线。

对本试验得到的 23 组数据、河南省建筑科学研究院通过试验得到的 10 组数据[9] 共 33 组回弹值-抗压强度数据进行总体回归分析，得到以幂函数式表达的统一的回弹测强公式（图 13.1-6）为：

$$f_{1i} = 0.0017R^{2.48} \tag{13.1-12}$$

其相关系数、相对误差见表 13.1-3。

33 组回弹值-抗压强度数据拟合结果   表 13.1-3

表达式	相关系数	相对误差/%
$f_{1i} = 0.0017R^{2.48}$	0.70	18.7

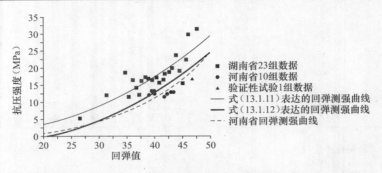

图 13.1-6 多孔砖回弹测强曲线

将本标准编制组统一组织的验证性试验得到的多孔砖回弹平均值按照式（13.1-12）计算，并与验证性试验中实测的抗压强度平均值进行比较（表 13.1-4），其相对误差为 20.5%，满足精度要求。

按式（13.1-12）计算的验证性试验结果   表 13.1-4

表达式	换算抗压强度值/MPa	实测抗压强度平均值/MPa	相对误差/%
$f_{1i} = 0.0017R^{2.48}$	20.18	16.74	20.5

13.2 检测设备

烧结砖回弹法的测试设备宜采用示值系统为指针直读式的砖回弹仪（图 13.2-1）。砖回弹仪的主要技术性能指标应符合表 13.2-1 的要求。

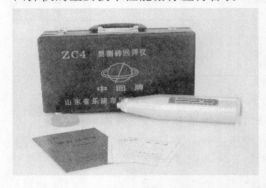

图 13.2-1 砖回弹仪

砖回弹仪的检定和保养应按国家现行有关回弹仪的检定标准执行，回弹仪在每次回弹测试前后，均要求在钢砧上进行率定试验。当回弹仪有下列情况之一时，应送专业检定单位检定：

（1）新回弹仪启用前；

（2）超过检定有效期限（有效期为一年）；

（3）累计弹击超过 6000 次；

（4）经常规保养后钢砧率定值不合格；

（5）遭受严重撞击或其他损害。

砖回弹仪的主要技术性能指标   表 13.2-1

项 目	指 标
标称动能/J	0.735
指针摩擦力/N	0.5±0.1
弹击杆端部球面半径/mm	25±1.0
钢砧上的率定值/R	74±2

13.3 检测步骤

应用回弹法检测烧结砖时，在检测之前首先对回弹仪在钢砧上进行率定试验，当符合要求时才可使用。检测步骤如下：

（1）对需检测的整体需根据实际情况划分检测单元，每个检测单元中应随机选择 10 个测区。每个测区的面积不宜小于 1.0m²，在其中随机选择 10 块条面向外的砖作为 10 个测位供回弹测试。选择的砖与砖墙边缘的距离应大于 250mm。

（2）测区中被检测砖应为外观质量合格的完整砖。砖的条面应干燥、清洁、平整，不应有饰面层、粉刷层，必要时可用砂轮清除表面的杂物，磨平测面，用毛刷刷去粉尘。

（3）在每块砖的测面上均匀布置 5 个弹击点，选定弹击点时应避开砖表面的缺陷。相邻两弹击点的间距不应小于 20mm，弹击点离砖边缘不应小于 20mm，每一弹击点只能弹击一次，读数应精确至 1 个刻度。

（4）测试时，回弹仪应处于水平状态，其轴线应垂直于砖的侧面（图 13.3-1）。

图 13.3-1　烧结多孔砖试件的回弹测试

13.4 检测基本计算

根据规范要求对烧结砖现场检测后，需对检测数据进行统计分析，从而对所检测的砖进行强度推定。

1）计算各测位的砖抗压强度换算值：

（1）对于单个测位的回弹值，应取 5 个弹击点回弹值的平均值 R。

（2）第 i 个测区第 j 个测位的砖抗压强度换算值，应按式（13.1-10）、式（13.1-12）计算，即：

① 烧结普通砖：

$$f_{1ij} = 0.02R^2 - 0.45R + 1.25 \qquad (13.4-1)$$

② 烧结多孔砖：

$$f_{1ij} = 0.0017R^{2.48} \qquad (13.4-2)$$

式中：f_{1ij}——第 i 个测区第 j 个测位的砖抗压强度换算值（MPa）；

　　　　R——第 i 个测区第 j 个测位的平均回弹值。

2）计算测区的砖抗压强度平均值，应按下式计算：

$$f_{1i} = \frac{1}{10}\sum_{j=1}^{10} f_{1ij} \qquad (13.4-3)$$

3）计算测区所在的检测单元的砖抗压强度平均值、标准差和变异系数：

每一检测单元的砖抗压强度平均值、标准差和变异系数，应分别按下式计算：

$$f_{1,m} = \frac{1}{10} \sum_{i=1}^{10} f_{1i} \qquad (13.4\text{-}4)$$

$$s = \sqrt{\frac{\sum_{i=1}^{10} (f_{1,m} - f_{1i})^2}{9}} \qquad (13.4\text{-}5)$$

$$\delta = \frac{s}{f_{1,m}} \qquad (13.4\text{-}6)$$

式中：$f_{1,m}$——同一检测单元的砖抗压强度平均值（MPa）；

　　　s——同一检测单元的强度标准差（MPa）；

　　　δ——同一检测单元的砖强度变异系数。

4）每一检测单元的砖抗压强度标准值按下式计算：

$$f_{1,k} = f_{1,m} - 1.8s \qquad (13.4\text{-}7)$$

式中：$f_{1,k}$——每一检测单元的砖抗压强度标准值（MPa）。

13.5　工程实例

【例 1】烧结多孔砖抗压强度检测

株洲某安置小区为砖混结构，其承重墙采用 MU10 烧结多孔砖。因房屋存在墙体、楼面开裂等现象，为详细了解该房屋的施工质量，分析裂缝产生原因，特对该房屋施工质量及安全进行检测分析与评定，其中包括烧结多孔砖强度检测。取该小区某一栋（共 8 层结构层次，由下至上分别为：架空层、一～六层、屋顶隔热层）为例。

根据此栋房屋的具体情况，划分检测单元。由于该房屋共 8 层、3 单元（6 户），根据要求可将每一层划分为一个检测单元，在每一个检测单元中按规范要求选取 10 个面积不小于 $1.0m^2$ 的测区，在其中随机选择 10 块条面向外的砖作为 10 个测位供回弹测试（图 13.5-1）。每个测位弹击 5 个点。将现场获得的数据进行处理，结果见表 13.5-1，表明该栋房屋墙体采用的多孔砖强度等级符合设计要求。

回弹法检测多孔砖抗压强度结果汇总表 表 13.5-1

检测部位	抗压强度平均值 $f_{1,m}$/MPa	抗压强度标准值 $f_{1,k}$/MPa	推定强度等级	设计强度等级	备　注
架空层墙体	12.4	10.1	MU10	MU10	$\delta \leqslant 0.21$
一层墙体	13.3	11.2	MU10	MU10	$\delta \leqslant 0.21$
二层墙体	13.2	11.8	MU10	MU10	$\delta \leqslant 0.21$
三层墙体	13.1	12.1	MU10	MU10	$\delta \leqslant 0.21$
四层墙体	12.6	11.0	MU10	MU10	$\delta \leqslant 0.21$
五层墙体	11.7	10.2	MU10	MU10	$\delta \leqslant 0.21$
六层墙体	12.2	11.8	MU10	MU10	$\delta \leqslant 0.21$
屋顶隔热层墙体	12.4	11.4	MU10	MU10	$\delta \leqslant 0.21$

【例2】 烧结普通砖抗压强度检测

长沙某厂住宅楼为 6 层砖混结构，砖墙砌体采用 MU10 烧结普通砖，因旁边新建房屋基坑开挖，使墙体出现大量裂缝，故对该栋房屋进行检测，其中包括墙体的砌筑砖抗压强度检测。

根据实际情况和规范要求，将每一层划分为一个检测单元，在每一检测单元中布置 10 个测区，每个测区面积不小于 $1.0 m^2$，在其中随机选择 10 块条面向外的砖进行回弹，根据现场检测数据，进行统计分析可得砌筑砖强度见表 13.5-2，表明该栋房屋墙体采用的普通砖强度等级符合设计要求。

图 13.5-1　现场回弹法检测烧结多孔砖抗压强度

回弹法检测普通砖抗压强度结果汇总表　　　　　　　　　　　　表 13.5-2

检测部位	抗压强度平均值 $f_{1,m}$/MPa	抗压强度标准值 $f_{1,k}$/MPa	推定强度等级	设计强度等级	备　注
一层墙体	12.6	10.7	MU10	MU10	$\delta \leqslant 0.21$
二层墙体	11.2	10.5	MU10	MU10	$\delta \leqslant 0.21$
三层墙体	13.1	12.2	MU10	MU10	$\delta \leqslant 0.21$
四层墙体	12.6	11.2	MU10	MU10	$\delta \leqslant 0.21$
五层墙体	13.3	10.9	MU10	MU10	$\delta \leqslant 0.21$
六层墙体	13.2	11.6	MU10	MU10	$\delta \leqslant 0.21$

本章参考文献：

[1] 四川省标准：回弹法评定砌体中烧结普通砖强度等级（标号）技术规程 DBJ 20-8-90. 成都：1990.

[2] 回弹仪评定烧结普通砖强度等级的方法 JC/T 796-1999. 北京：国家建筑材料工业局标准化研究所，1999.

[3] 安徽省标准：回弹法检测砌体中普通粘土砖抗压强度技术规程 DB34/T 234-2002. 合肥：2002.

[4] 《建筑结构检测技术标准》GB/T 50344-2004 [S]. 北京：中国建筑工业出版社，2004.

[5] 上海市工程建设规范：既有建筑物结构检测与评定标准 DG/TJ 08-804-2005. 上海：2005.

[6] 福建省标准：回弹法检测砌体中普通粘土砖抗压强度技术规程 DBJ 13-73-2006. 福建：2006.

[7] 陈大川，施楚贤，陈庭柱. 回弹法检测砌体中块材抗压强度技术研究. 新型砌体结构体系与墙体材料（上册）——工程应用 [M]. 北京：中国建材工业出版社，2010.

[8] Chen Dachuan, Chen Tingzhu, Shi Chuxian. Reseach on the evaluation of strength for bulk in existing masonry structures using rebound method. 2010SREE Conference on architecture and civil engineering, Vol. 2：7-10.

[9] 尹淑琴，王占林，张彩霞，李国堂. 回弹法检测砌体中烧结多孔粘土砖抗压强度技术研究 [J]. 建筑标准化与质量管理，2006 (1).

第 14 章　强度推定

14.1　基本概念

影响结构构件承载能力的主要因素是材料性能、几何参数和计算模型的精确性，它们都是随机变量。结构构件材料性能的不定性，主要是指材质因素以及工艺、加荷、环境、尺寸等因素引起的结构中材料性能的变异性。在工程问题上，材料性能（如强度、弹性模量等）一般是采用标准试件用标准试验方法确定其标准值，产品标准、设计标准、施工验收规范等规定了标准值评定验收界限。

本书现场所测数据的最终计算结果，仅作为对强度的推定，用来验证和检定结构的设计和施工质量，为处理工程质量事故，为既有建筑物普查、各种鉴定以及改造及加固提供技术依据。

要正确地对其强度进行推定，就一定要对结构构件材料性能的不定性有一个较为深入的了解。从 20 世纪 70 年代开始，各本结构设计规范和荷载规范就联合对建筑结构可靠度进行了大规模集中研究。其中包含了对各种结构材料的不定性的大量研究，例如第一阶段就在 10 多个大、中城市，对黏土实心砖和空心砖、炉渣砖、煤灰砖共取得 4252 个子样的抗压强度数据，在 6 个大、中城市，对砂浆强度、饱满度等取得 3013 个数据，又在近 20 个大、中城市取得近 3000 个砌体的各种数据，同样亦取得大批混凝土、钢筋、型钢、木材的材料及构件的各种参数，仅钢材的屈服点就取得超过 10 万个数据，木材清材试件取得超过 5 万个数据。分析研究取得各种材料的分布及其统计参数，极具指导意义的是在这些研究的基础上，在《建筑结构可靠度设计统一标准》GB 50068-2001 中明确规定了"材料强度的概率分布采用正态分布或对数正态分布"，因此在砌体工程现场检测中数据的统计处理和解释，将是以正态样本为基础作出。

对数据进行统计分析，首先回顾一下数据是怎么形成的。检测是为鉴定采集基础数据。对建筑物进行鉴定时，首先应根据被鉴定建筑物的构造特点和承重体系的种类，将该建筑物划分为一个或若干个可以独立进行分析（鉴定）的结构单元。在每一个结构单元，采用如同对新施工建筑的规定，将同一材料品种、同一等级 250m³ 砌体作为一个总体，进行测区和测点的布置，并将此母体称作为"检测单元"，一个结构单元可以划分为一个或数个检测单元，当然，仅仅对单个构件（墙片、柱）或不超过 250m³ 的同一材料、同一等级的砌体进行检测时，亦将此作为一个检测单元。

每一检测单元内，应随机选择 6 个构件（单片墙体、柱），作为 6 个测区。当一个检测单元不足 6 个构件时，应将每个构件作为一个测区。

每一测区应随机布置若干测点。各种检测方法的测点数，应符合下列要求。

（1）原位轴压法、扁顶法、原位单剪法、筒压法：测点数不应少于 1 个。

（2）原位单砖双剪法、推出法、砂浆片剪法、回弹法、点荷法：测点数不应少于5个。

测区和测点的数量，主要依据砌体工程质量的检测需要、检测成本（工作量）、与现有检验与验收标准的衔接、各检测方法以及科研工作的基础，运用数理统计理论，作出统一规定。

本书的各种检测方法，得出的是每个测点的检测强度值 f_{ij} 及每一个测区的强度平均值，并以测区强度平均值作为代表值 f_{ij}（测点数为 1 个时，该值即为测区强度代表值）。

14.2　离群值的判断和处理

离群值即过去大家习惯称呼的异常值，它是样本中的一个或几个观测值，它们离开其他观测值较远，暗示它们可能来自不同的总体。

离群值按产生的原因分为两类：

（1）第一类离群值是总体因有变异性的极端表现，这类离群值与样本中其余观测值属于同一总体。

（2）第二类离群值是由于试验条件和试验方法的偶然偏离所产生的结果，或产生于观测记录、计算的失误，这类离群值与样本中的其余观测值不属于同一总体。

对离群值的判定通常可根据技术上或物理上的理由直接进行，例如，当试验者已经知道砌体所用材料和施工质量可能与其他测点不同、或试验本身偏离了规定的试验方法、或测试仪器、读数记录、计算发生了问题。如果理由不明确时，就应按现行国家标准《数据的统计处理和解释、正态样本离群值的判断和处理》GB 4883 的规定，检出和剔除检验数据歧离值和统计离群值。这里的歧离值是指在检出水平下显著，但在剔除水平下不显著的离群值。统计离群值在剔除水平的统计检验为显著的离群值。

下面结合砌体工程现场检测的特点，对这一过程做一稍为详细的描述。

首先应注意，现场检测很难不伤及构件，因此本书绝大多数方法取样均有限，即样本量均较小。所以首先规定在样本中离群值个数为 1，即单个离群值情形。对于一项具体工程，其某项强度值的总体标准差总是未知的，故应选择未知标准差情形离群值判断规则（限定检出离群值的个数不超过 1 时）。一般在这种情况下国家标准规定可使用格拉布斯（Grnbbs）检验法和狄克逊（Dixon）检验法。当 n 较小时，格拉布斯（Grnbbs）检验法具有判定离群值的功效最优性，因此推荐使用格拉布斯法。

然后分别确定检出水平和剔除水平：检出水平为检出离群值而指定的统计检验的显著性水平，除非另有约定，α 值应为 0.05；剔除水平，为检出离群值是否高度离群而规定的统计检验下的显著性水平，除非另有约定，α 值应为 0.01。

下面举一使用格拉布斯检验法的示例，该例选自"正态样本离群值的判断和处理"（CTB/T 4885-2008）。

格拉布斯（Grubbs）检验法（上侧情形）

（1）计算出统计量 G_n 的值：

$$G_n = (x_{(n)} - \bar{x})/s \tag{14.2-1}$$

$$S = \left[\frac{1}{n-1} \sum_{i=1}^{n} (x_i - \overline{x})^2 \right]^{1/2} \tag{14.2-2}$$

其中 $\overline{x}$ 和 S 是样本均值和样本标准差。

（2）确定检出水平 α，在格拉布斯检验临界值表中查出临界值 $G_{1-\alpha}(n)$。

（3）当 $G_n > G_{1-\alpha}(n)$ 时，判定 $x_{(n)}$ 为离群值，否则判定未发现 $x_{(n)}$ 是离群值。

（4）对于检出的离群值 $x_{(n)}$，确定剔除水平 α'，在格拉布斯检验临界值表中查出临界值 $G_{1-\alpha'}(n)$。当 $G_n > G_{1-\alpha'}(n)$ 时，判定 $x_{(n)}$ 为统计离群值，否则判定未发现 $x_{(n)}$ 是统计离群值（即 $x_{(n)}$ 为歧离值）。

为得到某种砖的抗压强度，共测试 10 个样品，其数据经排列后为（单位：MPa）：4.7，5.4，6.0，6.5，7.3，7.7，8.2，9.0，10.1，14.0。

经验表明这种砖的抗压强度服从正态分布，检查这些数据中是否存在上侧离群值。

本例中，样本量 $n=10$，$\overline{x}=7.89$，$s^2=7.312$，$s=2.704$。计算得：

$$G_{10} = (x_{(10)} - \overline{x})/s = (14 - 7.89)/2.704 = 2.260$$

确定检出水平 $\alpha = 0.05$，在格拉布斯检验临界值表中查出临界值 $G_{0.95}(10) = 2.176$，因 $G_{10} > G_{0.95}(10)$，判定 $x_{(10)} = 14.0$ 为离群值。

对于检出的离群值 $x_{(10)} = 14.0$，确定剔除水平 $\alpha^* = 0.01$，在格拉布斯检验临界值表中查出临界值 $G_{0.99}(10) = 2.410$，因 $G_{10} < G_{0.99}(10)$，故判为未发现 $x_{(10)} = 14.0$ 是统计离群值（即 $x_{(10)}$ 为歧离值）。

有关格拉布斯法其他情形的检验以及狄克逊检验法的检验的详细论述和规定，请参考阅读有关书籍和标准。

14.3　检测单元数据统计

每一检测单元的强度平均值、标准差和变异系数，应分别按下列公式计算：

$$\overline{x} = \frac{1}{n_2} \sum_{i=1}^{n_2} f_i \tag{14.3-1}$$

$$s = \sqrt{\frac{\sum_{i=1}^{n_2} (\overline{x} - f_i)^2}{n_2 - 1}} \tag{14.3-2}$$

$$\delta = \frac{s}{\overline{x}} \tag{14.3-3}$$

式中：$\overline{x}$——同一检测单元的强度平均值（MPa）。当检测砂浆抗压强度时，$\overline{x}$ 即为 $f_{2.m}$；当检测烧结砖抗压强度时，$\overline{x}$ 即为 $f_{1.m}$；当检测砌体抗压强度时，$\overline{x}$ 即为 f_m；当检测砌体抗剪强度时，$\overline{x}$ 即为 $f_{v.m}$；

n_2——同一检测单元的测区数；

f_i——测区的强度代表值（MPa）。当检测砂浆抗压强度时，f_i 即为 f_{2i}；当检测烧结砖抗压强度时，f_i 即为 f_{1i}；当检测砌体抗压强度时，f_i 即为 f_{mi}；当检测砌体抗剪强度时，f_i 即为 f_{vi}；

s——同一检测单元，按 n_2 个测区计算的强度标准差（MPa）；

δ——同一检测单元的强度变异系数。

14.4 砌筑砂浆抗压强度推定

现场检测中，大家最为关心的是砂浆强度值的推定，不论是建筑物施工验收阶段还是使用阶段，砂浆抗压强度值均是至关重要的一个参数。

设计规范将砂浆强度分为若干等级：M15、M10、M7.5、M5 和 M2.5。设计人员设计构件时将根据砌体构件设计强度的需要和块材强度，确定砂浆强度的等级。施工中对砌筑砂浆块强度等级进行验收时，2002 年发布的《砌体工程施工质量验收规范》GB 50203-2002 作出如下的规定。

砌筑砂浆试块强度验收时，其强度合格标准必须符合以下规定：

同一验收批砂浆试块抗压强度平均值必须大于或等于设计强度等级所对应的立方体抗压强度；同一验收批砂浆试块抗压强度的最小一组平均值必须大于或等于设计强度等级所对应的立方体抗压强度的 0.75 倍。

注：① 砌筑砂浆的验收批、同一类型、强度等级的砂浆试块应不少于 3 组。当同一验收批只有一组试块时，该组试块抗压强度的平均值必须大于或等于设计强度等级所对应的立方体抗压强度。

② 砂浆强度应以标准养护、龄期为 28d 的试块抗压试验结果为准。

抽检数量：每一检验批且不超过 250m³ 砌体的各种类型及强度等级的砌筑砂浆，每台搅拌机应至少抽检一次。

检验方法：在砂浆搅拌机出料口随机取样制作砂浆试块（同盘砂浆只应制作一组试块），最后检查试块强度试验报告单。

新发布的《砌体结构工程施工质量验收规范》GB 50203-2011 对 2002 版规范作了修改，规定如下：

砌筑砂浆试块强度验收时，其强度合格标准应符合以下规定：

同一验收批砂浆试块强度平均值应大于或等于设计强度等级所对应的立方体抗压强度的 1.10 倍；同一验收批砂浆试块抗压强度的最小一组平均值应大于或等于设计强度等级所对应的立方体抗压强度的 0.85 倍，即

$$f_{2,m} \geqslant 1.10 f_2 \tag{14.4-1}$$

$$f_{2\min} \geqslant 0.85 f_2 \tag{14.4-2}$$

式中：$f_{2,m}$——同一验收批中砂浆立方体抗压强度各组平均值；

$f_{2\min}$——同一验收批中砂浆立方体抗压强度的最小一组平均值；

f_2——验收批砂浆设计强度等级所对应的立方体抗压强度。

注：① 砌筑砂浆的验收批，同一类型、强度等级的砂浆试块不应少于 3 组。当同一验收批砂浆只有 1 组或 2 组试块时，每组试块抗压强度平均值必须大于或等于 $1.10 f_2$，但对于建筑结构的安全等级为一级的重要房屋，同一验收批砂浆试块的数量不得少于 3 组。

② 砂浆强度应以标准养护、28d 龄期的试块抗压强度为准。

③ 砂浆试块制作时，应对抽取的砂浆同时进行稠度测定，其稠度应与配合比设计一致，两者间的误差不应超过±5mm。

抽检数量：每一检验批且不超过 250m³ 砌体的各类、各强度等级的普通砌筑砂浆，每台搅拌机应至少抽检一次。每验收批各类、各强度等级的预拌砂浆、蒸压加气混凝土专用砂浆试块，不应少于 3 组。

检验方法：在砂浆搅拌机出料口或在湿拌砂浆的储存容器出料口随机取样制作砂浆试块（现场拌制的砂浆，同盘砂浆只应做 1 组试块），最后检查砂浆试块强度试验报告单。

现场检测，在最基本的要求方面既要考虑和施工验收规范的一致，同时又要充分考虑现场的特点，下面将简单论述砌体工程现场检测的基本规定：

（1）每一个结构单元，采用如同对新施工建筑的规定，将同一材料品种，同一等级 250m³ 砌体作为一个总体，进行测区和测点的布置，并将此总体作为"检测单元"。故一个结构单元可划分为一个或数个检测单元，当仅仅对单个构件（墙片、柱）或不超过 250m³ 的同一材料，同一等级的砌体进行检测时，亦将此作为一个检测单元。

（2）各种方法的砌筑砂浆强度的推定值均相当于被测墙体所用块体做底模的同龄期、同条件养护的砂浆试块强度。采用钢底模带来的一系列问题，设计规范和现场检测标准，均还未统一认识，请使用者务必注意。使用同条件养护概念更适合现场特点，且相对偏于安全。

（3）对在建或新建砌体工程，当需推定砌筑砂浆抗压强度值时，可按下列公式计算：

当测区数 n_2 不小于 6 时，应取下列公式中的较小值：

$$f_2' = 0.91 f_{2,m} \qquad (14.4\text{-}3)$$

$$f_2' = 1.18 f_{2,min} \qquad (14.4\text{-}4)$$

式中：f_2'——砌筑砂浆抗压强度推定值（MPa）；

$f_{2,min}$——同一检测单元，测区砂浆抗压强度的最小值（MPa）。

当测区数 n_2 小于 6 时，可按下式计算：

$$f_2' = f_{2,min} \qquad (14.4\text{-}5)$$

当需推定每一检测单元的砌筑砂浆抗压强度等级时，可分别按下列规定进行计算。

当测区数 n_2 不小于 6 时：

$$f_{2,m} \geqslant 1.1 f_2 \qquad (14.4\text{-}6)$$

$$f_{2,min} \geqslant 0.85 f_2 \qquad (14.4\text{-}7)$$

式中：$f_{2,m}$——同一检测单元，按测区统计的砂浆抗压强度平均值（MPa）；

f_2——砂浆推定强度等级所对应的立方体抗压强度值（MPa）；

$f_{2,min}$——同一检测单元，测区砂浆抗压强度的最小值（MPa）。

当测区数 n_2 小于 6 时：

$$f_{2,min} > f_2 \qquad (14.4\text{-}8)$$

一般来讲，还是应该推定每一检测单元的砌筑砂浆抗压强度等级，不宜直接使用砌筑砂浆抗压强度值，当然这最终还是由鉴定人员和使用单位决定。

（4）对既有砌体工程，当需推定砌筑砂浆抗压强度值时，应符合下列要求：

按国家标准《砌体工程施工质量验收规范》GB 50203-2002 及之前的施工验收规范验收的，应按下列公式计算：

当测区数 n_2 不小于 6 时，应取下列公式中的较小值：

$$f_2' = f_{2,m} \qquad (14.4\text{-}9)$$

$$f_2' = 1.33 f_{2,\min} \qquad (14.4\text{-}10)$$

当测区数 n_2 小于 6 时，可按下式计算：

$$f_2' = f_{2,\min} \qquad (14.4\text{-}11)$$

按《砌体结构工程施工质量验收规范》GB 50203-2011 的有关规定修建时，可按新建工程方法的规定推定砌筑砂浆强度值。

（5）砌筑砂浆抗压强度的最终计算或推定结果，应精确至 0.1MPa。当砌筑砂浆强度检测结果小于 2.0MPa 或大于 15MPa 时，不宜给出具体检测值，可仅给出检测值范围 $f_2 < 2.0$MPa 或 $f_2 > 15$MPa。

14.5 烧结砖抗压强度等级推定

对既有砌体工程，当采用回弹法检测烧结砖抗压强度时，每一检测单元的砖抗压强度等级，应符合下列要求：

（1）当变异系数 $\delta \leqslant 0.21$ 时，应按表 14.5-1 和表 14.5-2 中抗压强度平均值 $f_{1,m}$、抗压强度标准值 f_{1k} 推定每一检测单元的砖抗压强度等级。每一检测单元的砖抗压强度标准值，应按下式计算：

$$f_{1k} = f_{1,k} - 1.8s \qquad (14.5\text{-}1)$$

式中：f_{1k}——同一检测单元的砖抗压强度标准值（MPa）。

烧结普通砖抗压强度等级的推定　　　　　　　　　　　　表 14.5-1

平　均	抗压强度推定等级	抗压强度平均值 $f_{1,m}$	变异系数 $\delta \leqslant 0.21$	变异系数 $\delta > 0.21$
			抗压强度标准值 $f_{1k} \geqslant$	抗压强度的最小值 $f_{1,\min} \geqslant$
MU	MU25	25.0	18.0	22.0
	MU20	20.0	14.0	16.0
	MU15	15.0	10.0	12.0
	MU10	10.0	6.5	7.5
	MU7.5	7.5	5.0	5.5

烧结多孔砖抗压强度等级的推定　　　　　　　　　　　　表 14.5-2

平　均	抗压强度推定等级	抗压强度平均值 $f_{1,m}$	变异系数 $\delta \leqslant 0.21$	变异系数 $\delta > 0.21$
			抗压强度标准值 $f_{1k} \geqslant$	抗压强度的最小值 $f_{1,\min} \geqslant$
MU	MU30	30.0	22.0	25.0
	MU25	25.0	18.0	22.0
	MU20	20.0	14.0	16.0
	MU15	15.0	10.0	12.0
	MU10	10.0	6.5	7.5

（2）当变异系数 $\delta > 0.21$ 时，应按表中抗压强度平均值 $f_{1,m}$、以测区为单位统计的抗压强度最小值 $f_{1i,\min}$ 推定每一测区的砖抗压强度等级。

14.6 砌体抗压强度和抗剪强度标准值的推定

当需要推定每一检测单元的砌体抗压强度标准值或砌体沿通缝截面的抗剪强度标准值时，应分别按下列要求进行计算：

(1) 当测区数 n_2 不小于 6 时，可按下列公式推定：

$$f_k = f_m - kS \qquad (14.6\text{-}1)$$

$$f_{V,k} = f_{V,m} - kS \qquad (14.6\text{-}2)$$

式中：f_k——砌体抗压强度标准值（MPa）；

f_m——同一检测单元的砌体抗压强度平均值（MPa）；

$f_{V,k}$——砌体抗剪强度标准值（MPa）；

$f_{V,m}$——同一检测单元的砌体沿通缝截面的抗剪强度平均值（MPa）；

k——与 α、c、n_2 有关的强度标准值计算系数，应按表 14.6-1 取值；

α——确定强度标准值所取的概率分布下分位数，取 0.05；

c——置信水平，取 0.60。

计算系数　　　　　　　　　　　　　　　　　　　　表 14.6-1

n_2	6	7	8	9	10	12	15	18
R	1.947	1.908	1.880	1.858	1.841	1.816	1.790	1.773
n_2	20	25	30	35	40	45	50	—
R	1.764	1.748	1.736	1.728	1.721	1.716	1.712	—

(2) 当测区数 n_2 小于 6 时，可按下列公式推定：

$$f_k = f_{mi,\min} \qquad (14.6\text{-}3)$$

$$f_{V,k} = f_{Vi,\min} \qquad (14.6\text{-}4)$$

式中：$f_{mi,\min}$——同一检测单元中，测区砌体抗压强度的最小值（MPa）；

$f_{Vi,\min}$——同一检测单元中，测区砌体抗剪强度的最小值（MPa）。

(3) 砌体的抗压强度和抗剪强度均应精确至 0.01MPa，砌筑砂浆强度应精确至 0.1MPa。每一检测单元的砌体抗压强度或抗剪强度，当检测结果的变异系数 δ 分别大于 0.2 或 0.25 时，应检查检测结果离散性较大的原因，若查明系混入不同母体所致时，宜分别进行统计，并应分别确定标准值。如确系变异系数过大，亦可直接确定标准值。

以上提出了根据砌体抗压强度或抗剪强度的检测平均值和标准差分别计算强度标准值的公式。它们不同于现行国家标准《砌体结构设计规范》GB 50003-2001 确定标准值的方法。《砌体结构设计规范》是依据全国范围内众多试验资料确定标准值；本标准的检测对象是具体的单项工程，且抽检数量有限，这里有一个置信水平问题，世界各国倾向于砌体结构取置信水平为 0.60，两者是有区别的，但两者均取 0.05 的下分位数还是相同的。本标准采用了现行国家标准《民用建筑可靠性鉴定标准》GB 50292-1999 确定强度标准值的方法，即最终采用的计算系数是一致的。

本章参考文献：

[1] 《数据的统计处理和解释—正态样本离群值的判断和处理》GB/T 4883-2008 [S]. 北京：中国标准出版社，2009.

附录：《砌体工程现场检测技术标准》GB/T 50315 部分背景材料摘编

附录1 国家标准《砌体工程现场检测技术标准》修订工作中 几个主要技术问题的研究

四川省建筑科学研究院　吴体　侯汝欣

摘要： 根据住房和城乡建设部建标〔2009〕88 号文的要求，结合《砌体工程现场检测技术标准》GB/T 50315-2000 颁布实施近十年来的砌体工程现场检测的实践经验和研究成果，对该标准进行了修订。本文介绍了标准修订工作中对几个主要技术问题开展的研究工作，供工程技术人员了解标准修订的技术背景时参考。

关键词： 砌体工程；现场检测；烧结多孔砖；国家标准；修订

1. 引言

《砌体工程现场检测技术标准》GB/T 50315-2000 自颁布施行以来，在各省、市、县级工程质量检测单位及高校和研究机构中得到广泛应用，为确保工程质量和处理工程事故提供了科学数据，积累了很多检测技术经验和创新成果。与此同时，一些单位结合墙体材料的发展，开展了砌体工程现场检测的新技术、新设备的研究工作，如轴压法检测烧结多孔砖砌体抗压强度、原位单砖双剪法检测多孔砖砌体抗剪强度、筒压法检测特细砂砂浆强度、砂浆片局压法检测砌筑砂浆强度等的研究。上述工作为修订本标准提供了重要的技术依据。

2009 年 5 月，住房和城乡建设部印发《2009 年工程建设标准规范制订、修订计划》（建标〔2009〕88 号），《砌体工程现场检测技术标准》列入了该国家标准修订计划。2009年 8 月，召开了本标准第一次修编工作会议，会议决定在修订过程中开展相关验证研究工作，重点解决：①目前急需使用的量大面广的多孔砖砌体现场检测技术的问题；②对强度推定方法进行进一步研究，研究与相关标准统一协调的可能性并提出相应对策；③其他检测方法纳入本标准的可行性研究。通过近两年的修编和补充试验工作，于 2011 年 3 月完成本标准送审稿，2011 年 5 月通过会议审查，2011 年 7 月住房和城乡建设部以第 1108 号文发布。

本次修订主要增加了切制抗压试件法、原位双砖双剪法、特细砂砂浆筒压法、砂浆片局压法、烧结砖回弹法等方法，取消了原标准中的射钉法；各方法的适用范围扩大至烧结多孔砖砌体结构工程；对保留的检测方法，分别对其特点、用途、限制条件、检测步骤作了适当调整。本文系对修订工作中几个主要技术问题的研究工作进行简要综述。

2. 验证性试验概况

本次修订的一项主要内容为确定各检测方法的适用范围是否可以由原来的烧结普通砖砌体推广至烧结多孔砖砌体。为了完成该项内容，需进行验证性试验。考虑到各检测方法涉及的研究单位较多，决定采用集中与分散相结合的方法进行验证性试验。试验墙片、标准砌体抗压试件和抗剪试件、砂浆试块等均由主编单位组织制作（图1），各检测方法的主研单位分别携带设备到主编单位进行试验。

图 1　试验墙片

本次试验砌筑 3 种砂浆强度等级的多孔砖墙体 4 片，其中 3 片长约 12m，1 片长约 6m，高度为 22 皮砖；为与烧结普通砖进行对比，砌筑了中、高强度砂浆烧结普通砖墙体各 1 片，长约 12m，高度为 25 皮砖。砌筑标准砌体抗压试件共计 30 件，砌筑标准砌体抗剪试件共计 45 件。烧结多孔砖和烧结普通砖各抽取 50 块，检测其几何尺寸、抗压强度及其变异性，对烧结多孔砖还检测了孔洞率。

在砌筑墙体过程中，每拌制一盘砂浆，制作一组标准砂浆试块（每组 6 块），共制作 41 组共 246 块。砖底模砂浆试块先在湿砂中养护约一个月，以模拟潮湿砖墙中的灰缝状况；约一个月后，将砂浆试块取出置于室内自然条件下养护，养护条件（温度、湿度）与墙片养护条件相同。

2009 年 11 月完成试验墙片及标准抗压、抗剪试件的制作工作。验证性试验工作于 2010 年 3～4 月进行，现场试验工作前后历时两个月。试验结束后，各试验单位分别完成了验证性试验报告。

3. 标准的适用范围

20 世纪 90 年代以前，大量的砌体结构都是采用烧结普通砖砌筑，各单位主要针对烧结普通砖砌体开展各种检测方法的研究，因此，《砌体工程现场检测技术标准》GB/T 50315-2000 中的检测方法大多只适用于烧结普通砖砌体的检测。随着墙体改革工作的深入开展，烧结多孔砖技术得到推广应用，出现了大量的烧结多孔砖砌体房屋，对烧结多孔砖砌体结构的检测技术的需求日渐迫切。自上一版标准颁布实施以来，在规范管理组接到的咨询电话中，有很大一部分电话都是关于原标准中的检测技术是否可用于烧结多孔砖砌体的。本次修订在多家单位开展相关研究工作的基础上，通过专题验证性试验、理论分析和研究，将标准的适用范围由烧结普通砖砌体扩展到了烧结多孔砖砌体，适应了检测工程中的这一需要。

4. 原位轴压法

近年来，西安建筑科技大学、上海建筑科学研究院等单位陆续进行了多孔砖砌体的试验。试验方法与实心砖砌体相同，即在砌筑墙片的同时，采用同批多孔砖和同批砂浆由同一名工人砌筑砌体标准抗压强度试件，检测时，槽间砌体距墙边以及槽间砌体之间均应有一定的宽度，以提供对槽间砌体的约束，经破坏性试验后，以槽间砌体极限强度与标准试件抗压强度的比值，作为强度换算系数 ξ。鉴于多孔砖高度为 90mm，取槽间砌体为 5 皮砖，以保持槽间砌体高度为 500mm 不变（图 2）。

图 2 原位轴压法检测烧结多孔砖砌体

原位轴压法的核心是建立砌体原位测试强度和标准试件强度之间的关系，采用强度换算系数考虑两侧墙体和上部压应力 σ_0 对测试槽间砌体约束的有利作用。验证性试验表明，原位轴压法用于普通砖和多孔砖砌体抗压强度检测时，两种砌体的槽间砌体受约束性能以及试验结果没有明显差异，可以采用统一的强度换算系数表达式，原位轴压法可适用于各类普通砖及多孔砖砌体抗压强度的推定。以近年来西安建筑科技大学、重庆市建筑科学研究院、上海市建筑科学研究院等单位进行的普通砖砌体和多孔砖砌体的所有试验数据为基础进行综合分析，线性回归得到以 σ_0 为参数的回归方程如下：

$$\xi = 1.275 + 0.625\sigma_0 \tag{1}$$

为简化计算公式，《砌体工程现场检测技术标准》GB/T 50315-2011 修订公式如下：

$$\xi = 1.25 + 0.60\sigma_0 \tag{2}$$

5. 扁顶法

扁顶法和原位轴压法的核心都是建立槽间砌体抗压强度和标准砌体抗压强度之间的换算关系，利用强度换算系数考虑两侧墙体对槽间砌体约束的有利作用，对槽间砌体而言，其工作原理是相同的。因此，有必要对两种方法的试验数据进行综合分析，提出统一的强度换算系数公式。

分析表明，对于扁顶法和原位轴压法，均可以上部垂直压应力 σ_0 和槽间砌体抗压强度 f_u 为参数确定两种方法的统一强度换算系数。试验结果表明，当 $\sigma_0/f_m < 0.3 \sim 0.35$ 时，ξ 值和 σ_0 值基本符合线性增长关系。而在实际工程中，σ_0 在 $0.1 \sim 1.0$MPa 范围内变化，ξ 值和 σ_0 值的关系一般在线性相关范围内，故采用线性表达式可满足实际工程检测的需要。对收集到的扁顶法试验数据和原位轴压法试验数据共 111 组（其中，扁顶法试验数据 14 组，原位轴压法试验数据 97 组）进行回归线性拟合得到：

$$\xi = 1.27 + 0.61\sigma_0 \tag{3}$$

式（3）的相关系数为 0.74，标准偏差为 0.20。将扁顶法的 14 组试验数据和原位轴压法的 97 组试验数据，分别按照式（3）计算得到的理论强度换算系数 ξ，与实测强度换算系数 ξ' 对比，平均相对误差分别为 8.8% 和 11.8%。上述分析表明，扁顶法和原位轴压法统一采用以 σ_0 为参数的强度换算系数是可行的。根据扁顶法和原位轴压法检测多孔砖砌体抗压强度以往的科研工作，和此次验证性考核试验结果，对强度换算系数 ξ 的表达式进行修正后，可采用式（2）将槽间砌体强度换算为标准砌体抗压强度。

6. 筒压法相关问题的研究

6.1 方孔筛与圆孔筛的对比试验

由于行业标准《普通混凝土用砂、石质量及检验方法标准》JGJ 52-2006 中，将圆孔筛改为方孔筛。为此，山西四建集团科研所进行了筒压法采用方孔筛与圆孔筛的对比试验，以判断筛孔的变化对检测结果的影响（表 1）。试验结果表明，对于不同块材、中强和高强砂浆，圆孔筛与方孔筛的试验结果无显著性区别，比值的平均值为 0.95，亦即是说，筛孔孔型的变化对筒压法的检测结果通过 t 检验，无明显影响，不需考虑由于筛孔变化对筒压法带来的影响，检测单位在无圆孔筛的情况下，可以使用方孔筛。

烧结多孔砖与烧结普通砖筒压法对比试验结果（单位：MPa）　　表 1

砖　材	方孔筛			圆孔筛			圆孔/方孔	
	n	f_2	δ	n	f_2	δ		
烧结普通砖	6	7.3	0.037	6	6.9	0.035	0.95	
烧结多孔砖	6	7.97	0.059	6	7.2	0.043	0.90	平均
烧结普通砖	6	12.1	0.072	6	12.0	0.071	0.99	0.95
烧结多孔砖	6	13.8	0.073	6	13.0	0.049	0.94	

注：1. 因标准砂浆试块成型时采用铁底模，因此检测值未与砂浆试块强度进行对比，而是对同一强度等级的砂浆不同砌筑块材（多孔砖、普通砖）的试验结果进行对比；
　　2. 表中 f_2 为 6 组平均值，每组为两个试样的平均值，变异系数按 $n=6$ 计算。

6.2　烧结普通砖与烧结多孔砖的验证性试验

山西四建集团科研所采用筒压法对烧结多孔砖砌体砌筑砂浆进行的验证性试验，其试验结果见表 2。从试验结果知，烧结多孔砖和烧结普通砖的筒压试验结果通过 t 检验，无显著性区别，因此，国标 GB/T 50315-2011 中的计算公式可以用于烧结多孔砖墙体的砌筑砂浆强度检测。

烧结多孔砖与烧结普通砖筒压法对比试验结果（单位：MPa）　　表 2

砖　材	n	f_2	δ	烧结多孔砖/烧结普通砖	烧结多孔砖/烧结普通砖平均值
烧结普通砖	12	7.1	0.045	1.07	
烧结多孔砖	12	7.6	0.073		1.09
烧结普通砖	12	12.1	0.068	1.11	
烧结多孔砖	12	13.4	0.067		

6.3　特细砂砂浆的计算公式

在原标准《砌体工程现场检测技术标准》GB/T 50315-2000 中，筒压法检测的砂浆品种不包括特细砂砂浆，而特细砂在我国的部分地区仍有应用，如重庆、四川等地。在本次修订工作之前，重庆市建筑科学研究院和南充市建设工程质量检测中心对筒压法检测特细砂砂浆强度进行了大量的试验研究，并分别得出了适用于当地的筒压法检测砌筑砂浆强度的地方曲线。将两单位的筒压法试验数据进行汇总和综合统计，并进行拟合，各种情况的拟合结果见表 3。分析中考虑到实际工程的应用情况和砂浆强度的范围，去掉了实际砂浆试块抗压强度大于 20MPa 的情况。

从表 3 的结果可以看出，表中序号 3 和序号 4 的回归公式相关系数较高，标准差较小。这两个公式的筒压比与抗压强度关系曲线见图 3 和图 4。两个公式的平均值误差均较小，但序号 4 的公式更为简便。因此，新标准采纳序号 4 的公式，即：

$$f_i = 21.36 T_i^{3.07} \tag{4}$$

筒压法检测特细砂砌筑砂浆强度回归公式　　　　　　　　　　表 3

序 号	回归公式	相关指数	数据分析情况说明
1	$f_i = 26.37 - 93.20T_i + 92.93T_i^2$	0.809	两家原来的数据共 61 个
2	$f_i = 16.49 - 60.35T_i + 66.30T_i^2$	0.829	在两家原来的数据中，去掉试块实际抗压强度≥20MPa 后，共 58 个数据
3	$f_i = 11.21 - 44.94T_i + 55.44T_i^2$	0.842	在两家原来的数据中，去掉试块实际抗压强度≥20MPa 后，共 58 个数据，再加上南充建设工程质量检测中心 2009 年的 6 个页岩砖墙体数据，共 64 个数据
4	$f_i = 21.36T_i^{3.07}$	0.84	同序号 3 的说明

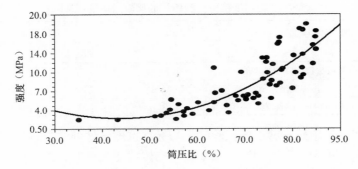

图 3　筒压比与抗压强度关系曲线（序号 3）

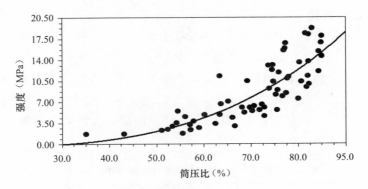

图 4　筒压比与抗压强度关系曲线（序号 4）

7. 原位双剪法

7.1　原位双砖双剪法

在《砌体工程现场检测技术标准》GB/T 50315-2000 颁布实施以后，西安建筑科技大学、陕西省建筑科学研究院、上海市建筑科学研究院等单位在原位单砖双剪法的基础上进行改进和研究，提出了原位双砖双剪法。对其测试部位的规定与原位单砖双剪法基本一致，只是受剪体为两块并排的顺砖。在本次标准修订时，将原位单砖双剪法和原位双砖双剪法合并，简称为原位双剪法。将上述单位的原位双砖双剪法的数据进行回归拟合，得到原位双砖双剪法

图 5　原位单砖双剪法检测烧结多孔
砖砌体的抗剪强度

的检测烧结普通砖砌体和烧结多孔砖砌体的抗剪强度计算公式，分别见式（5）和式（6）：

$$f_{Vi} = \frac{0.34 V_i}{A_{Vi}} - 0.70\sigma_0 \qquad (5)$$

$$f_{Vi} = \frac{0.29 V_i}{A_{Vi}} - 0.70\sigma_0 \qquad (6)$$

7.2　原位单砖双剪法验证性试验

陕西省建筑科学研究院采用原位单砖双剪法对烧结多孔砖砌体进行验证性试验（图 5），试验墙片为中强砂浆和高强砂浆的烧结多孔砖砌体，其试验结果见表 4。

单砖双剪法与标准抗剪试验结果的比较（单位：MPa）　　表 4

	烧结多孔砖	
	W2	W3
单砖双剪法检测强度平均值	1.05	0.68
标准试件强度平均值	0.992	0.646
单砖双剪法/标准试件	1.06	1.05

　　在表 4 中，将原位单砖双剪法的试验结果与标准抗剪试件的结果进行比较分析。从试验结果知，采用原位单砖双剪法检测烧结多孔砖砌体抗剪强度时，对高强砂浆，其试验结果是标准抗剪试件的 1.06 倍，对中强砂浆，其试验结果是标准抗剪试件的 1.05 倍。所以，对于烧结多孔砖砌体，可以采用原位单砖双剪法检测砌体抗剪强度。

8. 砂浆回弹法验证性试验

　　山东省建筑科学研究院、四川省建筑科学研究院分别采用砂浆回弹法在墙体上进行砌筑砂浆强度的验证性试验，试验结果见表 5。在表 5 中，将砂浆回弹法的试验结果与砂浆试块的强度进行对比分析。分析结果表明，采用砂浆回弹法检测烧结多孔砖砌筑砂浆强度时，试验结果与砂浆试块强度比值的平均值为 1.02 倍；与同条件下烧结普通砖砌体相比，是烧结普通砖砌体砌筑砂浆强度试验值的 1.04 倍。因此，验证试验结果表明，对于烧结多孔砖砌体，可以采用回弹法检测砌筑砂浆强度。

回弹法检测结果与砂浆试块强度的比较（单位：MPa）　　表 5

	烧结多孔砖		烧结普通砖	
	W1	W2	W4	W5
回弹法检测强度平均值	19.09	19.98	18.34	7.97
砂浆试块强度平均值	19.14	19.14	17.41	8.85
砂浆回弹法/砂浆试块	1.00	1.04	1.05	0.90
W1 与 W2 的回弹法与试块强度比值的平均值	1.02		0.98	
烧结多孔砖/烧结普通砖	1.04			

9. 点荷法验证性试验

　　在标准修订过程中，对于点荷法能否用于烧结多孔砖砌体砌筑砂浆强度的检测也进行了验证性试验。在试验墙片上抽取砂浆片，采用点荷法检测砌筑砂浆强度，试验结果见表6。在表6中，W2为高强砂浆多孔砖砌体试验墙片，W4为高强砂浆普通砖砌体试验墙片，W5为中强砂浆普通砖砌体试验墙片。从试验结果知，采用点荷法检测烧结多孔砖砌体砌筑砂浆强度是同条件烧结普通砖砌体的1.01倍。因此，对于同批砂浆，当其用于砌筑烧结普通砖砌体或烧结多孔砖砌体时，采用点荷法检测两种砖砌体的砌筑砂浆强度，其结果无显著性的差别，即点荷法可用于检测烧结多孔砖砌体强度。

点荷法检测结果与砂浆试块强度的比较（单位：MPa）　　　　表 6

	烧结多孔砖	烧结普通砖	
	W2	W4	W5
点荷法检测强度平均值	16.51	16.03	6.84
砂浆试块强度平均值	19.14	17.41	8.85
点荷法/砂浆试块	0.86	0.92	0.77
平均值	0.86	0.85	
烧结多孔砖/烧结普通砖	1.01		

10. 烧结砖回弹法

推定砌体中块材抗压强度的方法主要有取样法和现场检测方法。取样法是从砌体中取出块体，按照《砌墙砖试验方法》GB/T 2542-2003 进行试验，然后分别根据国家标准 GB/T 2542 关于块材强度等级的评定方法评定砌体中块材的强度等级。取样法较为直观且不需要换算系数，在一般工程质量检测中，建议尽量采用取样法。取样法的缺点是对墙体会产生局部破坏，在一些历史保护建筑或已装修的在用工程的检测鉴定工作中使用时受到一定的限制。砌筑块材的回弹法也是一种较为成熟的块材强度的现场检测方法，目前已有多家研究机构对砌体中块材的回弹法检测开展了研究工作，四川、安徽、福建、上海等地还编制了当地的地方标准，《建筑结构检测技术标准》GB/T 50344-2004 中对砌体中烧结普通砖的回弹法检测作了简要规定。

本次 GB/T 50315-2000 的修订工作中，湖南大学在对各地方曲线进行总结分析的基础上，开展了回弹法检测烧结砖强度的研究和验证试验工作。研究分析表明，按照最小二乘法采用抛物线函数式效果较好，得到的回归公式为：

$$f_{m,j}^c = -1.25 - 0.44R_{m,j} + 0.02R_{m,j}^2 \tag{7}$$

11. 切制抗压试件法

现行国家标准《砌体基本力学性能试验方法标准》GBJ 129 规定了砌体抗压强度试验方法，其中对砖砌体抗压试件截面尺寸规定为：长为370mm、厚为240mm，试件高度按高厚比 β 值等于 3～5 确定。江苏省建筑科学研究院等单位开展了直接从砖墙上锯切出标准抗压试件（图6），运至试验室内进行抗压试验的研究工作，简称切制抗压试件法。多年实践证明，这种取样试验方法，具有对试件损伤较小、试验结果不需换算系数等优点。

图 6　切制抗压试件法切取试件

切制抗压试件法为新增的现场取样检测砌体抗压强度的检测方法，本次修订工作中，在以往研究工作习用方法的基础上进行修改完善，并进行了对比试验。采用切制抗压试件法检测烧结多孔砖和烧结普通砖砌体的试验结果见表 7。

切制抗压试件同标准试件抗压试验结果比较   表 7

砖类别	墙片编号	砖强度 f_1/MPa	砂浆强度 f_2/MPa	标准试件平均值 f_m/MPa	切制试件按毛面积计算平均值 f'_{m1}/MPa	f_{m1}/f_m	切制试件按净面积计算平均值 f'_{m2}/MPa	f_{m2}/f_m
烧结页岩普通砖	BLY(W5)	20.45	9.18	7.93	5.38	0.68	5.57	0.70
	BHY(W4)	20.45	18.26	10.74	7.42	0.69	7.78	0.72
烧结页岩多孔砖	HY(W2)	16.74	19.13	10.42	7.74	0.74	7.86	0.75
	LY(W3)	16.74	9.54	6.52	4.91	0.75	5.06	0.78
平均值						0.72		0.74
前 3 个对比组平均值						0.70		0.73

试验结果表明，切制试件试验值的离散性较小，切制试件的抗压强度显著低于标准试件，前者约相当于后者的 70%～75%；但与《砌体结构设计规范》GB 50003-2001 中砌体抗压强度平均值计算公式相比，基本相当。从偏于安全的角度考虑，对试验结果不再乘以修正系数。

12. 砂浆片局压法

行业标准《择压法检测砌筑砂浆抗压强度技术规程》JGJ/T 234-2011 已批准发布，并于 2011 年 12 月开始实施。应本方法主研单位申请，编制组经研究同意，将该方法纳入 GB/T 50315-2011。编制组讨论研究认为，为了保持方法的名称与方法的技术内容协调一致，考虑到该方法实质上是通过测试砂浆片承受的局部受压荷载换算砂浆的强度，因此，将该方法的名称更名为砂浆片局压法。

砂浆片局压法的具体做法是，从墙体中取出砂浆片，以接近其厚度为直径的圆面进行直接抗压试验。通过实测砂浆的局压荷载值，换算出砂浆抗压强度值。强度推定可以通过直接抗压强度值与同条件养护的标准立方体砂浆试块抗压强度之相关规律进行分析确定。

为建立砂浆片局压法的局压值与砂浆试块抗压强度之间的关系曲线，江苏省建筑科学研究院等单位开展了大量的试验研究。通过实测不同强度等级的砂浆试块局压值与同条件养护的砂浆试块抗压强度数据，分析两者之间的关系，建立专用测强曲线的回归方程式。研究表明，幂函数型回归方程的相关系数及相对标准差都较好，且计算方便，故采用幂函数型回归方程，即：

水泥砂浆：

$$f_{2,cu} = 0.64 f_{2,m}^{1.11} \tag{8}$$

混合砂浆：

$$f_{2,cu} = 0.51 f_{2,m}^{1.27} \tag{9}$$

本标准规定：采用砂浆片局压法检测砌筑砂浆强度时，检测单元、测区的确定以及强度推定，应执行本标准；测试设备、测试步骤、数据分析应执行现行行业标准 JGJ/T 234-2011 的规定。

13. 砂浆强度推定

行业标准《建筑砂浆基本性能试验方法标准》JGJ/T 70-2009 已于 2009 年 6 月 1 日正

式实施，修订后的标准对砂浆试块制作和抗压强度取值作了重大修改。修改之后，砌筑砂浆抗压强度试验方法中明确砂浆试块的试模采用带底试模（钢底模）。众所周知，采用无底试模（同块体底模）和带底试模对试块强度影响很大，业内也存在诸多争议。争议的焦点是：①国标《砌体结构设计规范》GB 50003-2001 中各种砌体计算指标，是在大量的无底试模砂浆试验数据条件下统计分析出来的，且短期内也无法给出带底试模砂浆强度对应的砌体强度设计计算指标；②砌体水平灰缝中砌筑砂浆的强度也是以同块材为边界条件形成的；③原国标《砌体工程现场检测技术标准》GB/T 50315-2000 的回归公式，均是对应无底试模砂浆强度，若改为对应钢试模的砂浆强度，试验工作量太大，且无此必要。考虑与新修订的《砌体结构设计规范》GB 50003-2011 协调和本标准的连续性，本次修订明确砌筑砂浆强度的推定值，相当于被测墙体所用块体做底模的同龄期、同条件养护的砂浆试块强度。

14. 结语

（1）验证性试验和以往各单位的对比试验研究表明，各种砌体现场检测方法均可用于烧结多孔砖砌体的检测。

（2）通过对强度换算系数中的常数项和一次项系数进行调整，原位轴压法和扁顶法可采用相同的强度换算系数公式。

（3）筛孔变化对筒压法的试验结果无明显影响。

（4）根据试验研究结果，新标准增加了筒压法检测特细砂砂浆、原位双砖双剪法、砂浆片局压法、切制抗压试件法、烧结砖回弹法。

参考文献：

［1］《砌体结构设计规范》GB 50003-2011 ［S］. 北京：中国建筑工业出版社，2012. 2.

［2］ 吴体，侯汝欣. 烧结多孔砖砌体抗压试件影响因素的试验研究 ［J］. 四川建筑科学研究，2010，36（2）：212-214.

［3］ 张涛. 筒压法检测特细砂水泥砂浆抗压强度的试验研究 ［J］. 四川建筑科学研究，2006，32（3）：124-127.

附录 2 烧结普通砖、烧结多孔砖的砌体抗压和抗剪试验

四川省建筑科学研究院

吴体，王永维，侯汝欣，甘立刚

1. 试验目的

国标《砌体工程现场检测技术标准》GB/T 50315-2000 已实施 10 年，根据砌体检测工作发展的需要，建设部批示开展修编工作。

原标准的两种砌体抗压、两种砌体抗剪和 6 种砌筑砂浆的检测方法，仅适用于烧结普通砖砌体，此次修订拟扩充至烧结多孔砖砌体。国内已有一些检测多孔砖砌体抗压强度、抗剪强度的试验资料，在此基础上，拟进行验证性试验。原标准的 6 种砂浆强度检测方法，原则上也适用于烧结多孔砖砌体，虽然原理是相同的，但缺少试验依据，也需要通过此次试验以验证其可行性。

通过近 10 年的应用和相关单位的科研工作，取得了一些新的科研成果和应用新经验，原标准的各项检测方法应尽可能予以采纳。

为此，砌筑了 4 片多孔砖墙，其中两片墙采用高强砂浆，1 片墙采用中强砂浆，1 片墙采用低强砂浆，前 3 片墙长 12m，后 1 片墙长约 6m，高为 22 皮砖；作为对比，各砌筑 1 片高强砂浆、中强砂浆的烧结普通砖墙，均为 12m 长，高为 25 皮砖。对各种强度砂浆和砖分别砌筑标准抗压试件和抗剪试件。本报告仅对砖、砌筑砂浆、标准抗压和抗剪试件的试验结果，作简要介绍。

2. 砖的强度

共购 1.2 万块烧结多孔砖和 1 万块烧结普通砖。直观检查，两种砖的外观颜色较均匀，没有欠火砖和过火砖；打断砖检查，砖内无石灰颗粒和其他岩石杂质；几何尺寸较规整，基本无弯曲和缺棱掉角等缺陷。

2.1 烧结普通砖的强度

按照国标《烧结普通砖》GB 5101-2003，实测 50 块砖的抗压强度，最小值 9.59MPa，最大值 31.99MPa，平均值 20.45MPa，标准差 4.65MPa，变异系数 0.23。50 块砖的强度频数分布直方图如图 1 所示。

采用格拉布斯方法检验，无异常值。采用 W 法对 50 个数据进行正态性检验，不否定原子样为正态。结合抗压强度试验值的频数分布直方图，可以认为：此批试验数据属于正态分布。由此表明，试验值未受到特别显著的众多随机因素的综合影响。

2.2 烧结多孔砖的质量

（1）砖的强度及异常值检验。按照国标《烧结多孔砖》GB 13544-2000，实测 50 块砖的抗压强度，最小值 5.68MPa，最大值 29.94MPa，平均值 16.74MPa，标准差 5.21MPa，变异系数 0.31。变异系数偏大。按照 50 个试验值自小到大的排列顺序分析，怀疑最小值 5.68 和最大值 29.94 可能是异常值。运用格拉布斯方法检验，5.21 和 29.94 均不是异常值。

（2）砖强度的正态性检验。50 块砖的强度频数分布直方图如图 2 所示，采用 W 法进行正态性检验，不否定原子样为正态，结合以上两方面情况，可以认为这批数据符合正态分布。

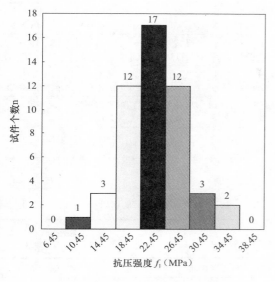

图 1　烧结普通砖强度分布图　　　　　图 2　烧结多孔砖强度分布图

（3）实测 50 块砖的几何尺寸，见表 1。总计 150 个检测值，仅有 2 个为正误差，其余均为负误差。砖的几何尺寸较规整，长、宽、厚单个值与平均值的误差很小。

砖的几何尺寸检测结果（单位：mm）　　　　　　　　表 1

	长　度	宽　度	厚　度
平均值	237.4	113.0	88.7
标准差	1.40	0.88	1.19

（4）采用 3 种方法检测砖的孔洞率，按现行国标《砌墙砖试验方法》GB/T 2542-2003，检测结果为 29.9%；按原国标 GB/T 2542-1992，检测结果为 27.2%；按国际标准《砌体试验方法》ISO/TC179/SC3，检测结果为 29.9%。现行国标方法和 ISO 方法的检测值一致。

3. 砌筑砂浆

（1）原材料。普通硅酸盐水泥，32.5 号；中砂；普通饮用水；适量外加剂。

（2）水泥砂浆配合比。高强砂浆：1∶5.5；中强砂浆：1∶8；低强砂浆 1∶10。采用人工拌合砂浆的方法。

（3）砂浆试块的制作和养护。每拌制一盘砂浆，制作一组砂浆试块（6 块），试块的底模为含水率小于 2% 的干砖。24h 后拆模、编号，放入湿砂堆中自然养护，约一个月后，置于室内与标准砌体试件、大墙片同条件养护。

（4）各组水泥砂浆试块强度。实测结果见表 2、表 3、表 4。

墙体砂浆强度统计 表2

墙体编号	W1（多孔砖）	W2（多孔砖）	W3（多孔砖）	W4（普通砖）	W5（普通砖）	W6（多孔砖）
盘内平均值（变异系数）	1～4 皮 18.66 (0.0968)	1～4 皮 19.87 (0.052)	1～4 皮 8.87 (0.1179)	1～6 皮 18.25 (0.025)	1～5 皮 11.07 (0.0451)	1～6 皮 7.1 (0.0422)
	5～7 皮 19.17 (0.067)	5～9 皮 24.08 (0.0913)	5～8 皮 8.48 (0.2784)	7～10 皮 19.86 (0.0558)	6～13 皮 9.33 (0.0504)	7～11 皮 6.01 (0.051)
	8～11 皮 17.63 (0.098)	10～11 皮 20.12 (0.051)	9～11 皮 11.8 (0.0661)	11～17 皮 17.6 (0.0578)	14～17 皮 7.05 (0.1535)	12～19 皮 5.97 (0.0923)
	12～13 皮 19.46 (0.0732)	12～15 皮 17.73 (0.0932)	12～15 皮 9.14 (0.0989)	18～20 皮 17.91 (0.0498)	18～24 皮 9.26 (0.0602)	20～22 皮 6.9 (0.0346)
	14～17 皮 16.29 (0.0557)	16～18 皮 18.25 (0.0862)	16～18 皮 10.16 (0.1799)	21～25 皮 17.68 (0.034)	注：顶皮砖第二天补砌	—
	18～19 皮 20.61 (0.0422)	19～22 皮 14.75 (0.1024)	19～22 皮 8.82 (0.0494)			
	20～22 皮 18.4 (0.1084)	—				
盘间平均值（变异系数）	18.6 (0.074)	19.13 (0.162)	9.54 (0.131)	18.26 (0.051)	9.18 (0.179)	6.49 (0.091)

标准试件砂浆强度统计 表3

		高强砂浆	中强砂浆	低强砂浆
多孔砖抗压试件	平均值	22.87	9.87	5.43
	变异系数	0.0473	0.1265	0.1457
多孔砖抗剪试件	平均值	19.22	11.36	6.9
	变异系数	0.1214	0.0454	0.0346
普通砖抗压试件	平均值	17.3	9.96	—
	变异系数	0.0325	0.0521	—
普通砖抗剪试件	平均值	13.25	6.44	—
	变异系数	0.0579	0.1385	—

注：普通砖抗剪试件，均是在砂浆拌合约 4h 后才开始砌筑，故砂浆强度明显低于抗压试件的砂浆。

砂浆强度总平均值统计 表4

	总平均值	标准差	变异系数
多孔砖砌体高强砂浆	19.14	2.24	0.1171
多孔砖砌体中强砂浆	9.81	1.15	0.1172
多孔砖砌体低强砂浆	6.38	0.62	0.0965
普通砖砌体高强砂浆	17.41	1.87	0.1072
普通砖砌体中强砂浆	8.85	1.61	0.1823
W1、W2、W4 的砂浆	18.68 (18.59)	1.955 (2.330)	0.105 (0.125)
W3、W5 的砂浆	9.40 (9.40)	1.342 (1.502)	0.143 (0.160)

注：（ ）内数字包括了标准抗压试件、抗剪试件的 4 组砂浆强度。

讨论和情况介绍：①拌制砂浆，对水泥能够做到准确计量；此次试验，因客观条件限制只能使用湿砂，由于湿砂含水量无法准确控制，故砂的计量难以做到十分准确，导致配合比控制稍差。②砂浆试块在湿砂中养护约一个月，有利于砂浆强度的增长，实际强度略高于室内自然养护的试块。砌筑墙体的日期为 2009 年 10 月 29 日～11 月 20 日，当时的气温约为 10℃～15℃，略低于标准养护温度 20±3℃。③室内墙体和标准抗压、抗剪砌体试件大约半个月会蒸发掉大部分水分，灰缝中砂浆的硬化条件比湿砂中的试块要差一些。④普通砖砌体抗压和抗剪试件，各使用同一盘高强砂浆和中强砂浆，抗压和抗剪试件砌筑时间约相隔 4h，相应的砂浆试块强度明显降低。如高强砂浆从 17.3MPa 降至 13.25MPa，降幅约 24%；中强砂浆从 9.96MPa 降至 6.44MPa，降幅约 35%。⑤砌筑墙体的砂浆，每拌制一盘，约用 3h，随时间的延续，砂浆呈下降趋势。⑥宏观检查 W6 墙片中的砌筑砂浆，手可捏碎，直观感觉强度较低，按照以往经验判断，强度等级相当于 M2.5，低于 M5，砂浆试块强度系统偏高；究其原因，除砂浆试块养护条件优于墙片外，不排除试验工作存在系统误差。上述情况，对各种砂浆检测方法的验证性检验结果，会增大其离散性。

4. 标准砌体抗压试验

烧结普通砖和多孔砖的标准砌体抗压试件，公称截面尺寸均为 240mm×370mm，高度按高厚比 β 值等于 3 确定，前者为 11 皮砖，后者为 7 皮砖。标准试件未与对应墙片一一对应砌筑，主要是考虑大墙片较长，中途不便停工，只是尽量严格控制砂浆配合比，使标准试件的砂浆强度接近大墙片的砂浆。抗压试件与墙片在同一试验室内自然养护。试验工作严格执行现行国标《砌体基本力学性能试验方法标准》GBJ 129-90。

此次试验，对试件顶面找平方法做了改进。国标 GBJ 129-90 规定，试件顶面应预先用高强砂浆找平，找平面如与试验机上压板接触仍不紧密时，可垫湿砂。此次试验没有采取垫湿砂的方法，改用垫石膏或快硬防水堵漏的浆料。实践证明，石膏硬化速度较慢，拖延了试验进度，故仅在下午下班前将一个试件置于试验机下压板上，试件几何对中后，在顶面抹石膏浆，厚约 10～20mm，浆料上垫一张起隔离作用的旧报纸，用试验机上压板迅速将浆料压平整，施加荷载约 50～100kN，这样可以使试件顶面与试验机上压板的接触非常紧密，其平整度远优于垫湿砂；第 2 天再进行试验。正常上班时间的试验，则改用快硬防水堵漏的浆料，操作程序如前，约 20～30min 后浆料即基本硬化，随之卸荷，进行正式抗压试验。

标准砌体试件的抗压试验结果详见表 5。试件受压破坏后的裂缝状况如图 3～图 6 所示。

标准砌体抗压试验结果统计　　　　　表 5

砖类别	试件编号	砖强度 f_1/MPa	砂浆强度 f_2/MPa	单个试件破坏荷载/kN	单个试件抗压强度/MPa	平均值 f_m/MPa	样本标准差 S	变异系数 δ	f_{01}	f_m/f_{01}
烧结页岩普通砖	BLY	20.45	9.96 (8.85)	740.00	8.45	7.93	0.56	0.07	5.71	1.39
				656.00	7.49					
				750.00	8.56					
				703.00	8.03					
				621.00	7.09					
				698.00	7.97					
	BHY	20.45	17.30 (17.41)	984.00	11.23	10.74	0.51	0.05	7.83	1.37
				963.00	10.99					
				920.00	10.50					
				972.00	11.10					
				942.00	10.75					
				862.00	9.84					

续表

砖类别	试件编号	砖强度 f_1/MPa	砂浆强度 f_2/MPa	单个试件破坏荷载/kN	单个试件抗压强度/MPa	平均值 f_m/MPa	样本标准差 S	变异系数 δ	f_{01}	f_m/f_{01}
烧结页岩多孔砖	HY	16.74	22.87 (19.14)	932.00	10.64	10.42	1.27	0.12	7.47	1.39
				724.00	8.26					
				1012.00	11.55					
				970.00	11.07					
				924.00	10.55					
	LY	16.74	9.87 (9.81)	569.00	6.50	6.52	0.34	0.05	5.38	1.21
				538.00	6.14					
				544.00	6.21					
				619.00	7.07					
				568.00	6.48					
				589.00	6.72					
	LLY	16.74	5.43 (6.38)	520.00	5.94	5.87	0.62	0.11	4.62	1.27
				511.00	5.83					
				546.00	6.23					
				428.00	4.89					
				590.00	6.74					
				492.00	5.62					
平均值										1.33

【检测单位：四川省建筑科学研究院】

注：1. f_2 列中：括号外数字为砌筑标准抗压试件时的一组砂浆试块试验值；括号内数字为砌筑砂浆所有试块的总平均值；

2. f_{01} 按下式计算：$f_{01}=0.78f_1^{0.5}(1+0.07f_2)$，$f_2$ 以括号内数字为准。

图 3　破坏后的试件（一）

图 4　破坏后的试件（二）

图 5　破坏后的试件（三）

图 6　破坏后的试件（四）

由表4可见，每组试验值的变异系数δ值较小，有3组试件小于0.1，另2组试件分别为0.11和0.12，表明较好地控制了影响强度的各项因素。《砌体结构设计规范》GB 50003-2001在由砌体抗压强度平均值计算抗压强度标准值时，变异系数取0.17。此次试验，变异系数均小于0.17。

5组试件的抗压平均值均高于按照国标GB 50003-2001中回归公式的计算值，两者相比，约为1.21～1.39倍，平均为1.33倍。这同四川省建筑科学研究院以往砌体抗压试验的规律大体相当。

5. 标准砌体抗剪试验

严格按国标GBJ 129进行两类砖砌体抗剪试件的砌筑和抗剪荷载试验，试验结果详见表6。试件受荷情况和试件破坏状况如图7～图10所示。

标准砌体抗剪试验结果统计　　　　　　　　　　表6

砖类别	试件编号	砖强度 f_1/MPa	砂浆强度 f_2/MPa	单个试件破坏荷载/kN	单个试件抗剪强度/MPa	平均值 f_{Vm}/MPa	样本标准差 S	变异系数δ	f_{V01}	f_{Vm}/f_{V01}
烧结页岩普通砖	BLJ	20.45	6.44 (8.85)	73	0.417	0.341	0.063	0.186	0.372	0.92
				50	0.285					
				44	0.251					
				53	0.303					
				69	0.394					
				49	0.280					
				63	0.360					
				74	0.422					
				62	0.354					
	BHJ	20.45	13.25 (17.41)	74	0.422	0.388	0.068	0.175	0.522	0.74
				58	0.331					
				71	0.405					
				55	0.314					
				71	0.405					
				48	0.274					
				80	0.457					
				71	0.405					
				84	0.479					
烧结页岩多孔砖	HJ	16.74	19.22 (19.14)	167	0.953	0.992	0.088	0.089	0.547	1.81
				205	1.170					
				178	1.016					
				184	1.050					
				174	0.993					
				165	0.942					
				156	0.890					
				162	0.925					
				157	0.896					
	LJ	16.74	11.36 (9.81)	83	0.474	0.646	0.121	0.188	0.392	1.65
				117	0.668					
				106	0.605					
				121	0.691					
				109	0.622					

续表

砖类别	试件编号	砖强度 f_1/MPa	砂浆强度 f_2/MPa	单个试件破坏荷载/kN	单个试件抗剪强度/MPa	平均值 f_{Vm}/MPa	样本标准差 S	变异系数 δ	f_{V01}	f_{Vm}/f_{V01}
烧结页岩多孔砖	LJ	16.74	11.36 (9.81)	94	0.537	0.646	0.121	0.188	0.392	1.65
				122	0.696					
				154	0.879					
	LLJ	16.74	6.90 (6.38)	41	0.234	0.374	0.088	0.236	0.316	1.18
				76	0.434					
				64	0.365					
				70	0.400					
				60	0.342					
				93	0.531					
				74	0.422					
				63	0.360					
				48	0.274					

【检测单位：四川省建筑科学研究院】

注：1. f_2 列中：括号外数字为砌筑标准抗剪试件时的一组砂浆试块试验值；括号内数字为砌筑砂浆所有试块的总平均值；

2. f_{V01} 按下式计算：$f_{V01}=0.125f_2^{0.5}$，f_2 以括号内数字为准。

图 7　破坏后的试件（五）

图 8　破坏后的试件（六）

图 9　破坏后的试件（七）

图 10　破坏后的试件（八）

在试验过程中，有的试件底部的两个受荷面，未能与试验机下压板全面接触，留有空隙。针对这种情况，在空隙处填塞薄钢片，以使试件受力尽量均匀。在试件顶部受荷面上均垫厚约 10mm 的橡胶垫，也是为了改善试件的均匀受力状况。

烧结多孔砖砌体的抗剪试验结果，显著高于烧结普通砖砌体，主要原因是砌体砌筑质量较好，水平灰缝的砂浆被压入砖的多数孔洞内，形成砂浆销键，这对砌体抗剪十分有利。以往的多孔砖砌体抗剪试验，均存在这种情况，但此次试验尤为明显。少数高强度砂浆的抗剪试件中，直接承受上压板荷载的砖块被压坏，如图 11、图 12 所示。主要原因是砂浆强度超过了砌体结构工程常用范围，致使抗剪荷载超过了多孔砖块材的抗压强度。在砌体工程的常用砂浆强度范围内，试件的这种破坏情况很少。

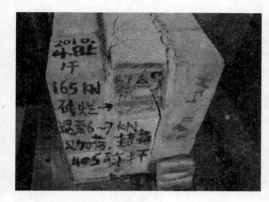

图 11　砖块压坏（一）

图 12　砖块压坏（二）

每组试件的试验值，均无异常值。表 5 中，除 LLJ 组试件的变异系数稍大外，其余 4 组的变异系数均小于 0.2。

附录3 原位轴压法现场推断砌体抗压强度的应用

王庆霖[1] 王秀逸[1] 屈睿[1] 赵歆冬[1] 林文修[2] 蒋利学[3]

（1. 西安建筑科技大学；2. 重庆建筑科学研究院；3. 上海建筑科学研究院）

摘要：原位轴压法是国标《砌体工程现场检测技术标准》GB/T 50315-2000 列入的推断既有砌体抗压强度的方法之一。本文结合砌体双向受压强度理论公式，对实心砖和近年来开展的多孔砖砌体的试验数据进行了分析，提出原位轴压法推断砌体抗压强度公式的改进意见，为《砌体工程现场检测技术标准》的修订提供依据。

关键词：槽间砌体 约束应力

1. 前言

原位轴压法是国标《砌体工程现场检测技术标准》GB/T 50315-2000 列入的推断既有砌体抗压强度的方法之一，用以评定实心砖砌体的抗压强度。工程实践表明，原位轴压法可全面反映砖、砌筑砂浆强度以及砌筑质量对抗压强度的影响，因而具有较高的可靠性。其核心是建立砌体原位测试强度和标准试件强度之间的关系，采用强度换算系数考虑两侧墙体对测试槽间砌体约束的有利作用。近年来西安建筑科技大学、上海建筑科学研究院等单位陆续进行了多孔砖砌体的试验，以便将该方法用于广泛存在的多孔砖砌体强度评定。本文将对所有的试验数据进行分析，旨在提出适用于块体尺寸与烧结普通砖、多孔砖尺寸相当的采用原位轴压法推断抗压强度的公式。

2. 槽间砌体强度换算系数与双向受压强度

2.1 强度换算系数

槽间砌体两槽间砌体受压时产生侧向变形，由于两侧墙体的约束，槽间砌体两侧受到约束压应力作用，使槽间砌体实际处于双向受压状态。由于砌体双向受压强度值高于单轴受压强度，以原位测试的约束状态下的极限强度与标准试件抗压强度比，称为强度换算系数 ξ，以期由 ξ 推断砌体标准抗压强度值。

$$\xi = f_u / f_m \qquad (1)$$

式中：f_u——原位测试极限抗压强度；

f_m——标准试件抗压强度。

2.2 砌体双向受压强度

我国的唐岱新[1]、前苏联的 Гениев. Г. А 等人均进行过砖砌体双向受压强度的试验研究，并给出了相近的研究结果。如图1所示为两人给出的双向受压砌体破坏包络图与唐岱新试验结果的对比。

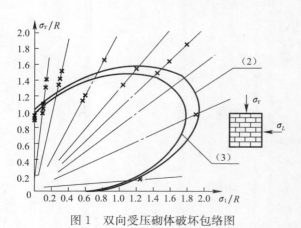

图1 双向受压砌体破坏包络图

$$-13\left(\frac{\sigma_x}{f_m}\right)-27.7\left(\frac{\sigma_y}{f_m}\right)+17.86\left(\frac{\sigma_x}{f_m}\right)^2+28.57\left(\frac{\sigma_x}{f_m}\right)^2-20.68\left(\frac{\sigma_x}{f_m}\right)\left(\frac{\sigma_y}{f_m}\right)=1.0 \quad (2)$$

式（2）即为唐岱新依据各向异性材料破坏准则给出的平面应力状态下的强度表达式，图1中曲线（3）为Гениев.Г.А给出的理论曲线。由图可见，理论曲线与试验结果吻合较好。式中σ_y、σ_x分别为垂直于水平灰缝和平行于水平灰缝的压应力，σ_y在包络线上即为极限强度f_u，f_m为砌体标准抗压强度，f_u/f_m为有侧向压应力时的强度提高系数K，K值与前述强度换算系数ξ意义相同，仅只提高系数K由主动施加侧压力得到。按式（2）计算强度提高系数K见表1。

强度提高系数K   表1

σ_x/f_m	0.2	0.4	0.6	0.8	1.0	1.2	1.4	1.6
K	1.194	1.342	1.453	1.543	1.605	1.639	1.641	1.60

由式（1）可见，强度提高系数K与原位测试极限强度f_u呈线性关系，$1/f_u$为其斜率。直线斜率随标准抗压强度的增大而减小，表明f_u相同时，砌体强度越高，砌体受到的约束力越小，K值越小。

由表1或图1可见，强度提高系数K与相对侧向压应力呈非线性关系，σ_x/f_m较小时，增加较快，随σ_x/f_m增加，K增长趋于平缓。并且侧向压应力相同时，砌体强度越高，约束作用越小，但f_m的影响幅度较小。σ_x相同，由抗压强度f_m提高使σ_x/f_m由0.4降至0.2时，K值仅降低11%。

3. 强度换算系数ξ的影响因素与参数取用

槽间砌体因受到侧向约束压应力作用，抗压强度得以提高。反映约束压应力的大小的因素有槽间砌体极限强度f_u和上部荷载产生的压应力σ_0，国标《砌体工程现场检测技术标准》GB/T 50315-2000以σ_0为参数确定强度换算系数ξ值，上海地方标准《既有建筑物结构检测与评定标准》DG/TJ 08-804-2005则以f_u为参数确定ξ值。约束力的强弱实际与砌体的本构关系、泊松比等反映砌体变形性能的参数有关，与砌体强度指标一样，这些变形参数同样受施工因素的影响较大，有着比强度变异更大的离散性。从这一角度讲，槽间砌体极限强度f_u更能直接反映被测试砌体受约束作用的大小，而通过σ_0确定ξ值并不能反映测试槽间砌体实际受约束的情况。σ_0又往往在实际工程中难以准确估算，使确定ξ的可靠性减小。但是由σ_0产生的侧向约束力受需评定的f_m影响较小，而由f_u确定ξ值与需评定的f_m相关，ξ的可靠性与所采用的计算公式适用范围直接有关，适用范围越窄，精度越高，这是多孔砖砌体以f_u为参数的回归效果优于实心砖砌体以f_u为参数的回归效果的原因。表2列出了实心砖砌体和多孔砖砌体以f_u为参数，按全部数据和按f_m分组的回归公式与相关系数，可以看出，按f_m分组回归有很高的相关系数，但要精确评定既有砌体的抗压强度需准确预判既有砌体的抗压强度f_m所在的强度范围，这往往是不可能的。同时，文献［5］已指出，以σ_0为参数，两种砌体ξ公式计算值基本一致，仅σ_0为零时，两者相差6.7%，多数情况相差均在4%以内。因而有可能建立统一的ξ公式。而以f_u为参数，两种砌体ξ计算值相差较大，最大可达22.3%，而且当槽间砌体极限强度小于2.0MPa时，ξ计算值小于1.0，已不合理。以上分析表明，以σ_0为参数建立ξ计算公式显然是更为合理的。

实心砖砌体和多孔砖砌体以 f_u 为参数的回归方程 表 2

f_m/MPa	实心砖砌体			f_m/MPa	多孔砖砌体		
	方程	R	n		方程	R	n
全部	$\xi=1.22+0.059f_u$	0.54	37	全部	$\xi=0.834+0.103f_u$	0.68	59
2<	$\xi=0.71+0.287f_u$		5	2～3	$\xi=0.198+0.311f_u$	0.96	16
2～3	$\xi=0.72+0.198f_u$	0.87	8	3～4	$\xi=0.367+0.2f_u$	0.89	13
3～4	$\xi=0.125+0.259f_u$	0.92	7	4～5	$\xi=0.265+0.189f_u$	0.96	21
4～5	$\xi=0.69+0.136f_u$	0.91	8	5～6	$\xi=-0.002+0.19f_u$	1.0	9
5～7	$\xi=0.256+0.146f_u$	0.93	9				

注：R 为回归方程的相关系数；n 为样本数；实心砖砌体 f_m 大于 10MPa 者未列入。

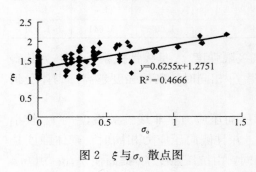

图 2　ξ 与 σ_0 散点图

4. 试验结果分析与验证

鉴于以上部压应力 σ_0 为参数确定强度换算系数 ξ 更为合理，而且实心砖砌体和多孔砖砌体可以采用统一 ξ 值计算表达式，在此则以两种砌体的全部数据进行线性回归。以 σ_0 为参数的回归方程如式（3）（全部数据中 f_m 为 1.88～6.43MPa，未包括 f_m 在 10MPa 以上的三组数据），回归方程相关系数 0.683（图 2）。

$$\xi = 1.275 + 0.625\sigma_0 \tag{3}$$

为简化计算公式，建议《砌体工程现场检测技术标准》GB/T 50315-2000 修订公式如下：

$$\xi = 1.25 + 0.60\sigma_0 \tag{4}$$

式（4）ξ 计算值与试验值的比较见表 3。

ξ 计算结果与试验值比较 表 3

	ξ_s/ξ_j 平均值	比值标准差	比值最大值	比值最小值
式（4）	1.033	0.148	1.31	0.732

5. 讨论

（1）槽间砌体因受到侧向约束压应力作用，抗压强度得以提高。反映约束压应力的大小的因素有槽间砌体极限强度 f_u 和上部荷载产生的压应力 σ_0。分析表明，以 σ_0 为参数计算强度换算系数更为合理。

（2）经过实心砖砌体（含页岩砖、灰砂砖等砌体）与多孔砖砌体试验的分析、比较，表明两种砌体槽间砌体受约束性能以及试验结果没有明显差异，可以采用统一的强度换算系数表达式，原位轴压法可适用于各类普通砖及多孔砖砌体抗压强度的评定。

（3）验算结果表明，ξ 计算值与试验数据能较好吻合，试验值与计算值比值的平均值为 1.033，比值标准差 0.148，可满足实际工程检测的需要。

参考文献：

[1] 单荣民，唐岱新. 双向受压砖砌体强度的试验研究 [J]. 哈尔滨建筑工程学院学报，1988,(6).

［2］ 《既有建筑物结构检测与评定标准》DG/TJ 08-19804-2005.［S］.上海：上海建设和交通委员会，2005.

［3］ 《砌体工程现场检测技术标准》GB/T 50315-2000.［S］.北京：国家质量技术监督局，2000.

［4］ 王庆霖等.多孔砖砌体原位测试抗压抗剪强度试验报告［R］.西安建筑科技大学，陕西建筑科学研究院，2005.

［5］ 原位轴压法推断多孔砖砌体抗压强度的试验研究［C］//《砌体工程现场检测技术标准》修订稿背景资料，2011.

［6］ 王秀逸等.原位轴压法测定砌体抗压强度试验研究［J］.西安建筑科技大学学报，1997,(12).

［7］ 蒋利学.砌体及砂浆强度检测技术研究［R］.上海建筑科学研究院，2003.

附录 4　原位轴压法推断多孔砖砌体抗压强度的试验研究

王庆霖[1]　屈睿[1]　蒋利学[2]
(1. 西安建筑科技大学；2. 上海建筑科学研究院)

1. 前言

原位轴压法是国标《砌体工程现场检测技术标准》GB/T 50315-2000 列入的推断既有砌体抗压强度的方法之一，用以评定实心砖砌体抗压强度。工程实践表明，原位轴压法可全面反映砖、砌筑砂浆强度以及砌筑质量对抗压强度的影响，因而具有较高的可靠性。近年来西安建筑科技大学、上海建筑科学研究院等单位陆续进行了多孔砖砌体的试验，以便将该方法用于广泛存在的多孔砖砌体强度评定。

2. 试验概况

西安建筑科技大学的多孔砖砌体原位轴压法试验先后于 1997、2004、2005 年分三批完成，第一批烧结 KP1 型多孔砖墙片 12 个测点，无 σ_0 作用 6 个，有 σ_0 作用 6 个，σ_0 分别为 0.15、0.3、0.45MPa，方孔多孔砖 DS1（尺寸 180mm×240mm×90mm）墙片测点 18 个，其中无 σ_0 作用 12 个，有 σ_0 作用 6 个，σ_0 分别为 0.2、0.4、0.6MPa。第二批试验全部为 KP1 型多孔砖墙片，无 σ_0 作用测点 6 个，有 σ_0 作用测点 12 个，σ_0 分别为 0.3、0.6MPa。第三批试验测点 18 个，其中无 σ_0 作用 6 个，有 σ_0 作用测点 12 个，σ_0 分别为 0.42、0.69MPa。

上海建筑科学研究院为编制上海地方标准《既有建筑物结构检测与评定标准》DG/TJ 08-804-2005 也进行了包括多孔砖砌体的原位轴压法的试验，其中多孔砖砌体无 σ_0 作用测点 5 个，有 σ_0 作用测点 2 个，σ_0 分别为 0.42、0.69MPa。

试验方法与实心砖砌体相同，即在砌筑墙片的同时，采用同批多孔砖和同批砂浆由同一名工人砌筑砌体标准抗压强度试件，砌筑墙片时，槽间砌体距墙边以及槽间砌体之间的净距均应有一定的宽度，以提供对槽间砌体的约束，经破坏性试验后，以槽间砌体极限强度与标准试件抗压强度的比值，作为强度换算系数 ξ。鉴于多孔砖高度为 90mm，槽间砌体为 5 皮砖，以保持槽间砌体高度 500mm 不变。

试验时，槽间砌体的破坏形态与实心砖砌体十分相似，随荷载增加首先出现细微裂缝，达到极限荷载时则裂缝贯通，产生一条或多条竖向裂缝，典型的破坏形态如图 1 所示。

图 1　多孔砖槽间砌体破坏

3. 试验结果

西安建筑科技大学的试验结果分别列于表 1～表 4。上海建筑科学研究院的多孔砖砌体原位轴压试验结果见表 5。

第一批原位轴压强度试验结果与标准试件抗压强度对比　　　　表 1

墙体编号	σ_0/MPa	墙体试验数据 f_u/MPa	标件试验数据 f_m/MPa	ξ
$W_{1\text{-}1}$	0.15	5.642	2.812	2.006
$W_{1\text{-}2}$	0.15	6.579	2.812	2.340
$W_{2\text{-}1}$	0.3	4.948	2.812	1.760
$W_{2\text{-}2}$	0.3	4.861	2.812	1.729
$W_{3\text{-}1}$	0.45	5.469	2.812	1.945
$W_{3\text{-}2}$	0.45	6.510	2.812	2.315
$W_{4\text{-}1}$	0	4.861	4.037	1.204
$W_{4\text{-}2}$	0	4.420	4.037	1.095
$W_{5\text{-}1}$	0	4.250	4.037	1.053
$W_{5\text{-}2}$	0	4.601	4.037	1.140
$W_{6\text{-}1}$	0	4.420	4.037	1.095
$W_{7\text{-}1}$	0.6	4.514	3.860	1.169
$W_{8\text{-}1}$	0.4	4.630	3.860	1.199
$W_{8\text{-}2}$	0.4	5.903	3.860	1.529
$W_{9\text{-}1}$	0.2	4.630	3.860	1.199
$W_{9\text{-}2}$	0.2	4.167	3.860	1.080
$W_{8\text{-}3}$	0	4.167	3.860	1.080

注: 1. σ_0 为墙体竖向压应力; f_u 为槽间砌体极限抗压强度; f_m 为标准试件抗压强度; ξ 为强度换算系数, 以下同;
2. 已剔除 ξ 小于 1.0 的 $W_{3\text{-}2}$、$W_{4\text{-}2}$、$W_{4\text{-}3}$. 测点数据。

原位轴压强度试验结果与标准试件抗压强度对比　　　　表 2

墙体编号	σ_0/MPa	墙体试验数据 f_u/MPa	标件试验数据 f_m/MPa	ξ
$W_{10\text{-}1}$	0	3.472	2.815	1.233
$W_{10\text{-}2}$	0	4.080	2.815	1.449
$W_{10\text{-}3}$	0	3.125	2.815	1.110
$W_{11\text{-}1}$	0	3.385	2.815	1.202
$W_{11\text{-}2}$	0	3.819	2.815	1.357
$W_{12\text{-}2}$	0	6.366	4.660	1.366
$W_{12\text{-}3}$	0	6.181	4.660	1.326
$W_{13\text{-}1}$	0	6.181	4.660	1.326
$W_{13\text{-}2}$	0	8.102	4.660	1.739
$W_{13\text{-}3}$	0	7.407	4.660	1.589

注: 已剔除 ξ 小于 1.0 的 W2-3、W4-1 测点数据。

第二批原位轴压强度试验结果与标准试件抗压强度对比　　　　表 3

墙体编号	σ_0/MPa	墙体试验数据 f_u/MPa	标件试验数据 f_m/MPa	ξ
KY1	0	3.816	3.208	1.190
KY2	0	3.37	2.936	1.148
KY3	0	4.767	3.061	1.557
KY4	0.3	4.152	2.795	1.486
KY5	0.3	3.314	3.241	1.023
KY6	0.3	3.286	2.637	1.246

续表

墙体编号	σ_0/MPa	墙体试验数据 f_u/MPa	标件试验数据 f_m/MPa	ξ
KY7	0.6	5.269	2.782	1.894
KY8	0.6	4.599	2.862	1.607
KY10	0	3.482	3.421	1.018
KY13	0.6	4.041	3.47	1.165
KY14	0.6	3.035	2.708	1.121
KY16	0.3	4.208	3.138	1.341
KY17	0.3	3.143	2.912	1.079

注：已剔除 ξ 小于 1.0KY9、KY11、KY12、、KY15、KY18 测点数据。

第三批原位抗压强度试验结果与标准试件抗压强度对比　　表4

墙体编号	MU/MPa	M/MPa	σ_0/MPa	墙体试验数据 f_u/MPa	标件试验数据 f_m/MPa	ξ
W-1	15.2	6.9	0	6.75	4.12	1.638
W-2	15.2	6.9	0	4.21	4.12	1.022
W-3	15.2	10.3	0	7.58	5.26	1.441
W-6	15.2	6.9	0.24	6.86	4.12	1.665
W-7	15.2	6.9	0.24	5.85	4.12	1.420
W-8	15.2	6.9	0.24	5.45	4.12	1.323
W-9	15.2	6.9	0.24	5.85	4.12	1.420
W-10	15.2	6.9	0.4	6.92	4.12	1.680
W-11	15.2	6.9	0.4	6.16	4.12	1.604
W-12	15.2	6.9	0.4	6.16	4.12	1.604
W-13	15.2	10.3	0.4	9.13	5.26	1.736
W-14	15.2	10.3	0.4	7.19	5.26	1.367
W-15	15.2	10.3	0.4	9.57	5.26	1.819
W-16	15.2	10.3	0.24	8.08	5.26	1.536
W-17	15.2	10.3	0.24	7.52	5.26	1.430
W-18	15.2	10.3	0.24	8.66	5.26	1.646

注：1. MU 为砖强度等级；M 为砂浆强度等级；
　　2. 已剔除 ξ 小于 1.0 的 W-4、W-5 测点数据。

上海建筑科学研究院多孔砖砌体原位轴压对比试验结果　　表5

墙体编号	MU/MPa	M/MPa	σ_0/MPa	墙体试验数据 f_u/MPa	标件试验数据 f_m/MPa	ξ
D-3-Ⅲ-1	10	5	0.69	5.82	4.04	1.441
D-1-Ⅲ-2	10	5	0	4.4	4.04	1.089
D-2-Ⅲ-2	10	5	0	4.4	4.04	1.089
D-3-Ⅲ-2	10	5	0.42	4.84	4.04	1.198
E-1-Ⅲ-1	7.5	2.5	0	3.51	3.08	1.14
E-1-Ⅲ-2	7.5	2.5	0	3.34	3.08	1.084
F-1-Ⅲ-1	7.5	0.4	0	2.36	2.0	1.18

注：表中已剔除了 ξ 小于 1.0 的数据。

4. 多孔砖砌体原位轴压法试验数据分析

槽间砌体因受到侧向约束压应力作用，抗压强度得以提高。在没有 σ_0 作用时，侧向约束压应力由槽间砌体两侧墙体提供,其大小主要取决于砖和砂浆的变形性能,在一定程度上可通过槽间砌体强度 f_u 得到反映。当墙体有 σ_0 作用时,墙体受压产生的横向变形挤压槽间砌体,进一步加大了槽间砌体的侧向约束力,槽间砌体抗压强度进一步得以提高。

1)没有 σ_0 作用时,强度换算系数 ξ 值。

由表 1~表 4 可见,无 σ_0 作用数据 29 个,标准试件砌体抗压强度 2~5.26MPa。ξ 最小值 1.018,最大值 1.739,平均值 1.251,标准差 0.197,变异系数 0.157。

2)采用全部数据,强度换算系数 ξ 回归值。

由表 1~表 4 可见,有 σ_0 作用测点 34 个,标准试件砌体抗压强度 2.71~5.26MPa;σ_0 为 0.15~0.69MPa。考虑到多孔砖砌体试验数据中两个测点 $\sigma_0 = 0.15$MPa 的 ξ 值均在 2.0 以上,4 个测点 $\sigma_0 = 0.6 \sim 0.69$MPa 的 ξ 值仅为 1.121~1.169,低于多孔砖砌体 $\sigma_0 = 0$ 时的均值 1.25,使多孔砖砌体出现 σ_0 增加,ξ 值反而减小的不合理情况,分析时均予以剔除,因此总数据为 59 个。

(1)以 σ_0 为参数进行线性回归。

回归散点图如图 2 所示。

回归方程为 $\xi = 1.25 + 0.77\sigma_0$　　　相关系数 0.55

(2)以 f_u 为参数进行线性回归。

回归散点图如图 3 所示。

回归方程为 $\xi = 0.809 + 0.1097 f_u$　　　相关系数 0.65

分析表明,多孔砖砌体以 f_u 为参数的线性回归相关性较好。

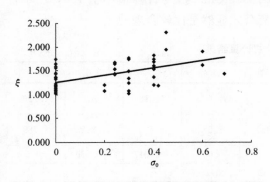
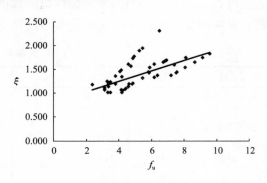

图 2　强度换算系数 ξ 与 σ_0　　　　　　　　图 3　强度换算系数 ξ 与 f_u

5. 多孔砖砌体与实心砖砌体试验结果比较

重庆建筑科学研究院、西安建筑科技大学、上海建筑科学研究院共完成实心砖砌体原位轴压法试验 37 组(每组 2~3 个测点)。

1)没有 σ_0 作用时,实心砖砌体强度换算系数 ξ 值。

没有 σ_0 作用共 7 组,标准试件砌体抗压强度 1.88~10.36MPa。强度换算系数 ξ 最小值 1.084,最大值 1.47,平均值 1.32。

2)采用全部数据,实心砖砌体强度换算系数 ξ 回归值。

全部数据 37 组,标准试件砌体抗压强度 1.88~10.36MPa。σ_0 为 0.10~1.19MPa。

(1)以 σ_0 为参数进行线性回归。

回归散点图如图 4 所示。

回归方程为 $\xi=1.34+0.555\sigma_0$ 相关系数 0.78

（2）以 f_u 为参数进行线性回归。

回归散点图如图 5 所示。

回归方程为 $\xi=1.22+0.059f_u$ 相关系数 0.54

分析表明，以 σ_0 为参数的线性回归相关性明显优于以 f_u 为参数的相关性。

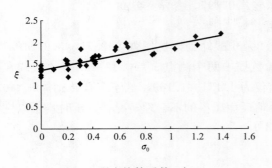

图 4　强度换算系数 ξ 与 σ_0　　　　图 5　强度换算系数 ξ 与 f_u

（3）多孔砖砌体与实心砖砌体 ξ 计算公式的比较。

以 σ_0 为参数的比较见表 6，以 f_u 为参数的比较见表 7。

由表 5、表 6 可见，以 σ_0 为参数，两种砌体的 ξ 计算值较吻合，仅 σ_0 为零时，两者相差 6.7%，多数情况相差均在 4% 以内。而以 f_u 为参数，两种砌体的 ξ 计算值相差较大，最大可达 22.3%，而且当槽间砌体极限强度小于 2.0MPa 时，ξ 计算值小于 1.0，已不合理。从两组公式比较看，以 σ_0 为参数建立 ξ 计算公式显然是比较合理的。

以 σ_0 为参数 ξ 公式计算结果　　　　表 6

σ_0/MPa	0	0.1	0.2	0.3	0.4	0.5	0.6	0.7
实心砖砌体：式（3）	1.34	1.396	1.451	1.507	1.562	1.618	1.673	1.729
多孔砖砌体：式（1）	1.25	1.327	1.404	1.481	1.558	1.635	1.712	1.789
差值	0.09	0.069	0.047	0.023	0.004	−0.017	−0.039	−0.06
相对差值/（%）	6.7	4.9	3.2	1.52	0.25	−1	−2.3	−3.5

以 f_u 为参数 ξ 公式计算结果　　　　表 7

f_u/MPa	1	2	3	4	5	6	7	8
实心砖砌体：式（4）	1.279	1.338	1.397	1.456	1.515	1.574	1.633	1.692
多孔砖砌体：式（2）		1.04	1.143	1.246	1.349	1.452	1.555	1.658
差值		0.298	0.254	0.21	0.166	0.122	0.078	0.034
相对差值/（%）		22.3	18.2	14.4	11	7.8	4.8	1.7

6. 结论

（1）进行原位轴压法检测多孔砖砌体抗压强度时，由于槽间砌体两侧墙体的约束，其极限抗压强度高于我国规范规定的标准试件的抗压强度，与实心砖砌体相同，必须考虑强度换算系数 ξ，将其换算为标准试件抗压强度。

（2）试验结果表明，多孔砖砌体与实心砖砌体的约束作用对槽间砌体极限强度的影响没有明显差异，以 σ_0 为参数两种砌体的回归公式 ξ 值计算值相差很小，一般情况下均在4％以下，最大相差也仅为 6.7％（$\sigma_0=0$），因而可采用统一的 ξ 计算公式。

（3）多孔砖砌体以 f_u 为参数的回归效果优于以 σ_0 为参数的回归效果，反之实心砖砌体以 σ_0 为参数的回归效果优于以 f_u 为参数的回归效果，主要在于试件抗压强度的试验范围不同，多孔砖砌体标准试件抗压强度仅在 2～5.26MPa 较小范围内，而实心砖砌体则在 1.88～10.36MPa 很大范围之间，《砌体工程现场检测技术标准》GB/T 50315-2000 修订背景资料中"原位轴压法现场推断砌体抗压强度的应用"有进一步地分析。

（4）尽管槽间砌体极限强度可以全面反映砌体强度的各项影响因素（砖、砂浆的强度、变形性能、砌筑质量等），且对多孔砖砌体而言，以 f_u 为参数的回归效果优于以 σ_0 为参数的回归相关性，但经过比较，如以 f_u 为参数确定 ξ，不能与实心砖砌体采用相同的 ξ 计算公式，会出现 ξ 计算值不合理的情况，因而不宜以 f_u 为参数建立 ξ 计算公式。

附：

上海建筑科学研究院实心砖砌体原位轴压对比试验数据

墙体编号	MU/MPa	M/MPa	σ_0/MPa	墙体试验数据 f_u/MPa	标件试验数据 f_m/MPa	ξ
C-2-Ⅲ-2	10	5	0	5.82	5.26	1.106
C-3-Ⅲ-1	10	5	0.69	6.08	5.26	1.156
C-3-Ⅲ-2	10	5	0.42	8.47	5.26	1.61

注：其余实心砖砌体原位轴压对比试验数据在制定 GB/T 50315-2000 标准时已采用，此处略。

参考文献：

［1］王庆霖，雷波. 多孔砖砌体原位测试抗压抗剪强度试验报告［R］. 西安：西安建筑科技大学，陕西建筑科学研究院，2005.

［2］王秀逸等. 原位轴压法测定砌体抗压强度试验研究［J］. 西安建筑科技大学学报，1997，（12）.

［3］蒋利学. 砌体及砂浆强度检测技术研究［R］. 上海：上海建筑科学研究院，2003.

附录 5　扁顶法实测砌体抗压强度的试验研究

湖南大学　施楚贤　陈大川

1. 前言

利用扁顶法检测砌体抗压强度具有快速、轻便、直观和准确的特点。工程实践表明，扁顶法测试结果可以综合反映砌体结构材料质量和施工质量，具有较高的可靠性。在国内，湖南大学首先进行了扁顶法实测普通砖砌体工作应力、抗压强度和变形模量的试验研究。西安建筑科技大学在此基础上，提出了采用自平衡液压油缸式扁千斤顶测定普通砖砌体抗压强度的方法，即原位轴压法。两种方法的核心都是建立槽间砌体抗压强度和标准砌体抗压强度之间的换算关系，利用强度换算系数考虑两侧墙体对槽间砌体约束的有利作用。本文对扁顶法检测多孔砖砌体抗压强度的要点进行了简要说明，通过对扁顶法和原位轴压法的 111 组试验数据进行统计分析，提出了扁顶法和原位轴压法的统一强度换算系数表达式。

2. 多孔砖砌体的扁顶法

扁顶法实测多孔砖砌体抗压强度的试验装置、测试部位及试验步骤等与普通砖砌体的扁顶法检测基本相同，标准中已对相关内容进行了详细的规定。在这里，对多孔砖砌体槽间砌体的高度的确定进行补充说明。

槽间砌体的高度对砌体抗压强度有明显的影响。两槽间距越大，上、下槽所施加的局部荷载相互影响越小，越趋近于砌体的局部抗压强度。反之，当两槽间距减小时，加载面的摩擦约束作用加大，并且随着受压砌体水平灰缝数量的减少，使砌体抗压强度趋近于块体的抗压强度。相关试验结果显示，当槽间砌体高度为 300~600mm 时，可获得槽间砌体的最低强度。采用双扁顶实测砌体的抗压强度和变形模量时，还必须考虑扁顶负荷能力、扁顶变形限值以及砖砌体的约束条件和尺寸效应等因素。一般对于普通砖砌体，采用 7 皮砖的高度；对于多孔砖砌体，采用 5 皮砖的高度。

3. 统一强度换算系数 ξ

3.1　强度换算系数的参数取用

扁顶法、原位轴压法中的槽间砌体的受力状态与标准砌体的受力状态有较大的差异：槽间砌体的高厚比较小；槽间砌体受压截面面积与标准砌体不同；槽间砌体在平面内的变形受到两侧墙肢的约束，使得其开裂时间推迟，抗压强度提高。但一旦出现裂缝，变形即向平面外发展，强度的提高受到限制。为便于工程应用，应采用强度换算系数，将槽间砌体的抗压强度换算为标准砌体的抗压强度。

根据 Alexander 垂直于扁顶的岩石应力公式，推导得到槽间砌体的极限状态方程为

$$(a + k\sigma_{0ij})f_{uij} = (b + m\sigma_{0ij})f_{mij} \tag{1}$$

式中，σ_{0ij} 为上部垂直压应力；f_{uij} 为槽间砌体抗压强度；f_{mij} 为标准砌体抗压强度。

式（1）表明，上部垂直压应力 σ_{0ij} 一方面使图 1 中所示的槽间砌体所承受的垂直荷载

162

增大，使槽间砌体的极限承载力降低，从而强度换算系数逐渐减小，这是不利的影响。另一方面，σ_{0ij} 又可以提高两侧墙肢的抗剪强度，并对槽间砌体变形起侧向约束作用，这是有利的影响。因此，上部垂直压应力 σ_{0ij} 是强度换算系数的重要影响因素。

而在实际砌体结构中，槽间砌体受到的侧向约束的大小与砌体的本构关系、泊松比等反映砌体变形性能的参数有关，与砌体强度指标一样，这些变形参数受施工因素影响较大，其离散性比强度指标要大。从这一角度来看，槽间砌体极限抗压强度 f_{uij} 更能直接反映槽间砌体受到的侧向约束的大小。

图 1　槽间砌体的计算模型

3.2　统一强度换算系数 ξ 的确定

由以上分析可知，对于扁顶法和原位轴压法，可以上部垂直压应力 σ_{0ij} 和槽间砌体抗压强度 f_{uij} 为参数确定两种方法的统一强度换算系数。试验结果表明，当 $\sigma_{0ij}/f_m < 0.3\sim0.35$ 时，ξ_{ij} 值和 σ_{0ij} 基本符合线性增长关系。而在实际工程中，σ_{0ij} 在 $0.1\sim1.0$MPa 范围内变化，ξ_{ij} 值和 σ_{0ij} 一般在线性相关范围内，故采用线性表达式可以满足实际工程检测的需要。收集到扁顶法试验数据和原位轴压法试验数据共 111 组，其中扁顶法实测普通砖砌体抗压强度试验数据 14 组，原位轴压法实测实心砖、多孔砖砌体抗压强度试验数据 97 组。对 111 组扁顶法、原位轴压法试验数据分别以 σ_{0ij}/f_{uij}、σ_{0ij} 和 f_{uij} 为参数进行线性回归。

如图 2 所示为 σ_{0ij}/f_{uij} 和 ξ 之间关系的描点，通过线性拟合得到：

$$\xi_{ij} = 1.30 + 2.94 \frac{\sigma_{0ij}}{f_{uij}} \tag{2}$$

其中相关系数为 0.62，标准偏差为 0.23，描点个数为 111。

如图 3 所示为 f_{uij} 和 ξ 之间关系的描点，通过线性拟合得到：

$$\xi_{ij} = 1.20 + 0.05 f_{uij} \tag{3}$$

其中相关系数为 0.40，标准偏差为 0.27，描点个数为 111。

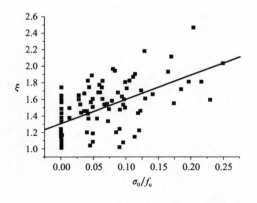

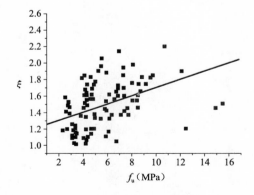

图 2　$\xi\text{-}\dfrac{\sigma_{0ij}}{f_{uij}}$ 散点图及回归直线　　　图 3　$\xi\text{-}f_{uij}$ 散点图及回归直线

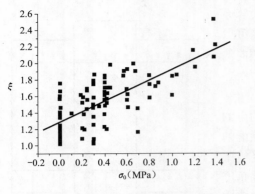

图 4 ξ-f_{0ij} 散点图及回归直线

如图 4 所示为 σ_{0ij} 和 ξ 之间关系的描点,通过线性拟合得到:

$$\xi_{ij} = 1.27 + 0.61 f_{0ij} \tag{4}$$

其中相关系数为 0.74,标准偏差为 0.20,描点个数为 111。

从图 2、图 3、图 4 之间的对比可以看出,采用 σ_{0ij} 和 ξ 进行线性拟合优于其他两种拟合方式。将扁顶法的 14 组试验数据和原位轴压法的 97 组试验数据,分别按照式(4)计算得到理论强度换算系数 ξ,与实测强度换算系数 ξ' 对比,平均相对误差分别为 8.8% 和 11.8%。上述结果表明,扁顶法和原位轴压法统一采用以 σ_{0ij} 为参数的强度换算系数是可行的。根据扁顶法和原位轴压法检测多孔砖砌体抗压强度验证性考核试验结果,对强度换算系数 ξ 的表达式进行修正后,建议采用下式计算 ξ:

$$\xi_{ij} = 1.25 + 0.60 f_{0ij} \tag{5}$$

4. 结语

(1)经过试验研究和实际工程的验证,扁顶法可用于多孔砖砌体受压工作应力、抗压强度和变形模量的现场检测。

(2)扁顶法和原位轴压法以 σ_{0ij} 为参数,采用统一公式表达强度换算系数,具有可靠性和可行性。

附录6 原位单砖双剪法测定砌体通缝抗剪强度的试验研究

陕西省建筑科学研究院 雷波 郭起坤

摘要：本文介绍一种砌体通缝抗剪强度微破损检测方法——原位单砖双剪法，即采用专用的原位剪切仪，在现场对砌体通缝抗剪强度直接进行原位单砖双剪测定。本方法主要用于砌体强度的现场评定，以供事故分析、抗震鉴定以及加固改造的检测工作使用。

1. 前言

砌体原位单砖双剪法是一种测定砌体通缝抗剪强度的方法，该方法在被鉴定墙体上按抽样要求选取测位，用原位剪切仪，测定该测位单砖在双剪条件下的抗剪强度。根据成组的数据，评定该批砌体的通缝抗剪强度。

砌体通缝抗剪强度是砌体结构的一项主要指标，是房屋可靠性评定，房屋改造，事故分析，特别是房屋抗震性能的评定和加固的基本依据之一。但是，测定砌体通缝抗剪强度，国内外至今还没有一种可供现场原位使用的标准方法。长期以来采用的，一种是直接测定方法，它是从砌体上截取试件，测定其实际强度。这种方法不仅截取试件困难，而且对砌体破坏性也较大。另一种是间接测强方法，如通过测定砌体中砂浆抗压强度推算砌体抗剪强度。这种方法目前使用较为广泛，其换算依据是室内标准工艺下获得的抗压—抗剪强度的经验公式，研究证明，在现场工艺条件下，这种经验公式的使用还有不少局限性。因此，有必要研究适合现场使用的砌体通缝抗剪强度检测方法。

砌体原位单砖双剪法及配套的原位剪切仪就是在上述意图下研制的。它不需要切割或开凿大片墙体，对砌体不会造成结构性损伤，可直接在被鉴定砌体上测出砌体通缝抗剪强度。

2. "单砖双剪法"强度测试原理与方法

砌体是由大量的块材用砂浆叠砌而成的，同批砌体可被看作是一个总体，每一块材可被看作总体中的每一个体。依据样本理论，测定若干个体的抗剪强度，便可组成一个样本去推断总体——同批砌体的抗剪强度。砌体原位单砖双剪法就是依据此原理研制的检测方法。

2.1 单砖双剪试件强度测试方案

原位单砖双剪检测方法，是在墙体上确定测位及被检测的单砖，掏空该单砖一端的竖缝和另一端相邻的半块（或一块）砖的砌筑空间，将原位剪切仪嵌入，测定该单砖的极限剪切强度。如图1所示。

剪切仪主机尺寸相当于半块砖，原位剪切仪的反力由墙体自身承受，这样，将使被测墙体受损极微，仪器也达到最轻便的程度。试验在双剪模式下进行。为此，在掏空半砖时，应细心操作，以确保受剪灰缝在试验前不被扰动。试件强度计算以剪摩公式为基本模式，如式（1）：

$$f_v = \frac{1}{\alpha\gamma} \cdot \frac{F}{2bl} - \beta\sigma_0 \qquad (1)$$

式中：F——试件的极限推力（N）；

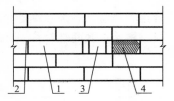

图1 单砖双剪法工作示意

1—试件；2—掏空的竖缝；

3—剪切仪；4—垫块

  $2bl$——试件双剪面积（mm^2）；

   σ_0——上部荷载产生的压应力平均值（N/mm^2）；

   β——上部荷载压应力影响系数；

   α——竖缝影响系数；

   γ——考虑试验方法不同的修正系数。

2.2　原位剪切仪

  与单砖双剪法配套的原位剪切仪，是依据手动分离式千斤顶原理和原位单双剪法测试方案的要求设计的专用仪器，如图 2 所示。直接嵌入墙体内的剪仪主机，外形尺寸为 65mm×115mm×125mm，额定压力依据型号不同而不同，最大推力可达 200kN，其力值由压力表指示，行程 25mm，设计着眼于轻便。整套仪器净重 10kg，测力基本误差±3％（测量能力，指数 Mcp＞4）。

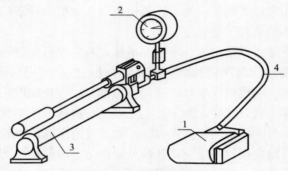

图 2　原位剪切仪构造示意
1—剪切仪主机；2—压力表；3—油泵；4—油管

3. 影响因素及其测定

  由式（1）可知，确定单砖双剪法测试结果，必须确定竖缝影响系数 α，上部压应力影响系数 β 和原位单砖双剪法与标准试验方法不同的修正系数 γ。

  为了测定这些系数，我们在室内模拟砌体上进行了影响系数的测定，即 1993 年 16 片墙体的模拟试验。模拟墙体是混合砂浆砌筑的普通黏土砖墙片，墙片厚 240mm，高 1m 试件的砂浆强度等级分别为 M2.5，M5，M7.5 和 M10。为了减少对个别测位的过分依赖，并提高测定结果的可信性，各系数均按其回归值确定。

3.1　竖缝影响系数及测定

  在使用砌体单砖原位双剪法检测时，当墙体厚度大于和等于 240mm 时，试件的受剪缝除上、下水平缝外，其内侧的竖缝亦可能参加工作。从而有必要了解是否须对测试结果进行修正。试验在砂浆强度等级分别为 M2.5、M5、M7.5 和 M10 砌筑的烧结普通砖的样墙上进行。样墙在其两端对称地砌筑了有竖缝和无竖缝剪切试件，所得结果的回归值见表 1。

竖缝影响系数 α 的测定   表 1

砂浆设计强度	M2.5	M5	M7.5	M10
标准方法的 $f_{V,m}$ 值	0.108	0.151	0.195	0.238
有竖缝 $f_{V,m}^{01}$ 值	0.177	0.251	0.326	0.399
无竖缝 $f_{V,m}^{0}$ 值	0.151	0.219	0.289	0.357
$\alpha = f_{V,m}^{01}/f_{V,m}^{0}$	1.17	1.15	1.13	1.12

由上表所列数值可知，各砂浆标号的 α 值十分接近，可取其平均值作为统一的竖向影响系数（即 $\alpha=1.14$），但考虑到竖缝砂浆黏结力变异较大，以取 $\alpha=1.07$ 较为稳妥。

3.2　上部压应力影响系数及其测定

上部压应力对砌体抗剪强度影响的试验，是在无竖缝及 $\sigma_0=0$ 与 $\sigma_0=0.6\text{MPa}$ 的条件下进行的。影响系数由在 $\sigma_0\neq0$ 条件下所得的 $f_{V,m}^6$ 与 $\sigma_0=0$ 时的 $f_{V,m}^0$ 按式（2）确定，即：

$$\beta=\frac{f_{V,m}^6-f_{V,m}^0}{\sigma_0} \tag{2}$$

样墙模拟试验结果列于表2。

当 $\sigma_0=0.6\text{MPa}$ 时的影响系数 β 的测定　　　　　表2

砂浆设计强度	M2.5	M5	M7.5	M10
标准方法的 $f_{V,m}$ 值	0.108	0.151	0.195	0.238
样墙 $f_{V,m}^6$ 值	0.628	0.664	0.700	0.736
样墙 $f_{V,m}^0$ 值	0.151	0.219	0.289	0.357
影响系数 β 值	0.79	0.74	0.69	0.63

由上表所列数值可知，β 值变化于 $0.63\sim0.79$ 之间，平均为 0.71，从实用目的出发，以取 $\beta=0.7$ 较为合适，因为该值较符合一般对砌体摩阻系数大小的概念。

3.3　考虑试验方法不同的修正系数及其测定

砌体的抗剪强度依据国标《砌体基本力学性能试验方法标准》GB/T 50129-2011 确定的，而砌体原位单砖双剪法与标准方法在试件尺寸及受力模式上有明显的区别。为了取得测定结果的一致性，因此在式（1）中设定了试验方法不同的修正系数 γ：

$$\gamma=\frac{f_{V,m}^0}{f_{V,m}} \tag{3}$$

式中：$f_{V,m}^0$——原位单砖双剪法在无竖缝及 $\sigma_0=0$ 条件下的一组试件抗剪强度平均值；

$f_{V,m}$——标准试验方法所测得的砌体抗剪强度平均值。

模拟试验以试验墙片中无竖缝试件，在上部压应力 $\sigma_0=0$ 条件下的试验结果与标准试验方法所得的结果进行对比，其统计结果见表3。

考虑试验方法不同的修正系数试验统计表　　　　　表3

砂浆设计强度	M2.5	M5	M7.5	M10
标准方法的 $f_{V,m}$ 值	0.108	0.151	0.195	0.238
样墙 $f_{V,m}^0$ 值	0.151	0.219	0.289	0.357
$\gamma=f_{V,m}^0/f_{V,m}$	1.40	1.45	1.48	1.50

从上表所列数值可知，其变化幅度大致在 $1.40\sim1.50$ 之间。为了便于建立经验公式，宜取统一的 γ 值。本报告根据这 4 个数值的平均结果取 $\gamma=1.45$ 建立公式。

4. 砌体原位单砖双剪法的试验验证

根据试验分析结果，式（1）可改写为

$$f_V=\frac{1}{1.07\times1.45}\times\frac{F}{2bl}-0.7\sigma_0$$

$$=\frac{0.64F}{2bl}-0.7\sigma_0 \tag{4}$$

1993 年 7 月由《砌体力学性能现场检测技术标准》编制组组织的成都试验方法精度考核中，本方法参加了测试精度的考核。试验结果的相对误差见表 4。

单砖双剪法的相对误差统计结果　　　　　　　　　　表 4

序　号	试验墙编号		标准砌体抗剪强度平均值/MPa	单砖双剪测试结果/MPa	相对误差 $\dfrac{f_{V,m} - f_{V,m}}{f_{V,m}}$
	地点	编号			
1	成都	H-4	0.456	0.535	0.18
2	成都	L-4	0.236	0.368	0.56

从以上统计表中可看出，砌体原位单砖双剪法对高标号砂浆砌筑的墙片，其测试精度基本上能满足砌体抗剪强度的现场测试要求。但对于验证试验的低标号墙片 L-4，该方法测得的抗剪强度的偏离度高达 56%，与标准试件差异较大，分析认为，这是由多种原因造成的。但从砌体原位单砖双剪法在 30 余项工程的现场检测表明，该方法不失为一种较为简单的砌体通缝抗剪强度检测方法。

5. 结束语

（1）砌体原位单砖双剪法，通过室内的试验研究和工程的实际应用，表明该方法较好地达到了研制目的，在一定范围内能满足工程检测的需要。现在该方法已被国内十余省市的研究及检测机构引进使用，原位剪切仪也已小批量试生产。

（2）砌体原单砖双剪法研究工作完成后，曾委托全国砌体结构标准技术委员会进行了鉴定并获得通过。鉴定会认为，这种方法"无论是进行已有建筑物的质量鉴定或是工程事故处理以及新建工程的施工验收都是一种较为简便的方法"，"对地震区的房屋更具有较高的使用价值"。

附录7 筒压法检测评定砌筑砂浆强度的研究和应用

山西省第四建筑工程公司 赵德光 王桂莲

山西省建四公司倡导组织全省范围内建工、电力、水利、冶金各行业系统的十个单位的建材试验室和科研室，在自筹科研经费的情况下，自愿组合成《砌筑砂浆强度检测专题研究组》，分工协作，采用了不同含水率的烧结普通砖和53个品种的砂浆，砌筑试验墙体130余件，制作近500组砂浆标准试件，开展研究，创立了评定砌筑砂浆强度的"筒压法"，该法属于取样检测方法，适用于烧结普通砖砌体中砂浆强度的检测评定。该法具有原理明确、工具简单、操作方便、准确度高、复演性好、对砌体破损程度小等特点。

1. 原理

定量级配的硬化干燥砌筑砂浆颗粒，装入承压筒中，施加一定压力后，测得的破损程度即筒压指标，与砂浆强度之间的关系，系砂浆颗粒抵抗局部受力的破损性能与试块受压极限破坏强度之间的关系，有着特别显著的相关性；同盘砌筑砂浆的筒压指标较标养试块强度有更好的复演性，这两点是建立测强曲线的基础。

试验墙体和标准砂浆试块在同条件下制作和养护，从墙体水平灰缝中取出砂浆小块，测定筒压指标，建立与标准砂浆试块强度的对应关系，据此评定砌体结构中的砌筑砂浆强度。这样，筒压法评定的砂浆强度，即相当于与工程同条件养护的标准砂浆试块强度。

2. 强度计算式

对研究中所取得的数据，用近两千个不同组合条件，进行了一元二次抛物线、幂函数、指数函数、线性函数等多个一元函数的回归分析，选优确定了筒压法计算砌筑砂浆抗压强度的以下相关关系式。

河中细砂配制的水泥砂浆：

$$f_{2,i} = 34.58\,(T_i)^{2.06} \tag{1}$$

河中细砂、石灰膏或磨细生石灰粉和水泥配制的水泥石灰混合砂浆：

$$f_{2,i} = 6.1T_i + 11\,(T_i)^2 \tag{2}$$

河中特细砂、石灰膏、水泥配制的特细砂混合砂浆：

$$f_{2,i} = 2.24 - 13.1T_i + 24.3\,(T_i)^2 \tag{3}$$

河中细砂、粉煤灰、水泥配制的粉煤灰砂浆：

$$f_{2,i} = 2.52 - 9.4T_i + 32.8\,(T_i)^2 \tag{4}$$

石灰石石粉砂与河中细砂各半、石灰膏和水泥配制的石粉砂浆：

$$f_{2,i} = 2.7 - 13.9T_i + 44.9\,(T_i)^2 \tag{5}$$

式中：$f_{2,i}$——第 i 测区砌筑砂浆抗压强度（MPa）；

T_i——第 i 测区砌筑砂浆的筒压指标，以小数计。

3. 砌筑砂浆的检测评定

3.1 工具设备

（1）承压筒：如图 1 所示，亦可采用测试轻骨料筒压强度的承压筒。

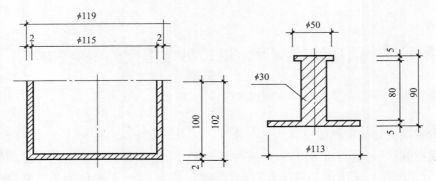

图 1　承压筒构造

（2）孔径分别为 15mm、10mm、5mm 的标准砂石筛。

（3）砂筛分用摇筛机。

（4）称量 0.5～1kg、感量 0.1g 台称。

（5）烘箱。

（6）100kN 压力机或万能试验机。

（7）水泥跳桌。

（8）手锤、钢钎等。

3.2　检测

砌筑砂浆强度的检测评定分单元检测评定和按验收批抽样检测评定两类。

单元检测评定用于建筑物、构筑物以层数或轴线划分的砌体单元，以及指定的局部范围。在每个单元内，取样部位可均匀分布，或商定在预计砂浆强度高、中、低的区域。在每个部位，不少于一处拆取砌筑砂浆，每一拆取处定义一个测区，即每一单元内应不少于三个测区。

按验收批抽样检测评定，用于施工工艺、强度等级相同、原材料和配合比基本一致，且龄期相近的砌体结构。每一验收批中，以 250m³ 砌体或每一楼层品种、强度等级相同的砂浆作为一个取样单元，不足 250m³ 的砌体亦为一个取样单元，基础工程为一个取样单元。每个取样单元内不得少于三个测区，测区应随机确定。

对每一测区，在距墙表面 20mm 以内的水平灰缝中，凿取砂浆 4～5kg，砂浆颗粒的厚度不得小于 5mm，宜取厚些的砂浆块。每个测区凿取的砂浆颗粒应单独包装，并详细记录（如工程名称、测区部位编号、取样时间及取样人姓名）。

每一测区的砂浆颗粒分别用人工锤碎，筛取 5～15mm 粒径的砂浆 3～4kg，在 105±5℃温度下烘干至恒重（约需 4～6h），冷却至室温备用。每次取烘干试样约 1kg，置于孔径 15mm、10mm、5mm 依次套接的标准筛中，筛取粒级 5～10mm、10～15mm 的干燥砂浆颗粒。

称取粒级 5～10mm 和 10～15mm 干燥砂浆颗粒各 250g，精确至 0.1g，混匀作为一个标准试样；分两次装入承压筒，每次约 1/2，每次装后在水泥跳桌上跳振 5 次，第二次装料跳振后，整平表面，按上承压盖。

装料的承压筒置于 100kN 压力机或万能机上施压，20～40s 内均匀加荷至规定的筒压荷载，然后立即卸荷。施加的筒压荷载：水泥砂浆、石粉砂浆为 20kN；水泥石灰混合砂浆、粉煤灰砂浆为 10kN；特细砂混合砂浆为 5kN。将试压过的试样，倒入孔径 10mm、5mm 和底盘依次套接的标准筛中（研究中还有 2.5mm 筛），加上筛盖扣严，置于摇筛机摇筛 2min 或人工摇筛 1.5min。称量各筛上试样（精确至 0.1g）。所有备筛的分计筛余重量和底盘中剩余重量的总和，与筛分前试样重量相比，差值不得超过 ±0.5%，否则该试样无效。每个测区应测取三个有效标准试样。

3.3　数据分析

每个标准试样筒压指标的计算：

$$T_{ij} = \frac{t_1 + t_2}{t_1 + t_2 + t_3} \tag{6}$$

式中：T_{ij}——第 i 测区中，第 j 标准试样的筒压指标，以小数计；

t_1、t_2、t_3——分别为孔径 10mm、5mm 筛的分计筛余量及底盘中剩余量（g）。

每个测区的筒压指标为该测区三个标准试样筒压指标的平均值：

$$T_i = (T_{i1} + T_{i2} + T_{i3})/3 \tag{7}$$

式中：　　T_i——第 i 测区筒压指标；

T_{i1}、T_{i2}、T_{i3}——分别为第 i 测区三个标准试样的筒压指标。

第 i 测区的砂浆强度 $f_{2,i}$，系将 T_i 代入前面相应砂浆品种的关系式进行计算。

单元评定或按验收批抽样评定中，砂浆强度取下列两式中的较小值：

$$f_{21} = \frac{1}{n} \sum_{i=1}^{n} f_{2,i} \tag{8}$$

$$f_{22} = \frac{1}{0.75} f_{2,\min} \tag{9}$$

式中：f_{21}——单元评定或按验收批抽样评定中砂浆的平均强度（MPa），精确至 0.1MPa；

$f_{2,i}$——第 i 测区砂浆强度（MPa）；

$f_{2,\min}$——各测区中，砂浆强度中的最小强度（MPa）；

f_{22}——按各测区砂浆强度中的最小值确定的强度推测值（MPa）；

n——测区数量。

3.4　强度评定

按变异系数 δ 判定砌筑砂浆强度的匀质性，见表 1。

匀质性判定　　　　　　　　　　　　　　　　　　　　　　　　　　表 1

砂浆强度等级	≥M5			<M5		
δ（%）	≤25	25<δ≤40	>40	≤30	30<δ≤50	>50
匀质性判定	较好	一般	差	较好	一般	差

当 f_{21} 和 f_{22} 均大于砂浆设计强度等级时，判定砌筑砂浆强度合格，给予验收。若用于建筑物加层、抗震验算时，将 f_{21} 和 f_{22} 中的低值作为评定强度。

当 f_{21} 和 f_{22} 中，一个或两个小于砂浆设计强度等级时，砂浆强度匀质性较好或一般，将其中的低值作为评定强度。

当 f_{21} 和 f_{22} 中，一个或两个小于砂浆设计强度等级时，砂浆强度匀质性差，宜重新确定单元评定的范围，增加测区，按新的单元复测评定。

4. 有关规定及依据

4.1　适用范围

受研究中取材的限制,"筒压法"适用于烧结普通砖砌体中砂浆抗压强度的检测评定。被测砂浆的龄期应在 14d 以上,砂浆品种和抗压强度范围分别为:

(1) 中、细砂配制的水泥砂浆,砂浆强度为 2.5～20MPa;

(2) 中、细砂配制的水泥石灰混合砂浆,砂浆强度 2.0～15.0MPa;

(3) 特细砂配制的水泥石灰混合砂浆,砂浆强度 1.0～5.0MPa;

(4) 中、细砂配制的水泥粉煤灰砂浆,砂浆强度 2.2～20MPa;

(5) 石灰质石粉、中、细砂混合配制的水泥石灰混合砂浆和水泥砂浆,砂浆强度为 2.0～20MPa;不适用于遭受火灾、化学侵蚀等砌筑砂浆的检测评定。

4.2　抽样检验

参照国家标准《砌体工程施工及验收规范》有关规定,从严确定抽样单元和测区数量。每一测区强度相当于一组标准试块的强度。工程检测中,往往需要对工程的局部范围进行评定,此时应根据具体要求,与有关人员共同商定取样部位。

4.3　取样

为避免环境条件（如碳化）等外界因素的影响,在工程取样时,规定只取距墙表面 20mm 以内的水平缝砂浆,且砂浆厚度不得小于 5mm,宜取得厚一些,取样量为 4～5kg,具体可视砂浆的实际强度,高者少取,低者多取,以保证制备三个标准试样所需的砂浆数量。

4.4　标准试样制备中有关参数的确定

(1) 试样数量。为便于筛分,每次取烘干试样 1kg,试样烘干还可免除取样季节、环境和湿度对测试的影响。

(2) 筛分时间。筛分时间分筒压试验前的分级筛分和筒压后测定筒压指标的筛分,两次筛分时间的长短对测定筒压指标都有影响。筛分中,通过孔径 5mm 筛的试样量与下列因素有关:上级筛筛落试样的速度试样中粒径小于 5mm 的原始颗粒含量;摇筛过程中,颗粒与颗粒及颗粒与筛具之间撞击摩擦而新增的小于 5mm 粒径的颗粒量。单位间隔时间内,通过孔径 5mm 筛的筛落物,开始少,很快增多,后又逐渐减少,最后趋于稳定值。稳定值的大小和趋于稳定所需的时间,与砂浆本身的强度、耐磨性及摇筛的强度有关。砂浆强度和耐磨性高,则稳定值低,稳定下来所需的时间短;摇筛强度大,则稳定下来的时间短,稳定值也高。摇筛强度应注意保持一定。

筛分时间应取不同品种、不同强度的砂浆都能较快稳定下来的时间。经测定,用 YS-2 型摇摆式筛分机需 120s,人工筛需 90s,测试结果如图 2 所示。筒压前的分级筛分有助于减小因锤击能量带来的误差,为简化操作,增加可比性,将筒压前的分级筛分时间和筒压后测定筒压指标的时间予以统一。其次,人工筛分时,人为因素影响较大,特别对低强度等级的砂浆应特别注意。

(3) 标准试样量。承压筒的直径（内径）确定后,在同一筒压荷载下施压时,试样与筒壁（包括承压盖）接触的面积与其体积的表面比值,随试样量的减小而增大;施压中,砂浆颗粒的平均相对位移则随试样数量的增大而增大。砂浆颗粒与筒壁接触的表面比值和砂浆颗粒平均相对位移的增大,都会增大砂浆颗粒的破损率。试样数量对筒压指标的影响测试结果见表 2 和图 3。试验结果表明,当试样量为 500g 时,筒压指标趋于最小值。试样

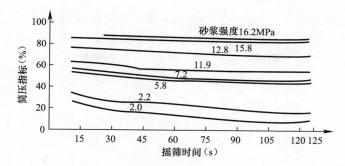

图 2　摇筛时间对筒压指标影响测试

注：（1）采用南京土工仪器厂产 YS-2 摇摆式筛分机；

　　（2）筒压荷载 10kN；

　　（3）砂浆品种为粉煤灰水泥砂浆，测值为同一砂浆三个试样测值的平均值。

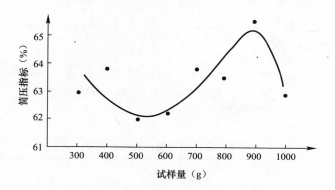

图 3　试样量对筒压指标的影响

注：（1）筒压荷载 10kN，加荷速度 30s；

　　（2）筒压指标为两次测值的平均值。

量可以准确计量，为便于称量、计算和减小工程测试中的取样数量，确定每个标准试样数量为 500g。

试样量对筒压指标的影响　　　　　　　　　　　　　　　　　　　　　　表 2

筒压指标 T_i/（%）　　　试样量/g 筛孔孔径/mm	300	400	500	600	700	800	900	1000
10	26.4	28.2	22.2	24.0	26.1	26.7	26.5	25.5
5	63.0	63.9	60.2	62.2	63.5	63.9	65.5	62.9
2.5	79.3	80.3	78.7	78.8	79.4	79.7	80.7	78.6

注：1. 筒压荷载 10kN，加荷速度 30s；

　　2. 筒压指标为两次测试的平均值。

　　（4）标准试样的粒级比例。当试样量相同，而 5～10mm 和 10～15mm 粒级颗粒的比例不同时，试样装入承压筒中的紧密程度和试样颗粒间的接触状况都有所不同，并影响着筒压试验过程中砂浆颗粒的破损率，不同粒级颗粒的比例对筒压指标影响的测试结果见表 3 和图 4。试验结果表明：5～10mm 和 10～15mm 粒级颗粒的比例为 25%：75% 时，筒压指标趋于极大值。试样颗粒的粒级比例可以标准称量，混合后的颗粒级配还会因各粒级中大小颗粒含量的差异而波动。为减小因级配波动而产生测值单项偏移，以及便于称量和计算工作，确定两种粒级颗粒的比例为1：1，每种粒级各称250g。并规定工程测试中，每个测区用三个标准试样筒压指标的平均值。

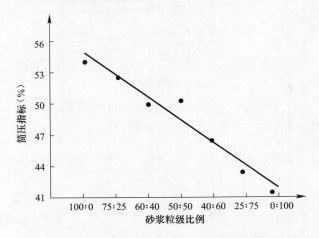

图4　砂浆粒级比例对筒压指标的影响

注：（1）粒级比例系指10～15mm 和5～10mm 粒级颗粒重量比；
　　（2）筒压指标为两次测值的平均值。

砂浆粒级比例对筒压指标的影响　　　　表3

筒压指标 T_i/(%)　　粒级比例 筛孔孔径/mm	100：0	75：25	60：40	50：50	40：60	25：75	0：100
10	25.5	26.5	23.3	24.2	17.2	12.8	0
5	53.9	52.6	50.0	50.7	46.8	43.7	41.2
2.5	68.2	70.9	68.4	68.6	66.8	65.4	64.7

注：1. 粒级比例系指10～15mm 和5～10mm 粒级颗粒重量比；
　　2. 筒压指标为两次测值的平均值。

（5）装料方式。为减小因装料和筒压前的搬运对装料密实程度的影响，规定了分层振动装料程序，使承压前的试样达到紧密状态。跳桌的振幅、动能一定，操作方便。若无跳桌时，亦可参照《普通混凝土用砂质量标准及检验方法》规定砂紧密度的装料法装料。

（6）加荷速度。承压筒施压过程中的加荷速度，系指均匀加荷至筒压荷载时所需的时间。经测试，在20～70s 内加荷至规定的筒压荷载时，对筒压指标的影响在3％以内，选定20～60s，影响小于2％。测试结果见表4和图5。

加荷速度对筒压指标的影响　　　　表4

筒压指标 T_i/(%)　　加荷速度/s 筛孔孔径/mm	20	30	40	50	60	70
10	17.4	19.2	18.4	18.7	18.7	20.1
5	43.8	45.7	44.8	45.9	45.7	46.7
2.5	61.0	62.5	61.8	63.0	61.6	63.2

注：1. 筒压指标为两次测值的平均值；
　　2. 筒压荷载为20kN。

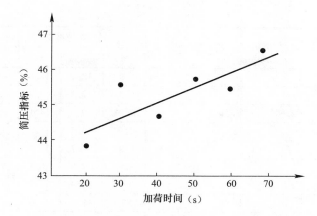

图 5   加荷时间对筒压指标的影响
注：筒压指标为两次测值的平均值。

（7）持荷时间。持荷时间指加荷至筒压荷载后，恒荷持续的时间。经测试，持荷时间在 0～60s 范围内，对筒压指标无显著影响。为便于操作，确定持荷时间为零，即均匀加荷至规定的筒压荷载后，立即卸荷。

（8）筒压荷载。筒压荷载系指测试过程中，通过承压筒施加在被测砌筑砂浆颗粒上的静压力值。筒压荷载的大小，对不同强度砂浆的筒压指标敏感性不同，筒压荷载低时，砂浆强度越高，筒压指标越拉不开档次；筒压荷载高时，砂浆强度越低，筒压指标越拉不开档次。经统计分析，根据不同砂浆品种、不同筒压荷载试验的回归分析结果，对不同品种的砂浆选用了不同的筒压荷载。

（9）推算测区砌筑砂浆强度的数学模型。推算测区砌筑砂浆强度的测强曲线，是用试验墙体的筒压指标和对应的同盘砂浆标准试块抗压强度，按砂浆品种、骨料类别、龄期、筒压荷载、砂浆灰缝种类（水平缝、竖缝）及筛孔孔径等不同条件组合，进行一元二次抛物线、幂函数、指数函数、线性函数等多个一元函数的数学模型回归分析。衡量拟合精度的指标统一用相关指数以相对标准差 e 和平均相对误差 m 进行优选，统计计算的 γ_z 大者为优，e 和 m 小者为优。在 1861 个不同条件组合的回归优选中（子样量都大于 25 个），以一元二次抛物线最好，其次是幂函数。数学模型、筛孔孔径的优劣比较见表 5。

一元二次抛物线形相关关系式，不但精度高，而且运算方便。但因曲线多变，在统计范围内有时会出现拐点和极值，使关系式建立的有效定义域缩小。幂函数式较一元二次抛物线式的精度较差，但也能满足工程测试的要求，且统计范围内不会出现极值，相关关系式的有效定义域不但不会比测定值的范围小，经补充验证还可外延扩大。经选优得式（1）～式（5）。

数学模型、筛孔孔径优劣比较汇总表   表 5

砂浆品种	筛孔孔径/mm	组合条件数/n	一元二次抛物线			幂函数		
			γ_z	e	m	γ_z	e	m
水泥砂浆	5＋2.5	774	0.87	12.4	9.6	0.84	12.7	11.0
	5	386	0.86	12.9	9.6	0.83	12.8	11.0
	2.5	383	0.88	12.0	9.7	0.84	12.6	10.9

砂浆品种	筛孔孔径/mm	组合条件数/n	一元二次抛物线			幂函数		
			γ_z	e	m	γ_z	e	m
水泥石灰混合砂浆	5＋2.5	476	0.93	18.4	13.6	0.90	19.2	15.1
	5	238	0.93	17.7	13.2	0.90	18.5	14.7
	2.5	238	0.93	19.0	14.1	0.90	19.8	15.4
特细砂水泥石灰混合砂浆	5＋2.5	249	0.97	25.5	17.5	0.94	24.3	20.2
	5	123	0.97	22.7	16.9	0.95	24.3	19.7
	2.5	126	0.98	28.3	18.1	0.94	24.4	20.4
粉煤灰砂浆	5＋2.5	79	0.94	18.9	14.9	0.89	25.7	20.4
	5	55	0.93	18.9	14.9	0.89	26.6	20.8
	2.5	24	0.94	19.2	14.9	0.89	23.6	19.4
煤矸石砂砂浆	5＋2.5	144	0.94	11.4	8.8	0.93	12.8	9.6
	5	72	0.95	10.7	8.3	0.93	12.6	9.7
	2.5	72	0.94	12.1	9.52	0.92	13.0	9.5
石粉砂砂浆	5＋2.5	139	0.86	16.1	12.5	0.83	18.6	14.3
	5	68	0.85	16.8	13.2	0.85	18.9	14.6
	2.5	71	0.87	15.3	12.0	0.83	18.4	14.2
总和	5＋2.5	1861	0.91	16.2	12.1	0.88	16.9	13.8
	5	942	0.90	15.9	11.9	0.88	17.0	13.8
	2.5	919	0.91	16.4	12.2	0.88	16.9	13.8

（10）砌筑砂浆变异系数。根据砌体结构设计规范编制组的调查统计资料，同盘砂浆标准试块强度的变异系数波动在 10%～15% 之间，盘间砂浆标准试块强度的变异系数波动在 15%～40%，且变异系数随砂浆强度等级的降低而增加，因此按砂浆强度等级大于等于 M5 和小于等于 M2.5 考虑变异系数，分别评定砌筑砂浆的匀质性，更接近实际。工程检测中各测区的砂浆属于盘间砂浆，按盘间砂浆统计情况的变异系数做分档评定。

5. 工程实例

某单位的锅炉房工程，为二层砖墙，石粉砂浆砌筑，设计强度等级为 M5，施工中留置试块强度合格。1990 年 3 月施工，1991 年 12 月交工验收中，发现灰缝砂浆极不均匀，有的部位酥松，提出异议。委托进行筒压法检测评定。经协商对底层选定一个测区，二层选定两个测区。每个测区制备三个标准试样，测试结果见表 6。

强度评定：从表 6 直观判断，该工程的砌筑砂浆强度满足设计要求，但底层强度显著高于二层的强度。

测试结果　　　　　　　　　　　　　　　　　　　表 6

测区部位编号	试样编号	试样筒压指标 T_{ij}/(%)	测区筒压指标 T_i/(%)	测区强度 $f_{m,i}$/MPa	试块强度/MPa
底层 1	1	65.6	67.1	13.6	5.4
	2	68.4			
	3	67.4			

测区部位编号	试样编号	试样筒压指标 T_{ij}/(%)	测区筒压指标 T_i/(%)	测区强度 $f_{m,i}$/MPa	试块强度/MPa
二层2	1	52.1	51.8	7.5	6.0
	2	50.6			
	3	52.8			
三层3	1	44.0	46.6	6.0	5.3
	2	49.3			
	3	46.6			

6. 推广应用情况

本成果于1991年完成科研试验工作，开始试用。经专利文献检索（中国85～91年，世界63～91年）未发现与本成果关键词和技术内容相同的文献。1992年6月，通过山西省科委组织的科技成果鉴定，属国内首创，达到领先水平，按鉴定意见，将该成果编制成《筒压法评定砌筑砂浆抗压强度规程》DBJ 04～209～92，1992年12月由山西省城乡环境保护厅组织审定，批准为山西省地方标准，予以颁发施行。1993年7月专题组派人员参加了由《砌体工程现场检测技术标准》编制组组织全国15种砌体和砌筑砂浆现场检测方法的验证性考核，经国标编制组工作会议讨论，同意纳入目前正在制定中的国家标准。据不完全统计，本专题组应用该法已进行了50余项工程检测鉴定。

附录 8 筒压法检测特细砂砌筑砂浆强度试验的综合分析

张涛 四川省南充市建设工程质监站 637000
林文修 重庆市建筑科学研究院 400015

1. 前言

原国家标准《砌体工程现场检测技术标准》GB/T50315-2000中，筒压法检测砌筑砂浆强度只给出了检测细砂、中砂砂浆的计算公式，没有包括特细砂砂浆检测和计算的内容。近年来，重庆市建筑科学研究院和四川省南充市建设工程质监站按照该标准中筒压法检测砌筑砂浆强度的规定，对特细砂砌筑砂浆抗压强度的检测进行了试验研究，分述和分析如下。

2. 重庆市建筑科学研究院的试验

2.1 试验设计和试验准备

砂浆设计强度等级为：M1、M2.5、M5、M7.5、M10、M15。测试时间为：砌筑龄期的14d、28d、60d、180d、360d、540d。

2.2 砂浆

选用P032.5级水泥，特细砂的细度模数 $M_x > 0.6$，掺加适量的外加剂。

采用机器拌合砂浆，稠度控制在50～70mm，温度5～20℃。

2.3 砌体试件

砌体试件采用普通页岩砖砌筑。砌体截面尺寸设计为：370mm×490mm。每一龄期采用4条水平灰缝的砌体。其中，测试上两条水平灰缝的砂浆强度，下两条灰缝为"过渡层"，以避免因凿打灰缝砂浆时，影响下层灰缝的砂浆强度测试的准确性。测试6个龄期砂浆强度，需24条水平灰缝；为避免砌体试件顶部和底部距测试灰缝太近而产生影响，试件底部多3条灰缝、顶部多2条灰缝；共有29条灰缝，因此砌体试件的高度为：（53+10）×30－10=1880mm。

砌体试件：每一种砂浆强度等级3件，6个强度等级共18件。对应的砂浆试件：每一种强度等级，每一龄期3组18件，6个龄期共18组108件。

同一强度等级砂浆的3个砌体试件同时砌筑，每盘砂浆依次砌完3个砌体的一皮砖后，再砌下一皮，3个砌体如此循环往复砌筑，保证每盘砂浆在3个砌体中均有分布。水平灰缝中的砂浆饱满度在80%以上。

砌体达到砌筑高度后，在其上部压上混凝土重块，模拟现场实际情况，以增加砂浆的密实度。混凝土重块尺寸为370mm×490mm×300mm，重量约150kg。

制作砂浆试件时用烘干的普通页岩砖作底模，并在砖上面铺一张报纸，采用人工捣实。试件拆模后，放置在同砌砌体试件的面上，直到每次试验时取下。每次试验完成后，把余下的砂浆试件重新放在同砌砌体试件的面上。

为避免砂浆试件脱模时间较长，拖长砌筑时间，砌体由高强度砂浆到低强度砌筑。试件放置在试验室内自然养护。

2.4　筒压试验

1）砂浆试样制取。

每组试样取样点不少于 10 个，取样量 4000g 以上；砂浆从距砌体表面 20mm 以里的水平灰缝中凿取；砂浆片（块）的最小厚度不小于 5mm。

2）试验。

制取的砂浆试样，按《砌体工程现场检测技术标准》GB/T 50315-2011 规定的测试步骤进行试验，其中筒压荷载值为 10kN。

3）试验结果。

砌体灰缝砂浆按筒压法公式计算的筒压比与相应的试块抗压强度列于表 1 中，经过对比分析，表中龄期 360d 强度等级为 M1 砂浆筒压比数据明显异常，删除这组数据。本次试验共获得砂浆试块抗压强度与对应的筒压值（表中 T_i）数据 35 组。

试块抗压强度与筒压值比对表　　　　　　　表 1

龄期/d	设计等级	试块强度/MPa	筒压比 T_i						T_i 平均值
	M15	13.69	0.881	0.855	0.848	—	—	—	0.861
	M10	10.89	0.815	0.800	0.817	—	—	—	0.810
	M7.5	5.43	0.748	0.718	0.648	—	—	—	0.705
14	M5	6.27	0.707	0.719	0.728	—	—	—	0.718
	M2.5	3.21	0.562	0.560	0.467	—	—	—	0.530
	M1	2.03	0.428	0.356	0.454	—	—	—	0.412
	M15	18.13	0.856	0.852	0.852	—	—	—	0.854
	M10	11.88	0.794	0.795	0.780	—	—	—	0.789
28	M7.5	11.26	0.617	0.687	0.630	—	—	—	0.645
	M5	6.52	0.726	0.728	0.730	—	—	—	0.728
	M2.5	5.64	0.605	0.548	0.476	—	—	—	0.543
	M1	3.60	0.636	0.622	0.645	—	—	—	0.634
	M15	16.68	0.904	0.903	0.885	0.895	0.870	0.894	0.892
	M10	10.39	0.849	0.835	0.851	0.856	0.827	0.848	0.844
60	M7.5	12.26	0.762	0.772	0.771	0.791	0.799	0.742	0.773
	M5	10.37	0.787	0.799	0.746	0.752	0.801	0.768	0.776
	M2.5	5.09	0.700	0.617	0.524	0.651	0.598	0.550	0.607
	M1	2.95	0.619	0.506	0.609	0.640	0.581	0.610	0.594
	M15	18.92	0.861	0.862	0.860	0.873	0.881	0.882	0.870
	M10	13.48	0.844	0.857	0.823	0.826	0.842	0.840	0.839
180	M7.5	15.42	0.777	0.794	0.789	0.798	0.812	0.827	0.800
	M5	13.09	0.793	0.775	0.783	0.778	0.760	0.757	0.774
	M2.5	6.81	0.704	0.697	0.627	0.619	0.599	0.644	0.648
	M1	4.74	0.564	0.610	0.544	0.510	0.587	0.542	0.560
	M15	23.09	0.886	0.902	0.887	0.732	0.889	0.901	0.866
360	M10	15.26	0.890	0.883	0.897	0.904	0.870	0.871	0.886
	M7.5	15.73	0.779	0.811	—	0.805	0.820	0.804	0.804
	M5	12.98	0.744	0.741	0.795	0.752	0.786	0.764	0.764

续表

龄期/d	设计等级	试块强度/MPa	筒压比 T_i						T_i 平均值
360	M2.5	4.64	0.691	0.698	0.640	0.722	0.661	0.643	0.676
	M1	2.72	0.691	0.570	0.619	0.587	0.787	0.710	0.661
540	M15	26.79	0.889	0.904	0.908	0.914	0.932	0.932	0.913
	M10	21.96	0.761	0.778	0.802	0.792	0.815	0.827	0.796
	M7.5	18	0.848	0.837	0.845	0.872	0.889	0.876	0.861
	M5	16.6	0.799	0.780	0.805	0.790	0.821	0.834	0.805
	M2.5	7.24	0.637	0.630	0.659	0.695	0.704	—	0.665
	M1	2.08	0.545	0.559	0.561	0.554	0.549	0.554	0.554

3. 南充市建设工程质监站的试验

南充市建设工程质监站的试验分为 2004 年 9 月～2005 年 9 月和 2009 年 10 月～2010 年 1 月两部分，分别叙述如下。

3.1 南充质监站 2004 年 9 月至 2005 年 9 月试验情况

1）试验设计与试验准备。

本次研究共砌筑了 26 片墙体，分 3 批成型，每批约 l0 片墙体，自 2004 年 9 月～2005 年 9 月，历时 1 年。每片墙体长 1.40m，高 1.20m（共 21 线水平砂浆灰缝），厚度 240mm，每片墙砌筑完后顶上压 5 层砖块。

砌墙用砖使用页岩烧结普通砖，特细砂砂浆使用强度等级 32.5 的普通水泥，细度模数为 0.7～1.0 的特细砂砂浆砌筑。砂浆强度等级按 M1，M2.5，M5，M7.5，M10，M15 设计，砂浆稠度严格控制在 50～70mm 的范围内。本次试验共制作近 90 组砂浆立方体试件，每片墙制作 3 组砂浆试件，其中 1 组试件标准养护，另外 2 组试件与墙体同条件养护。

2）试验及筒压值计算。

本次试验的龄期都超过 28d。砂浆强度抗压试验与墙体砂浆筒压试验在同一天进行。

每片墙从上到下均匀分成 3 个测区，即每 7 条水平灰缝中凿取的砂浆颗粒混合为一个测区，均在距墙表面 20mm 以里的水平灰缝中凿取砂浆片。每 1 个测区至少制取 9 个标准试样。

本次试验按 5kN，10kN，20kN 的筒压荷载值分别进行了试验，3 个筒压荷载作用下的砂浆筒压比指标与同条件养护砂浆试块抗压强度的试验结果见表 2。通过对表 2 试验数据的统计分析，确定特细砂水泥砂浆的筒压荷载值采用 10kN。

不同筒压荷载对应的砂浆筒压指标　　　　　　　　　　　　　　　　　　　　表 2

筒压荷载/kN	5	10	20	筒压荷载/kN	5	10	20
砂浆强度/MPa	筒压比/(%)			试件强度/MPa	筒压比/(%)		
2.78	60.6	51.7	—	7.62	92.1	83.6	72.4
2.70	75.8	57.3	—	8.56	89.8	80.7	67.1
3.24	79.8	68.1	52.2	12.0	94.3	88.6	77.9
5.80	87.7	78.5	65.0	8.00	90.5	79.7	67.7
6.70	85.5	74.7	58.9	9.49	92.4	85.7	72.0
4.87	86.5	75.4	62.0	11.3	91.9	86.0	74.4
5.64	84.3	72.4	58.8	14.5	94.0	89.3	80.2

筒压荷载/kN	5	10	20	筒压荷载/kN	5	10	20
砂浆强度/MPa	筒压比/(%)			试件强度/MPa	筒压比/(%)		
9.00	86.5	78.6	67.0	3.51	69.9	57.2	43.8
2.57	68.4	50.3	39.2	9.96	92.9	86.2	74.7
4.04	73.7	58.1	45.3	9.25	85.0	76.5	58.9
5.85	85.1	74.1	58.8	5.11	78.8	64.5	51.0
6.21	87.9	75.3	62.3	6.24	81.2	69.9	57.2
6.02	84.5	72.2	59.6	3.79	70.0	53.9	43.2

3.2 南充市建设工程质监站 2009 年 10 月～2010 年 1 月试验情况

1）试验设计与试验准备。

砌墙砖使用页岩烧结普通砖和烧结多孔砖，强度等级 32.5 的普通水泥，细度模数为 0.7 的特细砂砂浆砌筑。砂浆强度等级按 M2.5，M5.0，M7.5，M10，M15 设计，其中 M7.5 等级做了两组墙体。砂浆稠度严格控制在 50～70mm 的范围内。本次试验共砌筑了 12 片墙体，分别砌筑页岩烧结普通砖和烧结多孔砖墙体各 6 片，每个等级用同一盘砂浆砌筑页岩烧结普通砖和烧结多孔砖墙体各 1 片，每片墙体长约 1.20m，高约 1.0m，厚度 240mm，每片墙砌筑完后顶上压 5 层砖块。共制作 24 组砂浆立方体试件，每片墙留置 2 组砂浆试块，分别用有底和无底的试模成型，试块与墙体同条件养护。

2）试验结果。

每片墙体在 28d 后试验，试验时从每片墙体拆下的砂浆片用方孔筛和圆孔筛各做 10 个试样，取 10 个筒压比的平均值作为该片墙体使用该筛孔的筒压比值。所得结果列于表 3。

南充建设工程质监站 2009～2010 年墙体试验数据统计表　　　　表 3

墙 号	墙体材料	砂浆试块强度/MPa		不同筛孔筒压比/(%)		备 注
		有底	无底	方孔	圆孔	
1	页岩砖	1.93	2.05	26.28	31.75	
2	多孔砖	1.64	2.11	49.02	52.02	与 1# 墙同盘砂浆
3	页岩砖	6.75	8.24	75.68	78.09	
4	多孔砖	5.70	7.39	83.48	82.82	与 3# 墙同盘砂浆
5	页岩砖	10.89	11.10	82.90	81.3	
6	多孔砖	10.15	10.51	87.89	88.17	与 5# 墙同盘砂浆
7	页岩砖	12.08	10.44	72.76	71.2	
8	多孔砖	12.84	10.26	89.39	88.30	与 7# 墙同盘砂浆
9	页岩砖	14.67	14.54	89.94	89.31	
10	多孔砖	15.84	13.25	89.91	89.41	与 9# 墙同盘砂浆
11	页岩砖	19.83	17.71	91.43	89.41	
12	多孔砖	20.18	20.86	92.56	91.39	与 11# 墙同盘砂浆

注：表中强度列出使用有底试模和无底试模的试块强度，以及同一墙体使用方孔筛和圆孔筛试验的筒压值。作回归分析时采用无底试模试块强度和圆孔筛试验的筒压值作为本次试验结果。

4. 特细砂砂浆强度的筒压法检测分析

4.1 数据分析

1）数据比较。

重庆市建筑科学研究院和南充建设工程质监站的试验均按照《砌体工程现场检测技术

标准》GB/T 50315-2000 的要求进行，因此可以将这 3 批烧结实心砖墙体数据合在一起进行回归分析。这 3 批共 67 个数据的散点图如图 1 所示。

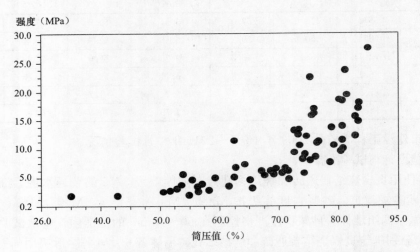

图 1　重庆建筑科学研究院和南充建设工程质监站的共 67 个数据的散点图

通过对散点图的观察和对 3 批数据的分析，发现这 67 个数据中砂浆试块强度大于 20MPa 的数据仅有 3 个，而且实际工作中砂浆强度大于 20MPa 的情况很少，因此回归时可以去掉砂浆试块强度大于 20MPa 的数据，共 64 个数据的散点图如图 2 所示。

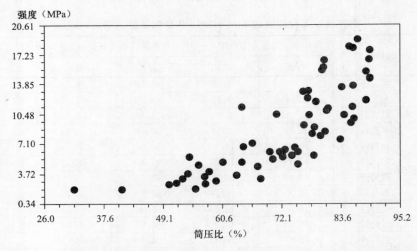

图 2　重庆建筑科学研究院和南充建设工程质监站的数据去掉大于 20MPa 后共 64 个数据的散点图

2）回归分析。

对两家单位作出的 3 批共 64 个数据进行一元线性回归、一元二次函数回归、指数函数回归计算，所得曲线分别如图 3～图 5 所示。

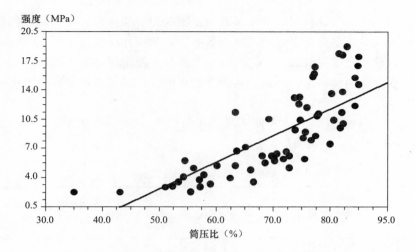

图 3　一元线函数及其散点图直线函数

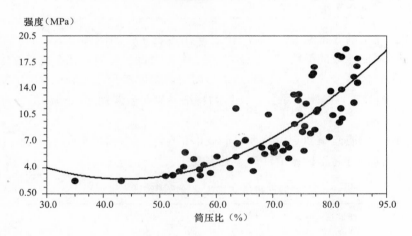

图 4　一元二次函数及其散点图

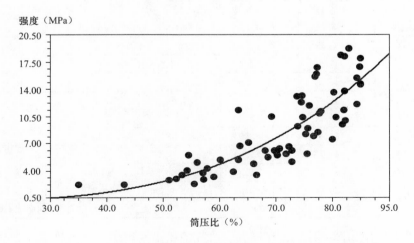

图 5　指数函数及其散点图

对比 3 种回归曲线可以看出：直线函数与横轴线交于某一点，即当筒压比在某个值时计算出的砂浆强度等于零；对于一元二次函数曲线，曲线在尾端往上翘，这会导致很低的筒压比计算出的砂浆强度反而很高；这两种情况都与工程实际情况不符合。对于指数函数曲线却不会出现上面两种情况。因此，从曲线的走向分析采用指数函数曲线较好。

3）回归方程。

对 3 批共 64 个数据进行上述 3 种情况的回归拟合，衡量拟合精度的指标统一采用相关指数 r，相对标准差 s，所得结果见表 4。

各种分析情况回归公式 表 4

序 号	回归公式	相关系数	标准差	按公式计算得出的砂浆强度与砂浆实际强度比较的平均误差/（%）
1	$f_i = 26.78T_i - 10.71$	0.80	2.90	11.49
2	$f_i = 11.21 - 44.94T_i + 55.44T_i^2$	0.84	2.619	7.98
3	$f_i = 21.36T_i^{3.07}$	0.84	2.615	8.32

将两家单位作出的 3 批共 64 个筒压比数据代入表 4 中的回归公式，计算得出的砂浆强度与砂浆实际强度比较的平均误差也列于表 4 中。由该表可以看出公式 3 的相关系数较高，标准差最小，按该公式计算得出的砂浆强度与砂浆试块强度比较的平均误差较小，结合 2）中对曲线的分析，决定采用公式 3 作为特细砂砌筑砂浆筒压法检测的计算公式。

4.2 公式应用范围

南充市建设工程质监站 2009 年对不同筛孔和不同烧结砖墙体的筒压比进行了对比试验，对表 3 中数据进行筒压比差值计算，见表 5。

2009～2010 年墙体试验数据统计表 表 5

墙 号	墙体材料	无底试模砂浆试块强度/MPa	不同筛孔筒压比/（%）		圆孔、方孔筛筒压比差值/（%）	多孔砖、页岩砖墙体筒压值差/（%）
			方孔	圆孔		
1	页岩砖	2.05	26.28	31.75	5.47	
2	多孔砖	2.11	49.02	52.02	3.0	20.27
3	页岩砖	8.24	75.68	78.09	2.41	
4	多孔砖	7.39	83.48	82.82	−0.66	4.73
5	页岩砖	11.10	82.90	81.3	−1.6	
6	多孔砖	10.51	87.89	88.17	0.28	6.87
7	页岩砖	10.44	72.76	71.2	−1.56	
8	多孔砖	10.26	89.39	88.30	−1.09	17.1
9	页岩砖	14.54	89.94	89.31	−0.63	
10	多孔砖	13.25	89.91	89.41	−0.5	0.1
11	页岩砖	17.71	91.43	89.41	−2.02	
12	多孔砖	20.86	92.56	91.39	−1.17	1.98
	平均值				0.16	8.51

由上表可以看出，同一片墙体用圆孔、方孔筛做出的筒压比值差别很小，筒压比值差值平均值才 0.16%。对于采用烧结多孔砖和实心砖的对比，筒压比值差值平均值 8.51%，

按照回归公式计算的强度差值也不大。若除去低强度砂浆的墙片和7♯、8♯对比墙片，筒压比极为接近。因此，可以得出如下结论：按照圆孔筛试验研究的公式可以直接应用于使用方孔筛进行的试验计算；按照烧结实心砖实验研究的公式可以推广应用到使用烧结空心砖砌体砌筑砂浆的检验计算。

5. 结语

综上所述，重庆市建筑科学研究院和南充市建设工程质监站采用筒压法检测特细砂砌筑砂浆强度的系统试验研究成果，已达到实际应用的条件，具体应用内容如下：

（1）测试的砂浆品种及其强度范围，应符合下列要求：

特细砂配制的水泥砂浆、或掺有外加剂的特细砂配制的水泥砂浆，砂浆强度为2.5～20MPa。

（2）筒压荷载值为10kN。

（3）根据筒压比，测区的砂浆强度平均值按下列公式计算：

$$f_i = 21.36 T_i^{3.07}$$

（4）方孔筛或圆孔筛、烧结普通砖或烧结多孔砖，对筒压法的检测结果无显著性区别。

附录 9　回弹法检测砌筑砂浆强度试验研究

崔士起　孔旭文　王金山

（山东省建筑科学研究院，济南市无影山路 29 号，250031）

摘要：本文分析了砂粗细、碳化深度、龄期等对回弹法检测砌筑砂浆强度的影响，证明取第三次回弹值进行强度推定准确合理，粗砂、细砂采用回弹法应建立专用测强曲线，碳化深度、龄期对回弹法检测砂浆强度有影响，但规律性不明显，对砂浆表面进行打磨处理后再检测，可不考虑碳化深度、龄期的影响。介绍了回弹法检测砌筑砂浆山东省测强曲线的建立、修正过程；2010 年四川省建筑科学研究院修编《砌体工程现场检测技术标准》GB/T 50315-2000，回弹法检测砌筑砂浆强度验证试验情况。

关键词：砌筑砂浆、回弹法、碳化深度、测强曲线

1. 研究背景及成果

　　砌体结构因造价低，施工工艺简单，且具有良好的保温、隔热、隔声性能，在我国建筑结构体系中占有重要地位，我国城镇数十亿平方米的公共建筑、工业厂房和住宅为砌体结构，但我国对砌体结构现场检测技术的研究一直重视不够。四川省建筑科学研究院于 1990 年制定了地方标准《回弹法评定砖砌体中砌筑砂浆抗压强度》DBJ 20-6-90，国内使用此地方标准十年之久，2000 年四川省建设委员会主编推荐性国家标准《砌体工程现场检测技术标准》GB/T 50315-2000，此标准中砌体灰缝砂浆回弹法测强曲线沿用原四川地方标准 DBJ 20-6-90 测强曲线，而四川省气候潮湿多雨，山东省属于北方地区，原材料及气候条件与四川省有很大差别，验证对比发现有时存在较大偏差，我们于 2000 年 3 月开始对砌体结构现场检测技术进行系统研究。经过 3 年认真细致的试验，积累了丰富的第一手资料，通过对大量试验数据的研究分析，考虑各种因素的影响及现场检测条件的限制，最后建立了回弹法检测砌筑砂浆强度的山东地区测强曲线，2004 年编制出山东省工程建设标准《回弹法检测砌筑砂浆强度技术规程》DBJ 14-030-2004。

2. 试验研究过程

　　试验研究过程中，共考虑水泥砂浆、混合砂浆、微沫砂浆、粉煤灰砂浆、防冻水泥砂浆、防冻混合砂浆 6 种，M0.4、M1、M2.5、M5、M7.5、M10、M15、M20 共 8 个等级，4 种砌块材料制作 240mm×3000mm×2000mm 大型砌体 46 道，同时制作 70.7mm×70.7mm×70.7mm 砂浆试块 765 组，每种砂浆、每一强度等级、每一龄期不少于 2 组砂浆试块。

　　试验共分 6 个龄期，在每个龄期内按顺序依次进行下列项目检测：①砌体灰缝砂浆回弹试验；②砌体灰缝砂浆碳化深度试验；③砂浆试块回弹试验；④砂浆试块抗压强度试验；⑤砂浆试块碳化深度试验。

　　为方便大量数据分析，利用 FOXPRO 建立原始数据库，编写数据处理、回归分析等程序，对试验数据进行分类对比分析，分析总结了碳化深度、龄期、表面状况、外加剂、

原材料等对检测参数的影响，确定各检测方法的适用范围和技术要求。采用数理统计最小二乘法原理，由计算机直接调用已存在数据库中的数据进行回归分析，对每批数据均采用多种数学模型进行一元、二元、三元回归，选择其中相关系数最大、相对标准差最小的拟合方程，同时对回归系数的显著性进行检验。

为便于对回归结果进行直观的观察、分析，选择专用作图程序，在计算机中利用 EX-CEL 电子表格观察散点分布情况及各拟合曲线对比情况。

对比影响检测结果准确性的各种不利因素，对各条件下的回归曲线进行相关性检验，将相关性较差曲线舍弃，再根据偶然误差正态分布理论，把误差大于 3 倍标准差的点剔除。

3. 部分试验数据分析

3.1   回弹次数选择

砌体灰缝砂浆回弹，在同一回弹测点弹击次数不同，回弹值有很大差异。通常是同一测点弹击次数越多，回弹值越大，但有时砂浆不饱满，也会出现异常，现有回弹法标准都取第三次回弹值作为强度推定依据。

研究过程中，对回弹次数进行分析，每一测点回弹 6 次，分别记录为 HT1、HT2、HT3、HT4、HT5、HT6，低强度砂浆第一、二次回弹值通常是 0，所以，HT1、HT2 不适于作为强度推定依据。现将砂浆回弹值 HT3、HT4、HT5、HT6 与砂浆试块抗压强度进行回归分析，对比 HT3、HT4、HT5、HT6 与强度回归方程的相关系数 R 及剩余标准离差 S，相关系数 R 越大而剩余标准离差 S 越小，则相关关系越显著，回归方程精度越高。

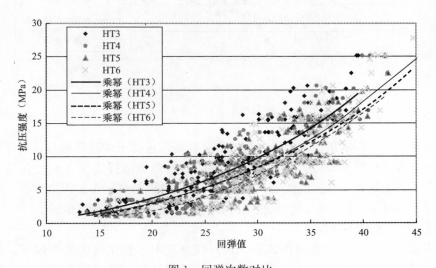

图 1   回弹次数对比

由图 1 看出，同一强度值对应不同弹击次数的回弹值，HT3 小于 HT4，HT4 小于 HT5，HT5、HT6 基本相同。

回归方程对比如下：

第三次回弹值 HT3 与砂浆强度回归方程：

$$y = 0.0022 x^{2.4733} \qquad R = 0.831, S = 2.84$$

第四次回弹值 HT4 与砂浆强度回归方程:
$$y = 0.0012x^{2.6134} \qquad R = 0.839, S = 2.81$$
第五次回弹值 HT5 与砂浆强度回归方程:
$$y = 0.0009x^{2.6613} \qquad R = 0.824, S = 2.70$$
第六次回弹值 HT6 与砂浆强度回归方程:
$$y = 0.0004x^{2.8608} \qquad R = 0.835, S = 3.07$$

分析 HT3、HT4、HT5、HT6 与强度回归方程,相关系数相差不大,曲线形状、发展趋势相似,为减轻回弹检测工作量,取第三次回弹值作为强度推定依据。

3.2 砂粗细对回弹值的影响

日常回弹检测中发现砂浆中砂细度对其强度、回弹值等都有较大影响,为此,分别对粗砂、中砂、特细砂搅拌砂浆进行对比分析,如图 2 所示。

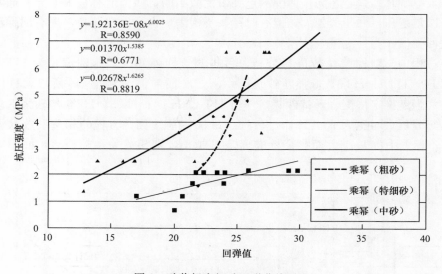

图 2　砂浆粗中细砂回弹曲线对比

由图 2 看出,同样水灰比特细砂配制的砂浆强度远远低于中砂和粗砂,其曲线反映回弹值离散性很大,相关性较差,粗砂配制砂浆曲线回弹值随强度变化而变化的趋势不明显,粗砂和细砂配制砂浆在强度低于 5MPa 时,其回弹值都高于中砂配制砂浆,细砂配制砂浆强度很低不可取,粗砂配制砂浆使用回弹法测强应制定专用测强曲线。

3.3 碳化深度对回弹值的影响

砂浆内水泥水化过程中游离出氢氧化钙,在空气中水和二氧化碳作用下,砂浆表面氢氧化钙逐渐变成碳酸钙,这就是砂浆的碳化,一般认为,碳酸钙硬度较大,砂浆表面生成碳酸钙后,砂浆回弹值将增大,但砂浆强度不变,所以将影响回弹法检测砂浆强度结果。

将砂浆试块试验数据按不同碳化深度值进行分级,划分出 0～1mm、1～3mm、3～5mm、5～10mm、大于 10mm 共 5 个碳化深度等级,对这 5 组数据分别回归,各组数据回弹值与强度回归曲线对比如图 3 所示。

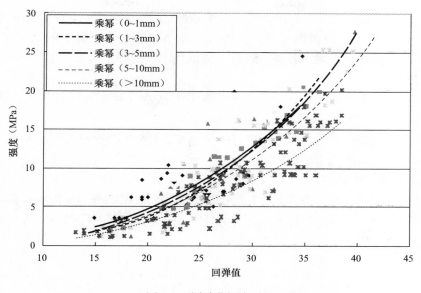

图3　不同碳化深度对比

由图3看出，回归曲线基本趋势是回弹值随碳化深度值增大而增大，但在碳化0～10mm范围内不明显，当碳化深度由10mm增长到20mm时，回弹值有明显增大。

国家推荐标准《砌体工程现场检测技术标准》GB/T 50315-2000中灰缝砂浆回弹-抗压强度曲线，按碳化深度不同，采用不同回归曲线，且不同曲线计算结果差异很大。举例对比如下：水泥砂浆回弹平均值为25，碳化深度值分别为1.0mm、1.5mm、3.0mm，按GB/T 50315-2000标准曲线计算砂浆换算强度值见表1。

<table>
<tr><td colspan="3" align="center">砂浆换算强度表</td><td align="right">表1</td></tr>
</table>

回弹值	碳化深度值/mm	GB/T 50315-2000 标准曲线计算砂浆换算强度值/MPa
25	1.0	13.67
25	1.5	8.62
25	3.0	6.83

分析表1中结果，按GB/T 50315-2000标准曲线碳化深度由1.0mm变化到1.5mm，或检测误差，将碳化深度1.0mm检测为1.5mm时，砂浆换算强度值将由13.67MPa变为8.62MPa。试验研究和理论分析都证明，回弹值随碳化深度值增大而增大是一种渐进的趋势，如此大的突变显然是不合理的。

砌筑砂浆碳化速度与原材料种类、掺合料、外加剂、砌体所处环境（包括温度、湿度、通风状况等）、砂浆强度等关系密切，砂浆强度高碳化速度较慢，砂浆所处环境湿度大、空气不流通时，碳化速度较慢。试验数据分析有下列现象：①龄期28d时，部分强度小于5MPa的砂浆碳化深度大于5mm，少数碳化深度大于10mm；②龄期90d时，砂浆碳化深度普遍大于4mm；③龄期150d时，砂浆碳化深度普遍大于6mm，强度低于10MPa的砂浆碳化深度普遍大于20mm。

砌筑砂浆的原始砌筑面不平整，直接回弹结果偏低，离散性大，检测时需要打磨平整，打磨的深度受砌筑质量、打磨设备、砂浆品种、砂浆强度等的影响，山东省通常的打磨深度为 5～10mm，使检测面平整。检测人员总结：检测面打磨后碳化深度发生变化，高强度砂浆打磨后表面平整，回弹值稳定，离散性小；低强度砂浆打磨后表面砂粒突出，回弹值有时降低。

低强度砂浆水泥含量少，碳化发展快，碳化后表面不能形成结构紧密的碳酸钙，所以，碳化后回弹值没有明显增大。

综合考虑上述情况，认为碳化深度与回弹值及砂浆强度之间已无明显相关关系，建立测强曲线时不再考虑碳化深度的影响。

3.4 龄期对回弹值的影响

砂浆在适当的温、湿度条件下，其抗压强度和表面硬度随着龄期的增长而增大，将试验数据按龄期划分为 14d、28d、60d、90d、180d、365d 分别进行回归分析，不同龄期回归曲线对比如图 4 所示。

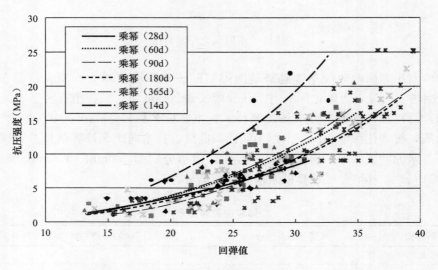

图 4　不同龄期回弹对比

由图 4 看出，砂浆强度相同时，龄期 14d 砂浆回弹值明显低于 28d 以后的回弹值，试验过程中也发现龄期 14d 时，砂浆墙体及试块还处于潮湿状态，砂浆表面较软，所以回弹值较低。龄期 28d、60d、90d、180d、365d 回归曲线已很接近，说明砂浆龄期 28d 后，龄期对回弹法检测砂浆强度的影响已不显著。

4. 山东省测强曲线

回弹法检测砌筑砂浆强度山东地区测强曲线与《砌体工程现场检测技术标准》GB/T 50315-2000（以下简称 GB/T 50315-2000 标准）中回弹法测强曲线的主要区别是：GB/T 50315-2000 标准按碳化深度不同分 3 条测强曲线，计算时，根据碳化深度不同，采用不同测强曲线计算强度换算值。

2004 年山东省建筑科学研究院编制《回弹法检测砌筑砂浆强度技术规程》DBJ 14-030-2004，此标准中山东省测强曲线将碳化深度作为一个变量建立测强曲线。

通过回弹法检测砌体灰缝砂浆抗压强度的试验研究分析，回归对比 200 多个曲线，最

后确定各种砂浆回归曲线如下：

　　（1）水泥砂浆回归曲线：

$$y = 0.00354x^{2.4280} \, 10^{(-0.0156L)} \qquad R = 0.855, S = 3.79, \mathrm{nf} = 22.7\%, \mathrm{ef} = 27.4\%$$

　　（2）混合砂浆回归曲线：

$$y = 0.00064x^{2.9249} \, 10^{(-0.0132L)} \qquad R = 0.811, S = 2.75, \mathrm{nf} = 23.8\%, \mathrm{ef} = 29.4\%$$

　　上述关系式中，曲线相关系数 R 都大于 0.8，平均相对误差 nf 都小于 25%，相对标准差都小于 30%，因砌体结构中砖及砂浆匀质性较差，砌体结构中砂浆强度本身离散性就较大，所以，砌体砂浆测强曲线相对标准差小于 30% 已比较准确，能够满足现场砂浆强度检测精度要求。

　　2010 年山东省建筑科学研究院在进行"绿色建筑砌体结构无损检测技术"研究时，考虑砂浆品种对试验值影响很小，分析如图 5 所示，两条曲线很接近，合成一条曲线更方便计算。

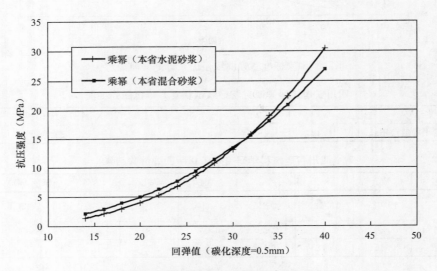

图 5　两种砂浆回弹值-抗压强度回归曲线对比

　　目前试验还未做完，现有数据龄期为 28d、100d、180d，龄期 365d 试验计划在 2011年 5～7 月完成，2010 年山东省测强曲线如下：

$$y = 0.00125x^{2.718} \qquad R = 0.910, S = 2.56, \mathrm{nf} = 31.32\%, \mathrm{ef} = 41.13\%$$

　　山东省测强曲线与国家标准 GB 50315 中测强曲线的对比如图 6 所示，由图 6 看出，碳化深度小于 1mm 时，山东省测强曲线与国家标准 GB 50315 中测强曲线有较大偏离，碳化深度不小于 1mm 时，山东省测强曲线与国家标准 GB 50315 中测强曲线比较接近。

5. 2010 年成都验证试验

　　2010 年四川省建筑科学研究院主持《砌体工程现场检测技术标准》GB/T 50315-2000修订，山东省建筑科学研究院积极参与，将 2000 年以来的试验资料汇总到标准修编课题组，2010 年 3 月四川省建筑科学研究院砌筑 6 片墙体，进行各种检测方法验证试验，按照分工，山东省建筑科学研究院进行回弹法检测砌筑砂浆抗压强度验证试验，试验结果见表 2～表 4。

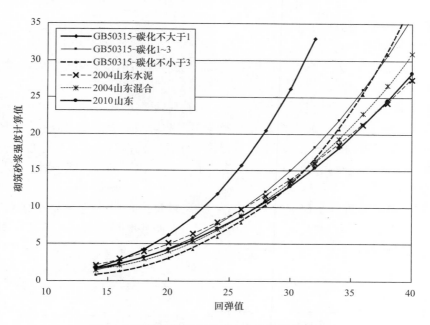

图 6　国家标准测强曲线及山东省测强曲线对比

四川省建筑科学研究院砂浆试块立方体抗压强度值　　　　　　　　表 2

砂浆编号	W1	W2	W3	W4	W5	W6
砂浆强度平均值/MPa	19.14	19.14	9.81	17.41	8.85	6.38

四川省建筑科学研究院工材所回弹试验结果　　　　　　　　表 3

砂浆编号	W1	W2	W3	W4	W5	W6	磨后 W3	磨后 W5
回弹砂浆强度平均值/MPa	19.087	19.980	4.842	18.340	7.970	<2.0	2.685	7.747
标准差/MPa	2.883	2.496	0.897	6.097	1.311		0.177	0.988
变异系数	0.151	0.125	0.185	0.332	0.164		0.066	0.128

山东省建筑科学研究院结构所回弹试验结果　　　　　　　　表 4

砂浆编号	W1	W2	W3	W4	W5	W6	磨后 W2
2004 规程回弹砂浆强度平均值/MPa	12.53	13.05	5.70	14.16	7.84	2.80	12.72
标准差/MPa	0.70	1.42	0.40	1.31	0.57	0.45	2.00
变异系数	0.056	0.109	0.071	0.092	0.073	0.159	0.157
2010 测强曲线回弹砂浆强度平均值/MPa	14.14	13.14	6.50	15.50	9.58	3.27	13.09
标准差/MPa	0.99	1.67	0.49	1.44	0.71	0.43	1.95
变异系数	0.070	0.127	0.075	0.093	0.074	0.131	0.149
按 GB50315 计算砂浆强度平均值/MPa	14.96	15.19	5.35	16.80	8.90	2.16	13.40 (17.69)
标准差/MPa	1.20	3.86	0.55	2.06	0.86	0.10	1.54 (9.69)
变异系数	0.080	0.254	0.103	0.123	0.097	0.046	0.115 (0.548)

注：磨后 W2 有一组数据碳化 1.0mm，按 GB 50315 计算砂浆强度换算值大于 25MPa，属于高度异常值，应剔除。

分析表 2～表 4 中数据，可以得到下列结论：

（1）"磨后"数据是用电动砂轮将砌筑砂浆磨去 10mm 以后，再用回弹仪对磨后砂浆进行回弹检测得到的数据，对比看出，"磨后"数据与未磨数据很接近，四川建筑科学研究院磨后数据标准差、变异系数明显变小，证明，打磨后数据离散性变小，当检测面状况不良时需要打磨后再检测。

（2）四川省建筑科学研究院检测数据砌筑砂浆强度大于 10MPa 时，结果较准确，山东省检测数据砌筑砂浆强度小于 10MPa 时，结果较准确。

（3）砌筑砂浆强度大于 10MPa、碳化深度不大于 1.0mm 时，按 GB 50315-2000 标准计算，砂浆强度换算值太高，磨后 W2 共 6 组数据中有一组碳化深度等于 1.0mm，按 GB 50315-2000 标准计算的换算值与其他 5 组数据共同分析为高度异常值，应剔除。